시험 전

필독

기술직 공무원

가축사양

PREFACE

'정보사회', '제3의 물결'이라는 단어가 낯설지 않은 오늘날, 과학기술의
중요성이 날로 증대되고 있음은 더 이상 말할 것도 없습니다. 이러한
사회적 분위기는 기업뿐만 아니라 정부에서도 나타났습니다.
기술직 공무원의 수요가 점점 늘어나고 그들의 활동영역이 확대되면서
기술직에 대한 관심이 높아져 기술직 공무원 임용시험은 일반직 못지
않게 높은 경쟁률을 보이고 있습니다.

시험 전 필독 기술직 공무원 시리즈는 기술직 공무원 임용시험에 도전
하려는 수험생들에게 도움이 되고자 발행되었습니다.
본서는 그동안 치러진 기출문제를 분석하여 출제가 예상되는 문제만을
엄선하여 단원별로 수록하였으며, 자신의 실력을 최종적으로 평가해
볼 수 있는 실력평가모의고사, 최신 출제경향을 파악할 수 있는 최근
기출문제분석으로 구성되어 있습니다.

신념을 가지고 도전하는 사람은 반드시 그 꿈을 이룰 수 있습니다. 서
원각이 수험생 여러분의 꿈을 응원합니다.

STRUCTURE

출제예상문제

가축사양 전반에 대해 체계적으로 편장을 구분한 후 해당 단원에서 필수적으로 알아야 할 내용을 문제로 구성하여 수록하였습니다. 매 문제 상세한 해설을 달아 문제풀이만으로도 개념학습이 가능하도록 하였습니다.

실력평가모의고사

자신의 실력을 최종적으로 평가해 볼 수 있도록 실제 시험 유형과 유사한 실력평가모의고사 5회를 수록하였습니다. 모의고사 풀이 후 부족한 부분을 집중적으로 공부하시기 바랍니다.

최신기출문제분석

최근 시행된 기출문제를 상세한 해설과 함께 구성하였습니다. 최근 시험출제경향을 파악하여 시험에 완벽하게 대비할 수 있습니다.

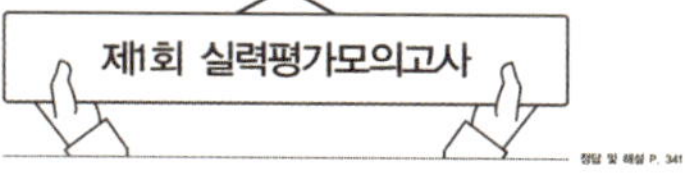

출제예상문제

각 단원별로 출제가 예상되는 문제와 함께 상세한 해설을 수록하여 핵심 내용을 점검할 수 있도록 하였습니다.

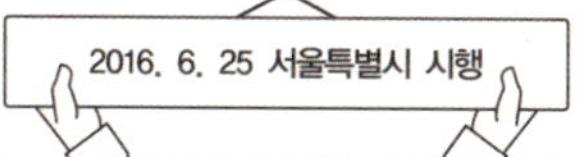

실력평가모의고사

실제 시험과 유사한 모의고사를 총 5회분 수록하여 최종적으로 실력을 점검할 수 있도록 하였습니다.

최근기출문제분석

최신기출문제를 상세한 해설과 함께 수록하여 최신 시험 경향을 파악할 수 있도록 하였습니다.

CONTENTS

Best

가축의 이해

01 가축사양과 생물의 특성

1 다음 중 가축사양의 영역으로 볼 수 없는 것은?

① 축산물 생산의 생리적 과정의 연구

② 사료의 영양적 특성의 연구

③ 가축의 대사작용의 연구

④ 축산물 유통시장의 확보

2 동물체의 화학적 조성 중 그 양이 가장 많은 것은?

① 수분 ② 단백질

③ 지방 ④ 광물질

3 경제적인 축산물 생산방법인 사료비 절감의 방법으로 옳지 않은 것은?

① 사료의 기호성과 소화율이 좋아야 한다.

② 동일한 영양소의 공급시 가격이 저렴해야 한다.

③ 자급사료의 양을 줄이고 가격이 저렴한 구입사료를 활용해야 한다.

④ 변질되거나 손실없이 관리를 철저히 하여야 한다.

ANSWER

1 가축의 필요영양소의 화학적 특성 및 대사작용의 연구, 사료의 영양적 특성 및 이용방법의 연구, 축산물 생산의 생리적 과정 및 경제적인 사육방법의 연구 등이 가축사양의 영역에 해당한다.

2 평균적으로 수분 70~75%, 단백질 18~20%, 지방 3~30%, 광물질 2~4% 정도가 함유되어 있다.

3 ③ 자급사료의 양을 늘리고 구입사료를 줄여야 한다.

답 1.④ 2.① 3.③

4 다음 중 동물의 화학적 조성에 대한 설명으로 옳지 않은 것은?

① 유기물과 무기물로 크게 분류할 수 있다.

② 유기물에는 단백질, 지방, 탄수화물 등이 함유되어 있다.

③ 무기물에 가장 많이 함유되어 있는 것은 나트륨이다.

④ 동물의 체내 구성과 영양대사에 필요한 원소는 약 20종이다.

5 가축사양학의 분류에 속하지 않는 것은?

① 가축영양학

② 사료학

③ 사육학

④ 가축육종학

6 동물체 내 화학적 조성의 변화에 대한 설명으로 옳지 않은 것은?

① 동물의 연령에 따라 조성비율은 다르다.

② 수분과 지방의 변화가 가장 심하다.

③ 동물의 영양상태에 따라 체내 조성이 변한다.

④ 동물의 종과 변화와는 상관관계가 없다.

 **ANSWER**

4 무기물에는 수분 및 칼슘, 인, 나트륨, 칼륨, 염소, 유황, 마그네슘 등이 함유되어 있다.

5 가축사양학의 분류
　ⓐ 가축영양학
　ⓑ 사료학
　ⓒ 사육학

6 동물의 종류에 따라 체내 조성이 변화하며 동일한 종류일 경우에도 개체에 따라 다르다.

답— 4.③　5.④　6.④

7 식물체의 화학적 조성에 대한 설명으로 옳지 않은 것은?

① 수분은 식물의 성숙도에 따라 변화한다.

② 줄기는 잎보다 영양소의 함유량이 많다.

③ 식물이 성숙함에 따라 조섬유량은 점차 증가한다.

④ 탄수화물은 건조한 식물일수록 그 함유량이 높다.

8 다음 중 식물체에 가장 많이 함유되어 있는 것은?

① 단백질   ② 회분

③ 탄수화물   ④ 수분

 **ANSWER**

7 ② 잎은 줄기보다 영양소 함유량이 많다.

8 식물체의 화학적 조성
ㄱ 수분 : 70∼80%
ㄴ 단백질 : 1∼10%
ㄷ 지방 : 0.5∼3%
ㄹ 탄수화물 : 10∼60%
ㅁ 회분 : 1∼10% 정도 함유되어 있다.

답 — 7.② 8.④

02 가축의 영양

1 다음 중 유기영양소가 아닌 것은?

① 탄수화물　　　　　　　　② 지방

③ 단백질　　　　　　　　　④ 무기염류

2 영양에 대한 설명으로 옳은 것은?

① 생명현상을 유지하기 위한 활동에 필요한 물질의 섭취 및 배설작용을 의미한다.

② 체외로부터 섭취하는 물질의 구성성분을 의미한다.

③ 체내에서 일어나는 물리적·화학적 변화를 의미한다.

④ 세포가 에너지 획득을 위해 고분자물질을 저분자물질로 분해하는 것을 의미한다.

3 가축의 사양과 영양소에 대한 설명으로 옳지 않은 것은?

① 영양소의 부족시 번식활동에 지장을 초래한다.

② 영양소의 함량이 충분한 사료를 공급하여야 한다.

③ 영양소의 공급량이 많을수록 경제적인 축산경영이 된다.

④ 가축의 생리적 조건에 부합되도록 영양소를 공급하여야 한다.

ANSWER

1　④ 무기영양소에 해당한다.

2　② 영양소　③ 대사작용　④ 분해작용

3　영양소의 공급량이 많을수록 사료비가 증가하여 비경제적인 축산경영을 야기시키게 된다.

답— 1.④　2.①　3.③

4 다음 중 3대 영양소에 해당하지 않는 것은?

① 탄수화물   ② 지방

③ 비타민   ④ 단백질

5 가축영양의 중요성에 대한 설명으로 옳지 않은 것은?

① 영양소의 과부족 없이 적정수준으로 영양소를 공급하여야 한다.
② 영양소의 체내 대사작용을 이해하여야 한다.
③ 각종 사료의 종류와 특성을 이해하여야 한다.
④ 영양소의 종류와 화학적 특성을 숙지하여야 한다.
⑤ 왕성한 번식을 위해서 영양소 함유량이 많은 사료를 사용해야 한다.

6 다음 중 사료의 성분으로 부적합한 것은?

① 수분   ② 조섬유

③ 조단백질   ④ 비타민

7 다음 중 사료 내 질소화합물의 형태가 아닌 것은?

① 조단백질   ② 순단백질

③ 조지방   ④ 비단백테 질소화합물

 ANSWER

4 3대 영양소 … 탄수화물, 지방, 단백질

5 가축의 생리적 조건에 부합되는 영양소의 공급이 가축사양의 가장 중요한 요인으로 볼 수 있다.

6 사료의 성분 … 수분, 조회분, 조단백질, 조지방, 조섬유, 가용무질소물 등

7 사료 내 유기물의 종류
㉠ 질소화합물 : 조단백질, 순단백질, 비단백테 질소화합물 등
㉡ 무질소화합물 : 조지방, 탄수화물, 조섬유, 가용무질소물 등

답 — 4.③ 5.⑤ 6.④ 7.③

8 중성세제에 용해되지 않으며 셀룰로오스, 헤미셀룰로오스, 리그닌, 실리카를 함유한 세포막 구성성분을 가리키는 것은?

① ADF

② NDF

③ ADL

④ NDS

9 다음 중 몸을 구성하는 기본물질에 해당하지 않는 것은?

① 단백질

② 지방

③ 물

④ 탄수화물

10 다음 중 탄수화물의 체내 저장용 에너지원을 가리키는 것은?

① 탄수화물

② 무기질

③ 단백질

④ 지방

11 다음 중 가축의 체내에서 이루어지는 영양소의 기능으로 옳지 않은 것은?

① 단백질, 수분, 무기질 등은 골격을 구성하는 중요한 기능을 한다.

② 탄수화물, 지방 등은 운동, 지방축적 등의 에너지 공급원 작용을 한다.

③ 체내 효소, 호르몬 등을 구성하는 물질은 물과 무기물이다.

④ 우유, 알 등의 생산에 관여하는 기타 영양소의 공급도 중요하다.

ANSWER

8 ① NDF의 한 부분으로 산성세제에 용해되지 않는 섬유질을 가리킨다.
③ ADF를 H_2SO_4 용액으로 15℃에서 3시간 처리하면 남겨지는 리그닌과 실리카 중 리그닌을 가리키는 것이다.
④ 전분, 당류, 지방, 단백질 등을 함유한 것으로 중성세제에 용해되는 세포내용물을 가리킨다.

9 몸을 구성하는 기본물질…단백질, 물, 무기질, 지방

10 탄수화물은 체내에 저장되지 않으며 지방으로 변환되어 에너지원으로 축적된다.

11 ③ 체내 효소, 호르몬 등을 구성하며 대사작용을 조절하는 물질은 비타민과 무기질이다.

답 — 8.② 9.④ 10.④ 11.③

소화

소화기관

1 다음 중 가축의 소화에 대한 용어의 설명이 잘못 짝지어진 것은?

① 연하 – 삼키는 동작

② 역류 – 소화되지 못한 물질의 되올림

③ 저작 – 흡수에 적합한 상태로 분해하는 과정

④ 포착 – 사료를 고정시켜 입 안으로 넣는 동작

2 에너지의 방출과 체내 동화작용 및 이화작용을 의미하는 것은?

① 흡수작용　　　　　　　　　　② 동화작용

③ 이화작용　　　　　　　　　　④ 대사작용

3 다음 중 단위동물에 속하지 않는 것은?

① 말　　　　　　　　　　　　　② 양

③ 돼지　　　　　　　　　　　　④ 닭

ANSWER

1 저작…입 안에 넣은 음식을 침과 혼합하여 이로 씹어 소화가 용이하도록 잘게 자르는 과정을 말한다.

2 ① 소화된 물질성분을 혈관 및 임파관으로 이동시키는 작용
② 물질을 성숙시키거나 합성시키는 작용
③ 물질을 분해 또는 파괴시키는 작용

3 단위동물…한 개의 구획되어진 위를 가진 동물로 말, 돼지, 개, 닭, 고양이 등이 해당된다.

답 – 1.③　2.④　3.②

4 돼지의 소화기관에 대한 설명으로 옳지 않은 것은?

① 돼지의 이빨은 총 44개로 구성되어 있다.

② 위를 통해 소장으로 내려가는 물질을 유미죽이라 한다.

③ 위는 음식물의 저장, 분해 및 소화액의 분비 기능을 한다.

④ 위 내막을 보호하는 mucus를 생산하는 세포가 존재하는 위치는 식도부분이다.

5 돼지의 소장에 대한 설명으로 옳지 않은 것은?

① 소장은 3개의 부위로 구분할 수 있다.

② 췌장, 간, 소장벽에서 분비된 소화액이 존재하는 곳은 십이지장이다.

③ 맹장이 존재하며 기능상 중요한 부분은 아니다.

④ 십이지장, 공장, 회장은 소장의 3부위에 해당한다.

6 동물이 사료를 섭취한 후 게음질을 하여 다시 씹고 삼키는 과정을 의미하는 것은?

① 식도구 　　　　　　　② 트림

③ 반추 　　　　　　　　④ 혹위

ANSWER

4 돼지의 소화기관
　㉠ 분문 : 식도와 위의 접합점에 존재하는 괄약근으로 음식물의 침입을 조절한다.
　㉡ 식도부분 : 분문 주위를 감싸고 있는 비선부위를 의미한다.
　㉢ 저선부분 : 위액을 공급하는 세포가 존재하는 부위이다.
　㉣ 분문선 부분 : 위 내막을 보호하는 물질인 mucus를 생산하는 세포가 존재하는 부위이다.
　㉤ 유문선 부분 : mucus와 단백질분해효소를 생산해 내는 세포가 존재하는 부위이다.
　㉥ 유문 : 소장에 존재하는 괄약근을 의미하며 유미죽의 이동을 조절한다.

5 ③ 대장에 대한 설명이다.

6 ① 식도의 분문에서부터 겹주름위로 연결된 통로로 2개의 거대한 주름근육으로 생성되어 있다.
　② 혹위에 존재하는 미생물에 의한 발효작용의 결과 생성되는 이산화탄소, 메탄 등의 가스를 체외로 내보내는
　　 것을 말한다.
　④ 반추동물의 제1위로 횡경막에서부터 골반까지 속이 빈 거대한 근육을 말한다.

답─ 4.④　5.③　6.③

7 말(HORSE)의 소화기관 중 입에 대한 설명으로 옳지 않은 것은?

① 치아, 입술, 혀를 통틀어 포착기관이라 한다.
② 말의 타액에는 효소가 함유되어 있지 않다.
③ 위턱이 아래턱보다 넓으므로 구강의 한쪽으로 저장이 가능하다.
④ 타액에는 뮤신이 분비되어 윤활작용을 돕는다.

8 말의 소화기관 중 활성 박테리아가 존재하며 전체 용적의 60%를 차지하는 곳은?

① 식도　　　　　　　　　　② 소장
③ 대장　　　　　　　　　　④ 위

9 다음 중 가금류의 소화기관에 대한 설명으로 옳지 않은 것은?

① 다른 단위동물의 소화기관과 해부학적으로 구조가 상이하다.
② 치아가 없으며 아밀라아제를 함유하고 있다.
③ 소낭이라고 하는 기관에 의하여 발효의 기능을 할 수 있다.
④ 선위라고 하는 기관에 의해 섭취한 물질을 저장한다.

10 근위에 대한 설명으로 옳지 않은 것은?

① 포유류의 저작과 유사한 기능을 한다.
② 효소를 분비하지는 않지만 선위에서 분비된 염산과 펩신에 의해 소화작용을 하게 된다.
③ 락타아제를 제외한 대부분의 효소가 분비된다.
④ 연마물질에 의해 섭취된 종자 및 곡류를 분해시킬 수 있다.

 ANSWER

7 ④ 돼지에 대한 설명이다.

8 대장 … 전체 소화기관의 60% 부분을 차지하며 맹장, 대결장, 소결장, 직장으로 분류할 수 있다. 맹장 및 대결장에는 활성 박테리아가 존재하여 소화를 돕는다.

9 선위 … 위액의 생성장소이며 섭취한 물질을 통과시키는 기능을 한다.

10 ③ 소장에 대한 설명이다.

답— 7.④　8.③　9.④　10.③

11 가금류의 소장에 대한 설명으로 옳은 것은?

① 길이가 매우 짧으며 배설강과 연결되어 있다.

② 2개의 막힌 주머니 형태로 존재한다.

③ 포유류와 유사한 과정을 거치나 enterogastron은 존재하지 않는다.

④ 수분의 재흡수가 일어나는 장소이다.

12 반추동물에 대한 설명으로 옳지 않은 것은?

① 여러 개의 공간으로 나뉘어진 반추위를 가진 동물을 말한다.

② 반추위에서 나타나는 미생물의 발효과정에 의해 섬유소 함량이 높은 음식물도 소화가 가능하다.

③ 새김질을 하는 동물로 소나 양이 있다.

④ 위에 인입된 물질은 혹위를 통해 소화가 이루어진다.

13 다음 중 반추의 과정으로 옳은 것은?

① 섭취한 사료의 역출 → 타액 재분비 → 재저작 → 재섭취

② 타액 재분비 → 섭취한 사료의 역출 → 재섭취 → 재저작

③ 섭취한 사료의 역출 → 재저작 → 타액 재분비 → 재섭취

④ 재섭취 → 타액 재분비 → 섭취한 사료의 역출 → 재저작

 **ANSWER**

11 ① 대장 ② 맹장 ④ 맹장과 대장

12 단위동물의 위와 유사한 선위에서 소화효소와 염산의 분비에 의해 소화가 이루어진다.

13 반추의 과정
　㉠ 섭취한 사료의 역출
　㉡ 재저작
　㉢ 타액의 재분비
　㉣ 재섭취

답 — 11.③ 12.④ 13.③

14 반추동물의 혹위에 대한 설명으로 옳지 않은 것은?

① 횡경막에서부터 골반에 이르기까지 크기가 큰 근육부위이다.

② 위벽은 작은 혀 모양의 돌출물인 papillae를 가지고 있으며 육안으로 식별할 수 있다.

③ 아밀라아제라는 효소가 분비되어 소화를 돕는다.

④ 위에 서식하는 미생물에 의한 발효의 결과 수용성 비타민 및 비타민 K를 합성한다.

15 다음 중 반추동물이 반추의 기능을 수행할 수 있는 시기는?

① 태어난 직후

② 생후 1~2주령

③ 생후 4~6주령

④ 생후 6~8주령

16 벌집위에 대한 설명으로 옳은 것은?

① 짧고 무딘 유두가 분포되어 있는 얇은 근육층으로 구성된 구형기관이다.

② 최초로 소화액이 분비되는 장소이다.

③ 섭취한 음식물을 다른 위로 이동시키거나 반추를 위해 역류시키는 기능을 한다.

④ 혹위의 오른쪽에 위치하고 있다.

17 반추동물의 소화기관 중 최초로 소화액을 분비하는 장소는?

① 혹위

② 겹주름위

③ 벌집위

④ 선위

 **ANSWER**

14 혹위에서 효소의 분비는 이루어지지 않는다.

15 반추동물은 태어난 직후 반추위가 발달되어 있지 않아 반추기능은 없으나 6~8주령이 되면 반추기능을 수행할 수 있다.

16 ① 겹주름위 ②④ 선위

17 선위 … 반추동물의 소화기관 중 최초로 소화액이 분비되는 장소이며 혹위의 오른쪽, 겹주름위의 왼쪽에 위치한다.

정답 — 14.③ 15.④ 16.③ 17.④

18 다음 중 식괴의 입자도 감소 및 수분의 흡수기능을 하는 장소는?

① 제1위   ② 제2위

③ 제3위   ④ 제4위

19 식도구에 대한 설명으로 옳지 않은 것은?

① 2개의 거대한 주름 근육으로 생성되어 있다.

② 음식물이 겹주름위로 들어가도록 유도하거나 식괴가 혹위나 벌집위로 인입될 수 있도록 한다.

③ 젖먹이 동물의 경우 섭취한 우유에 박테리아 발효가 일어나도록 혹위로 유도한다.

④ 성축에서는 기능을 하지 않는다.

20 다음 중 돼지의 대장 기능에 대한 설명으로 옳지 않은 것은?

① 수분이 재흡수되는 부위에 해당한다.

② 칼슘을 비롯한 광물질을 분비한다.

③ 수용성 비타민 및 비타민 K를 합성한다.

④ 소화되지 않은 물질을 이동시킨다.

ANSWER

18 제3위(겹주름위) ⋯ 짧고 무딘 유두가 흩어져 있는 얇은 근육층으로 이루어진 구형기관으로 식괴의 입자도 감소 및 수분흡수의 기능을 한다.

19 ③ 젖먹이 동물의 경우 섭취한 우유가 박테리아가 존재하는 혹위나 벌집위를 통과하지 못하도록 우회시키는 기능을 한다.

20 대장은 소화되지 않은 소화물질을 저장하는 기능을 가지고 있다.

답 — 18.③ 19.③ 20.④

21 반추동물의 입에서의 소화에 대한 설명으로 옳지 않은 것은?

① 위쪽 잇몸과 아래쪽 앞니에 의해 혀로 사료를 고정시킬 수 있다.

② 사료를 섭취하거나 반추할 경우 타액의 양은 증가한다.

③ 반추위 미생물에 의해 N, P, Na 등을 공급받는다.

④ 하루 최대 타액의 생산량은 38l이다.

22 다음 중 역출의 단계로 볼 수 없는 것은?

① 벌집위의 수축으로 인하여 음식물이 분문부를 압박한다.

② 성문의 폐쇄 및 흡식에 의해 흉강내압이 내려가므로 식도내압도 내려간다.

③ 벌집위의 수축으로 인한 양압과 식도 내 음압의 차이로 식괴를 입으로 올려보낸다.

④ 혹위에서 미생물에 의한 발효로 생성된 가스들은 제거해야 한다.

23 트림에 대한 설명으로 옳지 않은 것은?

① 혹위에 존재하는 미생물에 의한 발효작용으로 생성된 다량의 이산화탄소, 메탄 등을 제거하는 방법이다.

② 혹위의 상부낭으로 수축을 통해 가스를 밀어낸다.

③ 가스가 외부로 방출되지 않으면 고창증이 발생한다.

④ 고창증이 발병하면 혹위에서 안정된 거품을 형성하는데 이 거품은 트림을 유도한다.

ANSWER

21 ④ 하루에 생산할 수 있는 최대 타액의 양은 45l이다.

22 ④ 트림에 대한 설명이다.

23 고창증이 발병하게 되면 혹위가 팽창하면서 안정된 거품이 형성된다. 이 거품은 트림을 방해하고 가스축적을 유도시키기 때문에 형성되면 빨리 제거해야 한다.

답— 21.④ 22.④ 23.④

02 소화작용

1 타액에 의한 위에서의 소화에 대한 설명으로 옳은 것은?

① 펩신을 분비하여 단백질을 폴리펩티드로 분해시킨다.
② 트립신을 분비하여 단백질을 펩티드와 아미노산으로 분해시킨다.
③ 타액 아밀라아제에 의해 전분을 말토오스로 분해시킨다.
④ 아미노펩티다아제에 의해 단백질을 펩티드와 아미노산으로 분해시킨다.

2 췌장에서 분비되며 지방을 지방산과 글리세롤로 분해시키는 효소는?

① 트립신   ② 아밀라아제
③ 렌닌   ④ 리파아제

3 가금류에 대한 설명으로 옳지 않은 것은?

① 근위에서 마쇄된 사료는 십이지장에서 소화효소의 작용을 받으며 영양소의 흡수가 일어난다.
② 가금류는 포유류와 달리 좌우대칭인 1쌍의 맹장을 가지고 있다.
③ 맹장은 소화효소를 분비하며 맹장 제거시 성장에 영향을 미친다.
④ 가금류는 타 가축보다 사료의 소화관 통과속도가 빠르다.

ANSWER

1 ① 위액에 의한 소화   ② 췌장액에 의한 소화   ④ 소장액에 의한 소화

2 ① 췌장액에서 분비되며 단백질을 펩티드와 아미노산으로 분해시키는 것이다.
　② 췌장에서 분비되며 위에서 소화되지 못한 탄수화물을 당류로 분해시키는 효소이다.
　③ 위액에서 분비되며 우유를 응고시키거나 단백질을 변성시키는 효소이다.

3 가금류의 맹장은 미생물작용에 의해 소량의 섬유소가 분해되기도 하지만 영양이나 성장, 산란활동에는 아무 영향도 없기 때문에 소화와는 관련이 없다.

답—1.③ 2.④ 3.③

4 다음 중 단백질을 폴리펩티드로 분해시키는 효소는?

① 리파아제   ② 트립신
③ 펩신   ④ 디펩티다아제

5 다음 중 단백질을 펩티드와 아미노산으로 분해시키는 효소가 아닌 것은?

① 트립신   ② 키모트립신
③ 리파아제   ④ 카르복시펩티다아제

6 소장에서 분비되는 효소 중 펩티드를 아미노산으로 분해시키는 것은?

① 아미노펩티다아제   ② 락타아제
③ 수크라아제   ④ 말타아제
⑤ 디펩티다아제

7 다음 중 소화작용의 종류에 속하지 않는 것은?

① 기계적 소화   ② 화학적 소화
③ 미생물에 의한 소화   ④ 물리적 소화

 **ANSWER**

---

4 ① 지방을 지방산과 글리세롤로 분해시킨다.
② 단백질을 펩티드와 아미노산으로 분해시킨다.
④ 펩티드를 아미노산으로 분해시킨다.

5 리파아제는 지방을 지방산과 글리세롤로 분해시킨다.

6 ① 단백질을 펩티드와 아미노산으로 분해시킨다.
② 락토오스를 글루코오스와 갈락토오스로 분해시킨다.
③ 수크로오스를 글루코오스와 프록토오스로 분해시킨다.
④ 말토오스를 글루코오스로 분해시킨다.

7 소화작용의 종류
㉠ 기계적 소화
㉡ 미생물에 의한 소화
㉢ 화학적 소화

답— 4.③   5.③   6.⑤   7.④

8 입에서 나타나는 소화작용으로 저작과 혼합에 의해 이루어지는 것은?

① 화학적 소화
② 기계적 소화
③ 미생물에 의한 소화
④ 분비적 소화

9 위에서 나타나는 소화작용에 대한 설명으로 옳지 않은 것은?

① 사료가 식도를 거쳐 위 내로 인입되면 위액이 분비되어 소화작용이 나타난다.
② 위 내부는 강한 산성을 띠기 때문에 리파아제의 작용은 활발하게 나타나지 않는다.
③ 위액은 펩신의 불활성물질인 펩시노겐을 펩신으로 활성화시킨다.
④ 아밀라아제에 의한 분해작용이 활발하게 나타난다.

10 위점막 세포에서 분비되는 물질로 위장벽을 보호하고 염산을 완충시키는 작용을 하는 것은?

① 리파아제
② 뮤신
③ 아밀라아제
④ 가스트린

11 췌장에서 소화가 이루어지지 않는 영양소는?

① 단백질
② 탄수화물
③ 지방
④ 비타민

ANSWER

8 ① 소화기관에서 분비되는 여러 효소에 의한 분해작용이다.
② 맹장에 존재하는 미생물에 의한 소화작용이다.
④ 호르몬 및 내분비계의 분비에 의한 간접소화작용이다.

9 위액은 강한 산성을 띠고 있으므로 타액에서 넘어온 아밀라아제는 작용을 하지 못하게 된다.

10 뮤신(mucin) … 위점막세포에서 분비되는 효소로 당단백질의 일종이다. 위장벽을 보호하며 염산을 완충시키는 작용을 한다.

11 췌장에서 트립신, 키모트립신, 카르복시펩티다아제, 아밀라아제, 리파아제 등의 효소에 의해 단백질, 탄수화물, 지방의 소화가 이루어진다.

답 8.② 9.④ 10.② 11.④

12 다음 중 장액에 포함되어 있는 효소가 아닌 것은 ?

① 말타아제　　　　　　　　　　② 수크라아제

③ 락타아제　　　　　　　　　　④ 아밀라아제

13 대장에서 이루어지는 소화작용에 대한 설명으로 옳지 않는 것은?

① 대장에서는 소화효소에 의한 영양소의 분해작용은 나타나지 않는다.

② 소장에서 분해되지 않는 영양소는 대장에서 소화가 이루어진다.

③ 초식동물은 맹장이 크기 때문에 미생물에 의한 소화가 이루어져 풀을 섭취할 수 있다.

④ 동물에 따라 수분흡수능력은 다르지만 대변의 모양은 동일하다.

14 반추기능을 갖고 있는 동물의 입에서의 소화에 대한 설명으로 옳지 않은 것은?

① 위턱에는 이빨이 없기 때문에 입술과 혀를 사용하여 저작운동을 한다.

② 8개의 침샘이 있기 때문에 많은 양의 침을 분비한다.

③ 사료를 저작운동에 의해 적정 크기로 자른 후 혹위(제1위)로 보낸다.

④ 침의 양은 섭취하는 사료의 종류에 관계없이 동일하다.

ANSWER

12 장액에서 분비되는 소화효소
　㉠ 탄수화물 분해효소 : 말타아제, 수크라아제, 락타아제
　㉡ 단백질 분해효소 : 트리펩티다아제, 디펩티다아제, 아미노펩티다아제
　㉢ 기타 효소 : 뉴클레아제, 뉴클레오시드분해효소

13 ④ 동물에 따라 수분흡수능력이 다르기 때문에 대변의 모양도 다른 것이다.

14 반추동물은 하루에 150l의 침을 생산하며, 섭취하는 사료의 종류에 따라 분비량은 달라진다.

답 — 12.④　13.④　14.④

15 반추동물의 침의 기능에 대한 설명으로 옳지 않은 것은?

① 반추위 내 미생물의 발효시 산성을 중화시키는 완충제 역할을 한다.

② 나트륨, 칼륨, 칼슘, 인, 염소, 탄산수소, 인산수소 등이 고농도로 함유되어 있어 반추위 내 미생물의 영양공급원 역할을 한다.

③ 반추시 위 내부의 식괴를 입으로 토출시키는 역할을 돕는다.

④ 건조한 사료의 수분함량을 줄여 저작운동을 돕는다.

16 반추동물의 위의 구조에 대한 설명으로 옳지 않은 것은?

① 위는 4개로 구성되어 있으며 음식물의 통과순서에 따라 제1위, 제2위, 제3위, 제4위로 구분한다.

② 위의 발달은 성장에 따라 다르며, 성숙할수록 제1위의 발달이 두드러진다.

③ 성숙한 소의 제1위 용적은 100~150*l* 이다.

④ 생후 8주경이 되면 제4위가 급속도로 발달하기 시작한다.

17 반추동물의 위의 크기와 조직발달에 영향을 주는 요인에 해당하지 않는 것은?

① 유기산 공급으로 인한 화학적 자극

② 고형사료의 조기 급여로 인한 물리적 자극

③ 조사료 급여로 인한 물리적 자극

④ 건초 급여로 인한 화학적 자극

 **ANSWER**

15 ④ 건조한 사료의 수분함량을 높여 저작운동을 돕는다.

16 위의 발달은 어릴수록 제4위가 발달되어 있으나 성장할수록 제1위의 발달이 급속도로 이루어진다. 생후 8주령이 되면 제1위의 용적은 성축과 동일하게 된다.

17 반추동물의 위의 크기 및 조직발달에 영향을 주는 요인
 ㉠ 고형사료의 조기 급여로 인한 물리적 자극
 ㉡ 건초 및 조사료 급여로 인한 물리적 자극
 ㉢ 유기산 공급으로 인한 화학적 자극

답— 15.④ 16.④ 17.④

18 반추동물의 위의 기능에 대한 설명으로 옳지 않은 것은?

① 제1위는 근육필라에 의해 위 내부의 액상물질을 혼합시킨다.

② 제1위와 제2위를 합쳐 반추위라 한다.

③ 액상사료는 식도구를 거쳐 제3위로 인입된다.

④ 제4위는 물을 소량 흡수하고 소화될 수 있는 물질만을 선별한다.

19 반추작용에 대한 설명으로 옳지 않은 것은?

① 주어진 시간에 많은 양의 사료를 섭취한 후 반추위에 저장하였다가 한가한 시간에 섭취했던 사료를 입으로 토출하는 작용을 말한다.

② 반추시간과 횟수는 사료의 종류와 개체에 따라 차이가 있다.

③ 저작에 소요되는 시간은 채식한 사료의 종류와 양에 따라 다르다.

④ 반추기작은 다량의 공기 흡입시 횡격막이 이완되어 반추위 압력이 낮아지고, 흉부 압력이 높아져 식도의 압력이 음압상태가 되어 발생한다.

20 반추위 내에 서식하고 있는 미생물에 대한 설명으로 옳지 않은 것은?

① 반추위 내 pH는 5.5~7.0, 온도는 39~41℃로 미생물의 생존에 유리하다.

② 원형 및 막대형의 세균이 서식하며 98%가 염기성 세균이다.

③ 위 내에 서식하는 미생물이 괴사하면 죽은 미생물들은 사료와 함께 제4위인 선위로 이행되어 분해된다.

④ 미생물의 가장 큰 특징은 섬유소를 분해할 수 없다는 것이다.

ANSWER

18 제4위는 단위동물의 위와 동일하며 소화효소와 염산분비에 의해 소화작용이 나타난다.

19 반추기작 … 반추동물이 다량의 공기를 흡입하면 횡격막이 수축하여 반추위 압력을 높이고 동시에 흉부 압력이 낮아져 식도의 압력이 음압상태가 되어 일어나게 된다.

20 미생물은 단위동물에서는 볼 수 없는 섬유소와 NPN을 효과적으로 분해시킬 수 있으며, 비타민을 합성시킨다.

답—18.④ 19.④ 20.④

21 다음 중 반추동물의 가장 큰 특징은?

① 소화효소에 의한 소화작용

② 저작운동을 통한 소화작용

③ 반추와 미생물에 의한 소화작용

④ 염산에 의한 분해작용

22 미생물에 의한 소화작용으로 옳지 않은 것은?

① 반추동물 내 미생물은 탄수화물 및 섬유소도 분해할 수 있다.

② 사료의 단백질 중 일부는 미생물에 의해 분해되지 않고 제4위로 이행되어 분해효소에 의해 분해·흡수된다.

③ 지방을 지방산과 글리세롤로 분해시키며 글리세롤은 프로피온산으로 전환되어 제1·2위 벽을 통해 흡수된다.

④ 수용성 비타민과 지용성 비타민을 모두 합성시킬 수 있다.

23 미생물에 의해 생성되는 VFA에서 가장 낮은 비율을 차지하는 것은?

① 포름산　　　　　　　　② 아세트산

③ 프로피온산　　　　　　④ 부티르산

 **ANSWER**

21 반추동물의 가장 큰 특징은 반추와 미생물에 의한 분해소화작용을 한다는 것이다.

22 반추위 내 미생물은 수용성 비타민(비타민 B군, 비타민 K)은 합성할 수 있지만 지용성 비타민(비타민 A, D)은 합성하지 못한다.

23 VFA의 생성비율에서 아세트산, 프로피온산, 부티르산이 가장 많고 포름산, 발레르산은 5% 이내로 소량이다.

답 — 21.③　22.④　23.①

24 반추동물 내 미생물의 소화작용 중 단백질의 소화에 대한 설명으로 옳지 않은 것은?

① 단백질 중 일부는 미생물에 의해 분해되지 않는다.
② 단백질은 미생물의 작용을 받으면 암모니아, 아미노산 혹은 펩티드로 분해되어 반추위 내 미생물 합성재료로 이용된다.
③ 단백질 합성능력은 미생물의 종류에 따라 다르며 일부 미생물은 아미노산만을 이용하여 미생물체단백질을 합성할 수 있다.
④ 요소가 암모니아로 분해되는 속도는 미생물이 암모니아를 이용하는 속도보다 빠르다.

25 반추위 미생물의 비타민 합성에 대한 설명으로 옳지 않은 것은?

① 비타민 A와 D는 합성하지 못한다.
② 비타민은 소장에서 미생물과 함께 소화된다.
③ 수용성 비타민은 합성할 수 있다.
④ 반추위 미생물은 사료에 함유된 비타민은 모두 합성할 수 있다.

26 다음 설명 중 옳지 않은 것은?

① 반추동물의 사료에는 지방이 3~6% 정도 함유되어 있다.
② 반추위 내 미생물은 지방을 지방산과 글리세롤로 분해시킨다.
③ 반추동물의 소장으로 이행된 지방은 30% 정도가 미생물지방이다.
④ 반추위 미생물은 포화지방산을 불포화지방산으로 변화시킨다.

 **ANSWER**

24 ③ 단백질 합성능력은 미생물의 종류에 따라 다르며 일부 미생물은 암모니아만을 가지고 체단백질을 합성할 수 있다.

25 반추위 미생물은 수용성 비타민은 합성할 수 있으나 지용성 비타민인 비타민 A와 D는 합성하지 못한다.

26 반추위 미생물은 소장 내의 불포화지방산을 포화지방산으로 변화시켜 스테아르산과 같은 포화지방산의 함량을 높인다.

답— 24.③ 25.④ 26.④

27 가금류의 소화작용에 대한 설명으로 옳지 않은 것은?

① 부리에 의해 사료를 포착하는 가금류는 구강 내 타액에 의해 음식물을 식도로 이행시킨다.

② 가금류의 특이한 소화기관인 소낭에서는 사료를 저장하거나 위로 이행시킨다.

③ 위는 선위와 근위로 분류할 수 있으며 선위는 유문선부, 근위는 위저선부에 해당한다.

④ 장 내 소화작용은 돼지와 동일하나 가금류에서는 락타아제의 분비작용은 일어나지 않는다.

28 닭의 위에 대한 설명으로 옳지 않은 것은?

① 선위와 근위 두 부분으로 분류할 수 있다.

② 선위는 pH 4.4 정도이고 위액을 분비하므로 단위동물의 위와 기능은 동일하다.

③ 근위는 여과되지 못한 굵은 입자를 마쇄한다.

④ 근위의 수축작용은 사료의 종류에 관계없이 동일하며 1분에 2~3회 규칙적으로 일어난다.

 ANSWER

27 가금류의 위는 선위와 근위로 분류할 수 있으며 선위는 위저선부, 근위는 유문선부에 해당한다.

28 근위의 수축작용은 사료의 종류, 채식 후 시간 등에 의해 조금씩 달라지며 1분에 2~3회 간격으로 규칙적으로 일어난다.

답— 27.③ 28.④

영양소

1 물의 일반적인 특징에 대한 설명으로 옳지 않은 것은?

① 영양소 중 가장 쉽게 얻을 수 있고 함량이 풍부하다.

② 출생한 동물의 약 80%를 차지하고 있다.

③ 체내 수분량은 연령이 높아짐에 따라 증가한다.

④ 혈액의 90% 이상을 차지하며 체지방량과는 반비례 관계이다.

2 다음 중 가축의 수분요구량에 가장 큰 영향을 미치는 것은?

① 사료 내 염분의 함량　　　　　② 임신

③ 환경온도　　　　　　　　　　④ 우유생산량

3 동물체 내에서 물의 결핍시 나타나는 현상으로 볼 수 없는 것은?

① 체중의 감소　　　　　　　　　② 전해물질의 배설량 증가

③ 사료의 섭취량 증가　　　　　　④ 생산성의 감소

 **ANSWER**

1　③ 체내 수분량은 연령이 높아짐에 따라 감소하게 된다.

2　환경온도 … 수분요구량에 가장 큰 영향을 미치며 외부온도의 상승으로 인한 체온조절에 의해 수분을 체표로 배출하기 때문에 중요하다.

3　물의 결핍시 사료의 섭취량은 감소된다.

답 1.③　2.③　3.③

4 수분섭취량에 영향을 미치는 요인으로 옳지 않은 것은?

① 사료 내 수분함량　　　　　　② 사료 내 염분함량

③ 생리적 상태　　　　　　　　④ 물의 색

5 동물체가 수분을 손실하는 요인에 해당하지 않는 것은?

① 소변　　　　　　　　　　　② 대변

③ 땀　　　　　　　　　　　　④ 사료

6 물을 영양소로 분류하지 않는 이유로 옳지 않은 것은?

① 주위에서 쉽게 공급받을 수 있기 때문이다.

② 비용이 거의 들지 않기 때문이다.

③ 청소용, 세정용으로 사용되므로 영양외적 물질로 분류되기 때문이다.

④ 가축은 수분공급없이도 생명을 유지할 수 있기 때문이다.

ANSWER ____

4 수분섭취량에 영향을 미치는 요인
　㉠ 온도 및 습도
　㉡ 고형물섭취량
　㉢ 사료의 수분 및 염분함량
　㉣ 생리적 상태
　㉤ 소변생성기관의 종류
　㉥ 물의 질
　㉦ 물의 양

5 수분손실의 요인
　㉠ 소변 · 대변
　㉡ 땀
　㉢ 허파에서의 증산작용 및 피부를 통한 발산작용

6 가축은 환경요인 및 여러 요인에 의해 수분의 공급량이 다르기 때문에 축사 내에 수분공급은 자동급수가 되도록 해야 하며, 물은 쉽게 공급받을 수 있고, 비용도 들지 않기 때문에 영양소로 분류하지 않는다.

답 — 4.④ 5.④ 6.④

7 동물체 내 수분결핍 시 나타나는 현상으로 옳지 않은 것은?

① 불쾌감

② 호흡곤란

③ 정신착란

④ 마른 사료의 섭취량 증가

8 물의 생리적 기능에 대한 설명으로 옳지 않은 것은?

① 용해성이 크고 이온화 능력이 강한 입자이다.

② 물의 비열에 의해 체온의 상승을 방지할 수 있다.

③ 소화흡수와 영양소의 이행을 돕는다.

④ 영양소의 가수분해를 저해시킨다.

9 다음에서 설명하고 있는 것은?

수소와 탄소를 함유하고 있는 영양소의 산화작용시 발생하는 물

① 결정수

② 대사수

③ 유리수

④ 지표수

 **ANSWER**

7 동물은 혈액 내 수분이 결핍되면 불쾌감, 식욕감퇴, 두통, 호흡곤란, 체온상승 등으로 인하여 마른 사료는 수
분섭취 전에는 전혀 먹지 않는다.

8 ④ 영양소의 가수분해 및 흡수를 돕는 기능을 한다.

9 대사수…수소와 탄소를 함유하고 있으며, 영양소의 체내 대사과정시 형성되는 물을 의미한다.

답― 7.④ 8.④ 9.②

10 가축의 분에 대한 설명으로 옳지 않은 것은?

① 분으로 배설되는 양은 사료의 종류와 섭취량에 따라 다르다.

② 다즙조사료의 섭취로 인한 불소화물의 비율이 높을수록 수분을 포함한 배설량도 증가한다.

③ 오줌의 배설량은 대장에서 조절한다.

④ 포유류는 수분배설량이 많고 가금류는 수분배설량이 적다.

11 다음 중 가축의 수분공급원에 해당하지 않는 것은?

① 음수에 의한 공급 ② 사료에 함유된 수분의 공급

③ 대사수에 의한 공급 ④ 기후에 의한 공급

12 대사수에 대한 설명으로 옳지 않은 것은?

① 전분 1g에서 생성되는 대사수의 양은 0.56g이다.

② 흡수된 영양소가 산화되어 매 100kcal의 대사에너지를 생산할 경우 10g의 대사수가 생성된다.

③ 100g의 글루코오스를 산화시켜 생성되는 대사수의 양은 100g이다.

④ 산화과정 후 생성된 대사수는 체내 수분요구량을 충족시킬 수 있다.

 **ANSWER**

10 ③ 오줌의 배설량은 신장에서 조절한다.

11 가축의 수분공급원
ㄱ 음수
ㄴ 사료
ㄷ 대사수

12 ③ 100g의 글루코오스가 산화되어 생성되는 대사수의 양은 60g이다.
※ 글루코오스 100g당 대사수생성량

$$C_6H_{12}O_6 + 6O_2 \longrightarrow 6CO_2 + 6H_2O + 686kcal$$

180g 192g 264g 108g

$$\frac{물}{포도당} \times 100 = \frac{108}{180} \times 100 = 60\%$$

답 — 10.③ 11.④ 12.③

13 동물체 내에서의 물의 기능에 대한 설명으로 옳지 않은 것은?

① 영양소의 수송 및 배설에 이용된다.

② 체세포의 형태를 유지시켜 준다.

③ 체강에서 연결부위와 기관의 윤활제 역할을 한다.

④ 사료의 섭취량을 감소시키는 기능을 한다.

14 수분에 대한 설명으로 옳지 않은 것은?

① 수분은 생명현상을 유지시키는 필수적인 성분이다.

② 수분은 50% 이상 소모되어도 생명현상에는 아무런 영향을 주지 않는다.

③ 체내 조직에 70~90%를 차지하고 있다.

④ 산업발전으로 인한 오염으로 동물의 수분섭취가 위협을 받고 있다.

ANSWER

13 ④ 물의 결핍시 나타나는 현상에 대한 설명이다.

14 수분은 체내 10%만 소모되어도 생명을 유지할 수 없게 된다.

답 — 13.④ 14.②

02 탄수화물

1 탄수화물에 대한 설명으로 옳지 않은 것은?

① 태양에너지를 이용하여 CO_2, H_2O로부터 식물의 엽록소에 의해 합성된다.
② 종류가 매우 다양하다.
③ C, H, O로 구성되어 있는 화합물로 수소와 산소의 결합비율은 물과 동일하다.
④ 단당류의 결합수가 10개 이상인 것을 당, 10개 미만인 것은 비당이라 한다.

2 다음 중 단당류에 속하지 않는 것은?

① 리보오스　　　　　　　② 갈락토오스
③ 락토오스　　　　　　　④ 글루코오스

3 다음 중 탄소수가 다른 것은?

① 글리세르알데히드　　　② 아라비노오스
③ 크실로오스　　　　　　④ 리보오스

ANSWER

1　단당류의 결합수가 10개 이상인 것을 비당, 10개 미만인 것을 당이라 한다.

2　③ 과당류에 해당한다.

3　① 3탄당　②③④ 5탄당

답 1.④　2.③　3.①

4 가축의 영양소로 중요한 역할을 하며 반추동물의 제1위에서 흡수되는 것은?

① 3탄당

② 4탄당

③ 5탄당

④ 6탄당

⑤ 7탄당

5 다음 중 glucose를 생성하는 물질이 아닌 것은?

① Amylase

② Maltase

③ Isomaltase

④ Lactase

6 다음 중 흡수속도가 가장 빠른 것은?

① Glucose

② Fructose

③ Xylose

④ Galactose

7 2~10개의 단당류가 결합한 것으로 2당류, 3당류 등으로 분류할 수 있는 것은?

① 단당류

② 과당류

③ 다당류

④ 단당류 유도체

ANSWER

4 ① 포도당의 당분해 과정시 생성되는 중간대사물질이다.
　② 5탄당 인산염회로에 반응물질로 작용한다.
　④ 단당류 중 가장 중요한 성분으로 체내 대사물질이다.
　⑤ 글루코오스의 대사과정에서 생성되는 물질로 5탄당 인산염회로에 관여한다.

5 ① dextrin, maltase를 형성하여 반추동물에는 존재하지 않는다.

6 흡수속도 ··· Arabinose < Xylose < Mannose < Fructose < Glucose < Galactose

7 ① 분해될 수 없는 가장 간단한 무색 결정의 고체로 수용성이다.
　③ 10개 이상의 펜토오스, 헥소오스가 결합하여 형성된 것으로 단당류의 저장물질로 존재한다.
　④ 탄수화물의 분해 또는 합성에 관여하는 모든 당의 인산화 형태이다.

정답 — 4.③　5.①　6.④　7.②

8 다음 중 2당류에 해당하지 않는 것은?

① 말토오스 ② 락토오스
③ 수크토오스 ④ 라피노오스

9 다음에서 설명하고 있는 것은?

> 대사과정에서 활성화된 형태로 존재하며 탄수화물의 중추적 위치에 있는 물질이다.

① 5탄당 ② 6탄당
③ 7탄당 ④ 단당류 유도체

10 사탕수수에 함유되어 있으며 가수분해 후 글루코오스, 프록토오스, 갈락토오스를 생산하는 물질은?

① 라피노오스 ② 락토오스
③ 셀로비오스 ④ 말토오스

 **ANSWER**

8 ④ 3당류에 해당한다.

9 단당류 유도체 … 탄수화물의 분해 및 합성에 관여하는 모든 당의 인산화된 형태로 대사과정에서 활성화된 형태로 존재한다.

10 ② 우유에 함유되어 있으며 글루코오스와 갈락토오스로 가수분해된다.
③ 셀룰로오스 분해과정시 생성되는 중간물질로 동물체 내에서는 분해효소가 분비되지 않는다.
④ 말타아제에 의해 2개의 글루코오스로 가수분해되며 자연상태에는 존재하지 않는다.

답 8.④ 9.④ 10.①

11 다음 중 동질다당류에 속하지 않는 것은?

① 전분
② 셀룰로오스
③ 펙틴
④ 만난

12 다음 중 새우, 게 등 갑각류의 외골격을 구성하는 물질은?

① 키틴
② 검
③ 리그닌
④ 펙틴

13 리그닌에 대한 설명으로 옳지 않은 것은?

① 셀룰로오스, 헤미셀룰로오스와 결합하여 세포벽의 목질화를 일으킨다.
② 강산, 미생물에 저항력이 강하다.
③ 조직의 목질화로 인하여 목초와 짚의 소화율이 낮아진다.
④ 세포막의 구성물질로 존재한다.

14 성숙한 목초와 짚의 소화율이 낮은 이유로 적절한 것은?

① 아라비노오스 및 람노오스를 함유하고 있기 때문이다.
② 보수력이 강한 펙틴에 의해서 겔을 형성하기 때문이다.
③ 셀룰로오스, 헤미셀룰로오스와 결합하여 세포벽을 목질화시키기 때문이다.
④ 이눌린에 의해 프룩토오스와 소량의 글루코오스를 생성하기 때문이다.

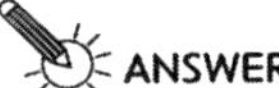

ANSWER

11 ③ 이질다당류에 해당한다.
  ※ **동질다당류** … 동일한 단당류 단위로만 구성된 것으로 펜토산, 핵소산으로 분류한다.
  ㉠ 펜토산 : 아라반, 크실란
  ㉡ 핵소산 : 전분, 글리코겐, 셀룰로오스, 프룩토산, 갈락탄, 만난 등

12 ② 단당류를 함유하고 있으며 식물의 상처부위, 잎, 수피 등에서 자연분비된다.
  ③ 세포벽을 구성하는 물질로 존재하며 탄수화물은 아니다.
  ④ 식물 세포벽과 세포사이 층을 구성하고 있는 물질로 미생물에 의해서만 분해된다.

13 리그닌은 세포벽의 구성물질로 존재한다.

14 리그닌에 의한 세포벽의 목질화는 목초와 짚의 소화율이 낮아지는 원인이 된다.

답— 11.③ 12.① 13.④ 14.③

15 당 분해과정에 대한 설명으로 옳지 않은 것은?

① 글루코오스가 혐기성에서 피루브산으로 산화되기까지의 과정을 말한다.

② ATP, pyruvate를 생산해 낸다.

③ 트리글리세라이드, 인지질의 합성에 필요한 glycerol-3-phosphate의 생성에 관여한다.

④ 산소를 소비하고 CO_2와 H_2O를 방출하여 에너지가 ATP 형태로 방출된다.

16 탄수화물의 동물체 내의 기능에 대한 설명으로 옳지 않은 것은?

① 에너지 공급　　　　　　　　　② 다른 영양소와의 합성

③ 지방 축적　　　　　　　　　　④ 열 방출

17 탄수화물 결핍시 나타나는 현상으로 옳지 않은 것은?

① 체중의 감소　　　　　　　　　② 수분섭취량 증가

③ 유산　　　　　　　　　　　　　④ 인슐린 과다분비

 **ANSWER**

---

15 ④ TCA회로에 대한 설명이다.

16 탄수화물의 동물체 내의 기능
　ⓐ 에너지 공급
　ⓑ 열 발생
　ⓒ 지방으로 축적
　ⓓ 타영양소와의 합성

17 탄수화물 결핍증
　ⓐ 케톤증 : 체중 감소, 수분섭취량 증가, 유산 등
　ⓑ 당뇨병 : 인슐린 분비부족, 포도당 과량손실, 케톤생산량 증가

답— 15.④　16.④　17.④

18 다음 중 당뇨병에 대한 설명으로 옳지 않은 것은?

① 사람에게 발병률이 높다.

② 췌장의 인슐린의 분비가 감소하여 발병한다.

③ 유전되지는 않는다.

④ 소변을 통해 체외로 포도당이 방출된다.

19 탄수화물의 소화효소 중 소장에게 분비되는 물질이 아닌 것은?

① Maltase ② Lactase

③ Amylase ④ Sucrase

20 탄수화물 대사과정에 대한 설명으로 옳지 않은 것은?

① 큰 분자의 글루코오스가 작은 입자로 가수분해된다.

② 포도당이 피루브산이나 acetyl CoA로 분해되는 것을 당분해라 한다.

③ 탄수화물이 함유한 총 화학에너지의 70%가 해당과정을 통해 ATP 형태로 축적된다.

④ 탄수화물의 대사과정은 총 3단계를 거쳐 진행된다.

ANSWER

18 당뇨병은 유전적 요인에 의해 발병한다.

19 ③ 타액 혹은 췌장에서 분비된다.

20 ③ 탄수화물이 함유한 총 화학에너지의 70%는 TCA회로와 싸이토크롬체인에 의해 탄소, 수소가 CO_2와 H_2O로 분해된 후 ATP 형태로 축적된다.

답— 18.③ 19.③ 20.③

03 지방

1 다음 중 지방에 대한 설명으로 옳지 않은 것은?

① 물에 녹지 않으며 에테르, 클로로포름, 벤젠 등의 유기용매에 녹는다.
② 탄소 및 수소의 함량이 다른 영양소에 비해 높다.
③ 지방, 기름 등을 통칭하여 사용한다.
④ g당 가연성 물질함량이 높아 타 영양소보다 낮은 에너지를 발생시킨다.

2 다음 중 단순지방에 해당하는 것은?

① 인지질　　　　　　　　　　② 당지질
③ 밀납　　　　　　　　　　　④ 지방산

3 지방의 중요성에 대한 설명으로 옳지 않은 것은?

① 지방은 많은 에너지를 공급할 수 있는 에너지원으로 고열량 영양소이다.
② 동물의 체내에서 에너지로 저장되어 있다.
③ 체온의 손실을 방지하는 피하지방의 역할을 한다.
④ 비타민의 섭취량은 지방의 섭취량과 무관하다.

**ANSWER**

1 지방은 g당 가연성 물질함량이 높아 타 영양소보다 높은 에너지를 발생시킨다. 지방의 열량은 탄수화물의 2.25배, 단백질의 2배이다.

2 ①② 복합지방　④ 유도지방

3 지방은 지용성 비타민의 공급원으로 유지섭취량의 대소에 따라 직접적인 영향을 받는다.

답 1.④　2.③　3.④

4 다음 중 지방의 분류가 다른 하나는?

① 단순지방   ② 복합지방
③ 유도지방   ④ 중성지방

5 다양한 형태의 알코올과 지방산의 에스테르 결합물질로 중성지방과 밀납이 대표적인 것은?

① 복합지방   ② 유도지방
③ 중성지방   ④ 단순지방

6 지방산, 글리세롤 외에 인산, 질소화합물이 결합된 물질로 레시닌, 세팔린, 스핑고마이엘린이 해당하는 것은?

① 중성지방   ② 인지질
③ 당지질   ④ 밀납

7 다음 중 유도지방에 해당하지 않는 것은?

① 지방산   ② 스테롤
③ 지방단백질   ④ 색소류

ANSWER

4 ④ 단순지방의 세부분류에 해당한다.

5 단순지방 ··· 다양한 형태의 알코올과 지방산의 에스테르 결합에 의해 구성된 물질이다.
　　㉠ 중성지방 : 지방산과 글리세롤의 에스테르 결합
　　㉡ 밀납 : 지방산과 알코올의 에스테르 결합

6 ① 지방산 + 글리세롤
　　③ 탄수화물 + 지방
　　④ 지방산 + 알코올

7 ③ 복합지방에 해당한다.
　　※ 유도지방의 종류
　　　㉠ 지방산
　　　㉡ 스테롤
　　　㉢ 색소류

답 — 4.④ 5.④ 6.② 7.③

8 지방산에 대한 설명으로 옳지 않은 것은?

① 유지의 구성성분으로 한쪽 끝에 카르복실기를 가진 탄소화합물을 말한다.
② 탄소와 탄소사이에 이중결합이 존재하는 것을 불포화지방산, 이중결합이 없는 것을 포화지방산이라 한다.
③ 구성분자의 탄소수에 따라 저급과 고급으로 분류할 수 있다.
④ 탄소수가 2~4개인 지방산을 장쇄지방산이라 한다.

9 다음 중 식물체 내에 존재하는 지방산은?

① 팔미트산   ② 올레산
③ 리놀산   ④ 스테아르산

10 다음 지방산이 생성되는 장소로 옳은 것은?

초산, 프로피온산, 낙산

① 동물   ② 식물
③ 미생물   ④ 공기

11 다음 중 탄소수가 가장 많은 지방산은?

① 올레산   ② 프로피온산
③ 리놀렌산   ④ 팔미트산
⑤ 아라키돈산

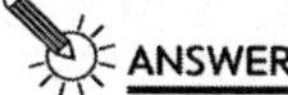
ANSWER

8 ④ 탄소수가 2~4개인 지방산은 단쇄지방산이다.

9 ①②④ 동물체 내에 존재하는 지방산이다.

10 초산, 프로피온산, 낙산 등의 지방산은 반추위 내 미생물에 의해 생성된다.

11 ⑤ 20 ①③ 18 ② 3 ④ 16

답 — 8.④ 9.③ 10.③ 11.⑤

12 불포화지방산에 대한 설명으로 옳지 않은 것은?

① 분자들이 이중결합을 형성하고 있는 지방산을 말한다.

② cis형과 trans형의 이성체가 존재한다.

③ 이중결합의 특성상 상온에서는 고체로 존재한다.

④ 리놀산, 리놀렌산, 아라키돈산을 필수지방산이라 한다.

13 고분자의 알코올과 지방산으로 구성된 에스테르로 상온에서 고체상태로 존재하며, 지방보다 높은 융점을 가지고 있는 것은?

① 중성지방　　　　　　　　　　② 밀납

③ 인지질　　　　　　　　　　　④ 당지질

14 Wax에 대한 설명으로 옳지 않은 것은?

① Bee wax는 5종류의 에스테르로 형성되어 있다.

② 상온에서 고체상태이며 지방보다 융점이 높다.

③ 동물에 많이 분포하며 동식물체를 보호하는 기능을 한다.

④ 지방보다 영양적 가치가 높다.

ANSWER

---

12 불포화지방산은 이중결합의 특성상 상온에서 액체상태로 존재하며 2종의 이성체를 지니고 있다.

13 ① 지방산과 글리세롤의 에스테르 결합으로 형성되어 있으며 자연계에 가장 많이 존재한다.
　　③ 지방산의 글리세롤 에스테르에 인산염기가 결합된 구조로 포스파틴산의 유도체이다.
　　④ 탄수화물과 지방이 함유되어 있는 화합물로 6탄당을 함유하고 있으며, 동물의 신경조직 및 뇌에 존재한다.

14 밀납(wax)은 지방과 달리 가수분해되지 않기 때문에 영양적 가치는 없다.

답 — 12.③ 13.② 14.④

15 지방의 영양가 측정방법으로 볼 수 없는 것은?

① 아이오딘가   ② 산가

③ RM가   ④ 에너지가

⑤ 검화가

16 지방 100g이 흡수하는 아이오딘의 g수를 의미하며 지방산의 불포화도를 측정하는 기준이 되는 것은?

① 검화가   ② RM가

③ 산가   ④ 아이오딘

17 지방의 산패에 대한 설명으로 옳지 않은 것은?

① 산패가 진행된 지방은 가축사료로 사용할 수 없다.

② 항산화제를 사용하여 지방의 산패를 방지할 수 있다.

③ 공기 중에 방치하면 지방의 이중결합부위에서 산화분해현상이 나타나 유리지방산이 발생하여 산패되기 시작한다.

④ 산패는 공기에 의해서만 촉진된다.

ANSWER

15 지방의 영양가 측정방법
　㉠ 아이오딘가
　㉡ 산가
　㉢ RM가
　㉣ 검화가

16 ① 지방 1g을 검화하는 데 필요한 KOH의 mg수를 의미하며 저급지방산일수록 검화가가 높아진다.
　② 지방 내에 존재하는 휘발성 저급지방산을 측정하는 방법으로 지방 5g을 가수분해하여 생성되는 수용성 지방산을 중화시키는 데 필요한 0.1N의 KOH용액을 ml수로 나타낸 것이다.
　③ 지방 내에 존재하는 유리지방산을 중화시키는 데 필요한 KOH의 mg수를 말한다. 신선한 지방일수록 산가는 낮다.

17 산패의 촉진요인 … 공기, 온도, 빛, 구리, 철 등

답 — 15.④ 16.④ 17.④

18 다음 중 인지질의 종류로 볼 수 없는 것은?

① Lecithin
② Cephaline
③ Sphingomyelin
④ Lipoprotein

19 지방의 융점에 대한 설명으로 옳지 않은 것은?

① 분자량이 작을수록 탄소수가 증가할수록 융점은 높아진다.
② 포화지방산은 탄소수가 8개 이하일 경우 상온에서 액체상태로 존재한다.
③ 불포화지방산은 동일한 탄소수를 가진 포화지방산에 비해 융점이 낮다.
④ 상온에서 액체상태로 존재하는 지방은 응고점을 사용할 수 있다.

20 인지질에 대한 설명으로 옳지 않은 것은?

① 지방산의 글리세롤 에스테르에 인산염기를 가지고 있는 구조로 형성되어 있다.
② 세포막 구성성분으로 단백질과 결합하여 세포막 통과물질의 통로역할을 담당한다.
③ 물에 불용성인 지방산을 함유하고 있어 에너지원으로 중요한 기능을 한다.
④ 신경조직, 간장, 심장 등 활발한 기능을 하는 조직에 분포되어 있다.

 **ANSWER**

18 ④ 지방단백질에 해당한다.

19 분자량이 작고 불포화도가 높을수록 융점은 낮아지며, 탄소수의 증가에 따라 융점 및 비점은 증가한다.

20 수용성 및 지용성인 인산염기와 물에 불용인 지방산을 함유하고 있어 세포 내 중요기능을 담당하므로 에너지원보다는 조직세포의 구성 및 기능유지에 중요한 역할을 한다.

답— 18.④ 19.① 20.③

21 지방에 존재하고 있는 휘발성 저급지방산을 측정하는 방법으로 지방 5g을 가수분해하여 발생하는 수용성 지방산을 중화시키는 데 필요한 0.1N의 KOH용액을 ml수로 나타내는 것은?

① 산가

② 아이오딘가

③ RM가

④ 검화가

22 당지질에 대한 설명으로 옳지 않은 것은?

① 분자 내에 탄수화물과 지방을 함유하고 있는 화합물이다.

② 갈락토오스와 포도당 등 6탄당을 포함하고 있다.

③ 포도당이 함유된 당지질은 뇌세포 형성에 중요한 역할을 한다.

④ 동물의 뇌와 신경조직에 많이 분포하며 식물에는 존재하지 않는다.

23 지방단백질에 대한 설명으로 옳지 않은 것은?

① 불용성 지방이 대사과정을 거치기 위해 단백질과 결합한 것을 말한다.

② 중성지방, 인지질, 콜레스테롤, 단백질 등을 함유하고 있다.

③ 체내 전자전달계, 소포체 등에 존재한다.

④ 세포막의 이온수송에 중요한 기능을 담당한다.

ANSWER

21 ① 지방 내의 유리지방산을 중화시키는 데 필요한 KOH의 mg수
② 지방 100g이 흡수할 수 있는 아이오딘의 g수
④ 지방 1g을 검화하는 데 필요한 KOH의 mg수

22 ③ 갈락토오스가 함유된 당지질은 뇌세포 형성에 중요한 기능을 담당한다.

23 ④ 당지질에 대한 설명이다.

답— 21.③ 22.③ 23.④

24 다음 중 유도지방의 종류에 해당하지 않는 것은?

① Cholesterol
② Sitosterol
③ Cerebroside
④ Ergosterol

25 지방산과 스테롤을 총칭하는 용어로 콜레스테롤, 피토스테롤 등이 해당되는 물질은?

① 단순지방
② 인지질
③ 복합지방
④ 유도지방

26 콜레스테롤에 대한 설명으로 옳지 않은 것은?

① 식품이나 사료에 함유되어 있는 동물체 내 대표적인 스테롤이다.
② 담즙산, 각종 스테로이드의 전구물질로 자외선에 의해 비타민 D_3을 합성할 수 있다.
③ 난황, 새우, 동물지방에 많이 함유되어 있다.
④ 포화지방산 섭취량이 높으면 혈액 내 콜레스테롤 함량은 감소한다.

27 해초, 미생물, 고등식물 등에 존재하는 스테롤로 콜레스테롤과 함께 유도지질로 분류되는 것은?

① Cephaline
② Phytosterol
③ Phospholipid
④ Lecithin

 **ANSWER**

24 ③ 당지질을 나타내는 것이다.

25 ① 중성지방과 밀납이 해당되며 자연계에 널리 분포되어 있다.
② 세포 내 중요기능을 담당하며 단백질과 결합하여 세포막 통과물질의 통로역할을 한다.
③ 인지질, 당지질, 지방단백질이 해당되며 체내 조직에 관련된 기능을 담당한다.

26 콜레스테롤의 함량 … 포화지방산의 섭취량이 높으면 혈액 내 콜레스테롤 함량은 증가하고, 불포화지방산의 섭취량이 높으면 혈액 내 콜레스테롤 함량은 감소한다.

27 Phytosterol … 미생물 및 고등식물 등에 함유되어 있는 스테롤로 옥수수에 함유된 시토스테롤, 자외선에 의해 비타민 B_2로 전환되는 에르고스테롤 등이 있다.

정답 — 24.③ 25.④ 26.④ 27.②

28 다음 중 지방의 대사작용과 관계가 없는 것은?

　　① TCA회로　　　　　　　　　　　② 이화작용
　　③ 동화작용　　　　　　　　　　　④ 인산염회로

29 지방의 분해에 대한 설명으로 옳지 않은 것은?

　　① 체내 축적된 지방은 HSL에 의해 유리지방산과 글리세롤로 분해된다.
　　② 글리세롤은 해당과정과 TCA회로를 거쳐 물과 탄산가스로 분해되어 에너지를 생성한다.
　　③ 지방산은 β-Oxidation과정을 거쳐 TCA회로를 통해 산화분해된 후 에너지를 형성한다.
　　④ 지방산의 β-산화과정은 오직 리보솜에서만 일어난다.

30 지방의 합성에 대한 설명으로 옳지 않은 것은?

　　① 지방산의 합성은 Malonyl-CoA에 의한 반응으로 β-산화의 역반응이 아니다.
　　② 동물체 내 축적된 지방은 중성지방으로 간, 지방조직 등에서 합성된다.
　　③ 해당과정에 의해 생성된 dihydroxy-acetone phosphate에 의해 지방의 합성이 이루어지기도 한다.
　　④ 인지질의 분해로 형성된 지방산은 해당과정을 거쳐 중성지방의 합성에 이용된다.

 **ANSWER**

28 ④ 탄수화물의 대사작용에 해당한다.

29 지방산의 분해는 카르복실기의 β 위치에 존재하는 탄소에 의해서 이루어지므로 β-산화라 하며 β-산화효소는 미토콘드리아에만 존재하기 때문에 β-산화는 세포 내 미토콘드리아에서만 나타난다.

30 ④ 인지질의 분해로 형성된 지방산은 TCA회로를 통해 중성지방의 합성과 인지질의 재합성에 사용된다.

답— 28.④ 29.④ 30.④

31 다음 중 지방의 합성작용이 오직 간에서만 이루어지는 것은?

① 돼지   ② 소

③ 닭   ④ 양

32 필수지방산에 대한 설명으로 옳지 않은 것은?

① 2개 이상의 이중결합으로 구성되어 있는 지방산을 말한다.

② 체내에서 합성되지 않으며 사료나 음식의 형태로 공급해야 한다.

③ 리놀산, 리놀렌산, 아라키돈산 등이 있다.

④ 성숙한 개체일수록 필수지방산 결핍에 예민하게 반응한다.

33 다음 중 지방분해 및 저장된 지방의 이용을 촉진시키는 호르몬이 아닌 것은?

① 갑상선자극호르몬   ② 성장호르몬

③ 글루카곤   ④ 인슐린

34 다음 중 케토시스의 증상에 해당하지 않는 것은?

① 식욕감퇴   ② 우유량 감소

③ 당뇨   ④ 경련

ANSWER

31 ① 모든 지방조직에서 합성된다.
②④ 간과 지방조직에서 합성된다.

32 필수지방산의 결핍은 나이가 어린 동물일수록 더 민감하게 반응한다.

33 인슐린 … 지방대사조절호르몬의 한 종류로 지방합성을 촉진시킨다. 인슐린이 체내 부족하게 되면 포도당의 이용률 감소 및 지방의 합성 억제 등의 작용을 촉진시키게 된다.

34 ③ 지방간의 발생원인에 해당한다.
※ 케토시스의 증상
　㉠ 식욕감퇴
　㉡ 경련 및 마비
　㉢ 우유량 감소
　㉣ 사망

답 — 31.③ 32.④ 33.④ 34.③

35 다음 중 케톤체에 의해 나타나는 지방의 이상대사에 대한 설명으로 옳지 않은 것은?

① 탄수화물 대사장애에 의해 지방산화속도가 상승하여 케톤체라는 2차 산물로 전환된다.

② 케톤체는 음이온이기 때문에 배설시 양이온을 동반하여 산성증을 유발시킨다.

③ 간에서 생성되며 혈액을 통해 이행한다.

④ 케톤체가 한계점 이상으로 생성되면 혈중농도가 증가된 케토시스 상태가 된다.

⑤ 소변으로 케톤체가 배설되는 것을 지방간이라 한다.

36 다음 중 지방간의 발생원인으로 볼 수 없는 것은?

① 콜레스테롤 함량이 많은 사료를 섭취했을 경우

② 탄수화물 및 비타민 B군 등을 대량 섭취했을 경우

③ 사염화탄소 및 클로로포름에 의해 간에 손상을 입었을 경우

④ 혈당의 수치가 높을 경우

⑤ 성장호르몬 및 부신피질호르몬이 과량 분비되는 경우

37 다음 중 필수지방산이 다량 함유된 물질이 아닌 것은?

① 옥수수유   ② 면실유

③ 참기름   ④ 땅콩기름

 **ANSWER**

35 노케톤증 … 체내 케톤체의 과잉으로 인하여 소변을 통해 케톤체가 배출되는 현상을 말한다.
 ※ 지방간 … 간에 지방이 다량으로 축적되어 병적인 증상을 유발시키는 것을 말한다.

36 ④ 혈당수치가 낮거나 당뇨병이 있을 경우 지방간의 발생원인이 된다.

37 필수지방산의 함유량이 많은 식품 … 옥수수유, 면실유, 콩기름, 땅콩기름

답— 35.⑤ 36.④ 37.③

38 필수지방산의 결핍으로 인하여 나타나는 현상으로 옳지 않은 것은?

① 성장저해, 지방간 등을 발생시킨다.

② 피부저항력 약화, 각질 등의 피부병을 유발시킨다.

③ 번식활동장애 및 우유생산에 영향을 미친다.

④ 간에 지방이 과잉 축적하게 된다.

⑤ 부종 및 설사를 유발시킨다.

39 가축의 비육과정시 주의해야 할 사항으로 옳지 않은 것은?

① 탄수화물 대사가 완벽해야 하므로 TCA회로가 원만하게 동작하여 citrate 공급이 충분해야 한다.

② 6탄당 인산염회로로부터 충분한 양의 NADPH 효소가 공급되어야 한다.

③ 중성지방 합성체계에 의해 acetyl-CoA의 전환이 신속해야 한다.

④ 사료의 성분 중 지방의 종류는 지방대사에 많은 영향을 미친다.

40 반추동물의 지방대사에 대한 설명으로 옳지 않은 것은?

① 섭취한 사료지방과 성질 및 형태가 동일한 체지방을 형성한다.

② 체지방은 포화지방산으로 구성되어 있다.

③ 목초에는 불포화지방산 함량이 높으며 곡류에는 중성지방이 많다.

④ 반추동물은 지방산을 유리시키고 글리세롤과 갈락토오스를 발효시켜 휘발성 지방산을 생성한다.

ANSWER

38 ④ 지방간에 대한 설명이다.

39 사료의 성분 중 탄수화물의 종류에 따라 지방대사에 미치는 영향의 정도는 달라진다.

40 ① 반추동물은 섭취한 사료지방의 형태와 성질이 전혀 다른 체지방 및 생산물지방을 형성한다.

답— 38.④ 39.④ 40.①

41 동물의 지방조직에 대한 설명으로 옳지 않은 것은?

① 동물체 내 지방은 조직지방과 저장지방으로 분류할 수 있다.

② 지방조직에서는 여러가지 대사작용이 일어난다.

③ 인지질과 콜레스테롤로 구성되어 있는 것을 조직지방이라 한다.

④ 지방조직에는 혈관, 신경 등이 많이 분포되어 있다.

⑤ 체내 지방조직 중 90%가 중성지방이며 피하, 복강, 골수 등에 저장되는 지방을 체지방이라 한다.

42 다음 중 비만증을 초래할 수 있는 원인에 해당하지 않는 것은?

① 에너지 과다섭취 ② 호르몬분비 과다

③ 난지방 섭취 ④ 운동부족

43 다음 중 지방조직의 기능으로 볼 수 없는 것은?

① 에너지 생성 ② 체온 유지

③ 비타민 저장 ④ 조직 보호

⑤ 호르몬 분비

 **ANSWER**

41 ⑤ 저장지방에 대한 설명이다.

42 비만증의 원인
ㄱ 에너지 과다섭취
ㄴ 호르몬분비 이상
ㄷ 운동부족

43 지방조직의 기능
ㄱ 에너지 생성
ㄴ 체온 유지
ㄷ 비타민 저장
ㄹ 장기 및 조직 보호
ㅁ 호르몬 합성

답— 41.⑤ 42.③ 43.⑤

44 다음 중 필수지방산 요구량에 대한 설명으로 옳지 않은 것은?

① 동물의 나이가 어릴수록 요구량에 민감하게 반응한다.

② 암컷보다 수컷이 결핍에 더 민감하다.

③ 콜레스테롤 공급량이 증가되면 필수지방산의 양도 증가되어야 한다.

④ 불포화지방산 공급이 증가되면 포화지방산은 공급하지 않아도 된다.

45 반추동물의 사료인 목초와 곡류에 지방을 첨가할 경우 나타나는 효과로 옳지 않은 것은?

① 에너지 이용효율 증가 　　　　② 번식률 증가

③ 환경 개선 　　　　　　　　　④ 유지율 증가

⑤ 소화작용 상승

ANSWER

44 포화지방산과 불포화지방산의 공급은 함께 요구된다.

45 지방첨가에 의해 생성된 유리지방산으로 인하여 생물학적 포화작용에 방해를 받아 소화작용은 저하된다.

답 — 44.④　45.⑤

단백질

1 다음 중 단백질에 대한 설명으로 옳지 않은 것은?

① 산이나 효소에 의해 아미노산으로 분해되는 물질이다.

② 동물체의 구성성분 중 가장 중요하다.

③ 탄수화물, 지방과 같이 에너지를 발생시키며 다른 영양소로 대체될 수 있다.

④ 동물세포, 항체, 호르몬의 구성성분이다.

⑤ 아미노산이 펩티드 결합으로 연결되어 있는 중합체이다.

2 단백질의 중요성에 대한 설명으로 옳지 않은 것은?

① 유전자의 구성성분으로 유전현상 및 생명현상에 관여한다.

② 면역체의 구성성분으로 면역, 질병예방, 치료에 관여한다.

③ 헤모글로빈의 구성성분으로 산소와 탄산가스의 체내운반에 관여한다.

④ 효소 및 호르몬의 구성성분으로 소화 및 대사작용에 관여한다.

⑤ 체내에서 합성되므로 외부로부터 공급받을 필요가 없다.

**ANSWER**

1 단백질은 탄수화물, 지방과 같이 에너지를 발생시킬 수 있지만 질소를 함유하고 있어 다른 영양소로 대체할 수 없다.

2 단백질에는 필수아미노산이라는 체내 불합성 물질이 있으므로 반드시 외부에서 공급하여야 한다.

답 1.③ 2.⑤

3 다음 중 단순단백질에 해당하지 않는 것은?

① Histone
② Mucoprotein
③ Globulin
④ Glutelin
⑤ Albumin

4 다음 중 단백질의 구성원소 중 그 함량이 제일 많은 것은?

① C
② S
③ H
④ N
⑤ O

5 물에 녹지 않으며 강산이나 강염기에 녹고, 열에 응고되는 단백질로 근육의 미오신, 콩의 글라이시닌에 함유되어 있는 것은?

① Albumin
② Globulin
③ Prolamin
④ Protamin
⑤ Glutelin

 **ANSWER**

3 ② 복합단백질에 해당한다.

4 단백질의 구성원소
  ㉠ 탄소(C) : 50~55%
  ㉡ 산소(O) : 20~24%
  ㉢ 질소(N) : 15~19%
  ㉣ 수소(H) : 7%
  ㉤ 황(S) : 0.3~2%
  ㉥ 인(P) : 1.5%

5 ① 물, 알칼리 용액에 쉽게 용해되고 열에 의하여 응고되며 계란, 우유 등에 분포한다.
  ③ 대부분 알코올 용액에 용해되며 식물에만 존재한다.
  ④ 물, 암모니아 용액에 녹고 열에 응고되지 않으며 정액에 많이 분포한다.
  ⑤ 물에 녹지 않고 열에 응고되지 않으며 산과 알칼리에 용해되는 물질로 곡류에 많이 분포한다.

답— 3.② 4.① 5.②

6 Albuminoid에 대한 설명으로 옳지 않은 것은?

① 진한 산이나 알칼리 외에는 전혀 용해되지 않는다.

② 섬유상 단백질이며 소화효소에 저항력이 강하고 결체조직을 형성한다.

③ 힘줄, 동맥의 벽 조직에 많으며 가열하여도 젤라틴화되지 않는다.

④ 털이나 손·발톱을 구성하는 단백질은 케라틴이다.

7 다음 중 영양가치가 낮은 단백질로 식물에만 존재하며 알코올 용액에 용해되는 것은?

① Protamin   ② Histone

③ Kelatin   ④ Prolamin

⑤ Elastin

8 다음 중 복합단백질에 해당하지 않는 것은?

① Nucleoprotein   ② Glycoprotein

③ Metalloprotein   ④ Metaprotein

⑤ Phosphoprotein

ANSWER

6 ③ Elastin에 대한 설명이다.

7 ① 정액에 함유된 단백질로 물과 암모니아 용액에 녹으며 열에 응고되지 않는다.
② 흉선 및 췌장, 혈색소 중 글로빈에 함유된 단백질로 물, 묽은 산에는 녹으나 알칼리에는 불용이다.
③ 시스틴이 많이 함유된 단백질로 털, 손·발톱을 구성한다.
⑤ 힘줄, 탄력성 조직에 함유된 단백질로 가열하여도 젤라틴화되지 않는다.

8 ④ 1차 유도단백질에 해당한다.

답 6.③ 7.④ 8.④

9 2차 유도단백질에 대한 설명으로 옳은 것은?

① 열, 알코올, 산, 알칼리에 의해 변성되는 단백질이다.

② 화학 특성상 단백질로 분류할 수 없는 것도 존재한다.

③ 단백질의 부분적 가수분해산물로 펩톤이 존재한다.

④ 자연계에 널리 분포된 단백질로 가수분해하면 아미노산과 그 유도체가 된다.

⑤ 지방산과 결합된 단백질이다.

10 다음에서 설명하고 있는 단백질은?

> Fe, Cu, Zn 등의 금속이온과 결합된 단백질로 Ferritin, Hemocyanin, Insulin 등이 해당된다.

① 당단백질   ② 핵단백질

③ 인단백질   ④ 색소단백질

⑤ 금속단백질

11 다음 중 색소단백질에 해당하는 것은?

① Casein   ② Insulin

③ Uronic acid   ④ Hemoglobin

⑤ Ferritin

 **ANSWER**

9 ①② 1차 유도단백질 ④ 단순단백질 ⑤ 지질단백질

10 ① 탄수화물과 결합한 단백질로 Hexosamine, Uronic acid가 있다.
② 한 개 또는 그 이상의 단백질과 핵산으로 결합된 것으로 세포핵에 함유되어 있다.
③ 핵산, 인지질 외 1% 정도의 인산을 함유한 단백질로 주로 간에서 생성된다.
④ 색소를 함유한 단백질로 혈액 내 산소운반, 산화·환원 등의 반응에 이용되며 적혈구 및 근육 내에 존재한다.

11 ① 인단백질 ②⑤ 금속단백질 ③ 당단백질

답— 9.③ 10.⑤ 11.④

12 다음 중 지방족 아미노산에 해당하지 않는 것은?

① Glycine   ② Threonine

③ Proline   ④ Lysine

⑤ Asparagine

13 필수아미노산에 대한 설명으로 옳지 않은 것은?

① 체내 합성이 불가능하여 외부로부터 공급받아야 하는 아미노산을 말한다.

② 필수아미노산의 종류는 모두 10종이며 성인에 필요한 종류는 8종이다.

③ 반추동물의 경우 제1위 미생물에 의해 아미노산이 합성되므로 필수아미노산의 공급이 중요하다.

④ 요구량은 동물의 종류, 연령, 임신 등에 따라 달라진다.

⑤ Cystine, Tyrosine, Lysine은 필수아미노산의 요구량을 절감시키는 기능을 하므로 준필수아미노산이라 한다.

14 다음 중 페놀고리를 가진 구조로 방향을 나타내는 아미노산에 해당하는 것은?

① Cystine   ② Histidine

③ Methionine   ④ Tryptophan

⑤ Serine

 **ANSWER**

12 ③ 복소환식 아미노산에 해당한다.

13 ③ 반추동물은 제1위 미생물에 의해 필요한 아미노산이 합성되므로 필수아미노산의 공급은 중요하지 않다.

14 ①③⑤ 지방족 아미노산   ② 복소환식 아미노산

답 — 12.③   13.③   14.④

15 필수아미노산의 요구량에 대한 설명으로 옳지 않은 것은?

① 동물의 종류에 따라 필수아미노산의 종류와 요구량은 다르다.

② 동물의 연령이 어릴수록 요구량은 높다.

③ 단위동물의 경우 필수 아미노산의 균형문제가 중요하다.

④ 단위동물은 필수아미노산 보충능력에 한계가 있어 사료 내 아미노산 균형이 유지되어야 체단백질 합성이 일어날 수 있다.

⑤ 수중생물은 체내 요소회로가 없어 필수아미노산 중 아르기닌의 자체 공급능력이 부족하다.

16 다음 중 비단백질태 질소화합물(NPN)에 대한 설명으로 옳지 않은 것은?

① 질소를 함유하고 있어 단백질 생성시 질소를 공급하면 단백질과 동일한 효과를 나타낼 수 있는 물질이다.

② Amide, Urea, Ammonium salt 등이 NPN에 해당한다.

③ NPN은 반추동물의 제1위 내 미생물에 의해 NH_3로 분해된 후 미생물체단백질로 합성되어 제4위와 소장으로 내려가 소화·흡수된다.

④ 반추위 내 미생물의 질소원인 NH_3는 NPN에 의해서만 생성된다.

⑤ 산, 효소에 의해 분해되더라도 아미노산을 생성하지 않는 물질이다.

17 비단백질태 질소화합물(NPN)의 종류에 대한 설명으로 옳지 않은 것은?

① Biuret은 요소 대신 사용할 수 있는 NPN의 한 가지로 1분자당 3분자의 암모니아로 분해된다.

② Amine은 중독을 유발시킬 수 있는 NPN이다.

③ Urea는 포유류의 질소대사 최종분해산물로 Urease에 의해 NH_3와 탄산가스로 분해된다.

④ Urease는 모든 동물의 체내에서 분비되어 NPN을 이용할 수 있게 한다.

 **ANSWER**

15 닭은 체내 요소회로가 없어 필수아미노산 중 아르기닌의 자체 공급이 어렵다.

16 ④ 반추위 내 미생물의 질소원인 NH_3는 NPN에 의해서만 생성되는 것이 아니라 일반 단백질의 분해시에도 생성된다.

17 Urease는 반추동물의 체내에서는 분비되고, 분비되지 않는 단위동물은 NPN을 이용할 수 없다.

답 — 15.⑤ 16.④ 17.④

18 아미노산의 길항작용에 대한 설명으로 옳지 않은 것은?

① 아미노산이 과잉 공급되면 대사물질이 축적되어 아미노산 중독을 발생시킨다.

② 화학구조가 비슷한 아미노산들 사이에 경쟁이 원인이 되어 합성효율을 저하시키는 현상을 말한다.

③ 사료 내 과다한 류신의 공급으로 성장저해현상이 나타나는 것을 말한다.

④ 성장저해현상 유발시 류신과 화학구조가 유사한 이소류신의 첨가로 방지할 수 있다.

⑤ 중독 및 길항작용은 배합사료에 의한 체내 대사의 이상이 발생하여 나타난다.

19 제한아미노산에 대한 설명으로 옳지 않은 것은?

① 양적으로 부족한 순서대로 제1 · 2 · 3제한 아미노산이라 명명한다.

② 제한아미노산의 보충시에는 제3제한아미노산부터 역순으로 공급해 주어야 한다.

③ 제한아미노산의 보충순서가 달라지면 더욱 심한 불균형과 결핍증상이 나타나게 된다.

④ 배합사료의 경우 Lysine이 제1제한아미노산, Methionine이 제2제한아미노산이 된다.

⑤ 필수아미노산 중 가축의 요구량에 미달되는 부족한 아미노산을 지칭한다.

20 단백질의 체내 대사에 대한 설명으로 옳지 않은 것은?

① 체단백질, 생산물단백질 및 질소화합물의 합성에 이용된다.

② 탈아미노반응을 통하여 암모니아와 탄소골격으로 분해된다.

③ 암모니아는 요소회로를 거쳐 소변으로 배설되거나 비필수아미노산의 합성에 이용된다.

④ 체내 단백질의 변화는 합성과 분해가 반복되어 불평형상태가 된다.

⑤ 탄소골격은 글리코겐, 포도당, 체지방이 합성되거나 TCA회로에서 발생된 에너지에 의해 H_2O와 CO_2로 분해된다.

ANSWER

18 중독 및 길항작용은 질병으로 인한 체내 대사에 이상이 발생하지 않는 이상 나타나지 않는다.

19 ② 제한아미노산을 보충할 경우에는 제1제한아미노산에서부터 차례대로 충족시켜 주어야 불균형 및 결핍증상을 방지할 수 있다.

20 ④ 체내 단백질은 합성과 분해가 반복되어 일정한 평형상태인 동적평형을 유지하게 된다.

답 — 18.⑤ 19.② 20.④

21 단백질의 대사작용에 대한 설명으로 옳지 않은 것은?

① 소화기관에서 분비되는 각종 소화효소에 의해 아미노산으로 분해된 후 소장에서 흡수되어 혈액에 의해 조직으로 운반된다.

② 단백질이 전혀없는 사료를 공급했을 경우 외부에서 섭취한 질소와 관계없이 체단백질로 분해가 된다.

③ 체내 아미노산의 대사이용은 내인적 대사와 외인적 대사로 분류할 수 있다.

④ 사료로 섭취된 단백질에 의한 대사를 내인적 대사라 한다.

22 조직에서 일어나는 아미노산대사에 대한 설명으로 옳지 않은 것은?

① 처리기능을 하는 기관과 저장기능을 하는 기관마다 대사속도는 다르다.

② 공복일 경우 근육과 장관으로부터 알라닌이 방출된다.

③ 산성아미노산은 세포를 통과하여 글리신과 글루타민 등의 아마이드로 방출된다.

④ 글리신과 글루타민에 의해 신장에서는 세린과 알라닌이 방출된다.

23 다음 중 단백질대사에 관여하는 호르몬이 아닌 것은?

① 티록신　　　　　　　　　　　② 부신피질호르몬

③ 에피네프린　　　　　　　　　④ 여성호르몬

⑤ 성장호르몬

ANSWER

21 체내 아미노산의 대사작용
ㄱ 내인적 대사 : 단백질이 없는 사료를 섭취했을 때 외부에서 섭취된 질소와는 상관없이 체단백질로 분해가 일어나는 작용이다.
ㄴ 외인적 대사 : 사료로 섭취된 단백질에 의한 대사작용이다.

22 ③ 산성아미노산은 세포를 통과하지 못하므로 아스파라진과 같은 아마이드의 형태로 방출된다.

23 ④ 스테로이드계 호르몬으로 성장촉진제로 사용하는 것이다.

답— 21.④　22.③　23.④

24 다음 중 아미노산의 분해에 이용되는 반응으로 볼 수 없는 것은?

① 아미노기 전이반응   ② 탈아미노반응

③ β-산화   ④ 암모니아대사

25 다음 중 아미노산의 합성에서 나타나는 현상이 아닌 것은?

① 아세틸유도체의 분열   ② 메틸기 전이반응

③ 아미노기 전이반응   ④ 탈아미노반응

⑤ 피루브산과 암모니아의 결합

26 단백질의 합성에 대한 설명으로 옳지 않은 것은?

① DNA에 의해 조절되고 세포질 내의 리보솜에서 이루어진다.

② ATP에 의해 활성화된 아미노산은 세포질 내 tRNA와 반응하여 리보솜으로 이동한다.

③ tRNA에 의해 운반된 아미노산은 펩티드 결합을 이루어 폴리펩티드가 된다.

④ 단백질의 합성에는 필요한 아미노산이 동시에 존재해야 한다.

⑤ 아미노산의 종류와 배열순서에 관계없이 펩티드 결합의 형성은 가능하다.

 **ANSWER**

24 β-산화 ··· 지방산의 분해과정 중 카르복실기의 β 위치에 있는 탄소에서 이루어지는 과정으로 세포의 미토콘드리아에서만 나타난다.

25 ④ 아미노산의 분해반응시 나타나는 현상이다.

26 아미노산의 종류와 배열순서에 맞추어 펩티드 결합이 일어나 폴리펩티드를 형성하며 고분자의 단백질로 합성된다.

답— 24.③ 25.④ 26.⑤

27 다음에서 설명하고 있는 것은?

> 탈아미노반응과 아미노화반응을 겸한 반응으로 한 개의 아미노산은 케토산이 되고, 다른 케토산은 아미노산이 되는 현상으로 트렌스아미나아제효소에 의해 작용한다.

① 산화적 아미노기 이탈반응   ② α-케토산의 산화분해반응

③ 아미노기 전이반응   ④ 비산화적 아미노기 이탈반응

28 다음 중 단백질대사에 관여하는 호르몬과 그 설명의 연결이 잘못 짝지어진 것은?

① 인슐린 – 포도당의 이용률을 증진시키며 단백질 합성과정에 관여한다.

② 웅성호르몬 – 정소에서 분비되며 단백질 합성을 촉진시킨다.

③ 티록신 – 뇌하수체 전엽에서 생성되며 단백질 합성에 관여한다.

④ 에피네프린 – 세포 내 아미노산 운반을 촉진시키며 유리아미노산의 농도를 저하시킨다.

29 다음 중 단백질의 합성에 관여하는 호르몬이 아닌 것은?

① 티록신   ② 성장호르몬

③ 웅성호르몬   ④ 인슐린

⑤ 부신피질호르몬

ANSWER

27 ① 아미노산이 산소에 의해 케토산으로 산화되면서 물과 암모니아가 제거되는 반응이다.
② 탈아미노작용에 의해 생성된 α-케토산이 TCA회로를 거쳐 에너지를 발생하여 물과 탄산가스로 분해되는 반응이다.
④ 탈수소효소에 의해 아미노기를 잃고 α-케토산이 생성되는 반응이다.

28 티록신 … 갑상선에서 생성되는 호르몬으로 결핍시 체단백질 합성을 감소시키고 과다시 신경과민 및 아미노산의 산화를 촉진시킨다.
※ 성장호르몬 … 뇌하수체 전엽에서 생성되며 결핍시 왜소증, 과다시 거대증을 유발시킨다.

29 ⑤ 아미노산과 단백질의 분해를 촉진시키는 호르몬이다.

답— 27.③ 28.③ 29.⑤

30 반추동물의 단백질대사에 대한 설명으로 옳지 않은 것은?

① 단백질 및 비단백태 질소화합물은 제1위의 미생물에 의해 NH_3로 분해된다.

② 제4위까지 분해되지 않고 이행된 단백질은 제4위와 소장의 소화작용을 거쳐 흡수되는 대사작용이 일어난다.

③ 반추위 내의 단백질 분해속도는 열처리 및 화학적 처리 등으로 변화시킬 수 있다.

④ 제1위에서 제4위 이하의 장관으로 이동되는 질소화합물은 우회단백질, 점막단백질, 내생성 단백질로 구성되어 있다.

⑤ 반추동물의 주요 단백질 공급원은 비단백태 질소화합물이다.

31 반추동물의 질소대사에 대한 설명으로 옳지 않은 것은?

① 반추위 내 미생물에 의해 이루어지며 미생물의 발육과 증식을 위한 에너지를 필요로 한다.

② 반추위 내 미생물에 의해 사료단백질이 분해되어 생성된 암모니아는 박테리아에 의해 미생물체단백질로 합성된다.

③ 반추위 내 미생물은 사료에서 공급받은 단백질을 펩티드, 아미노산을 거쳐 암모니아로 분해한 후 미생물체단백질로 합성한다.

④ 박테리아 단백질은 프로토조아 단백질보다 소화율이 높으며 리신, 페닐알라닌, 류신 등의 함량이 특히 높다.

⑤ 반추위 내 미생물에 의해 미분해된 단백질은 제4위를 거쳐 소장에서 아미노산으로 분해되어 체내에 이용된다.

ANSWER

30 ⑤ 반추동물의 주요 단백질 공급원은 미생물체단백질이며 제1위 미생물의 발육 및 증식에 중요하다.

31 ④ 프로토조아 단백질은 박테리아 단백질보다 소화율이 높다.

답 — 30.⑤ 31.④

비타민 및 무기질

1 비타민에 대한 설명으로 옳지 않은 것은?

① 모든 동물에게 소량으로 필요한 유기화합물로 탄수화물, 지방, 단백질과 같이 체내에서 직접 에너지원으로 작용하지는 않는다.

② 생리기능을 조절하는 영양소로 요구량은 미량이지만 가축생산능력에 필요하므로 반드시 공급하여야 한다.

③ 모든 비타민은 체내에서 합성이 가능하므로 사료로 섭취할 필요는 없다.

④ 니아신, 트립토판으로부터 합성이 가능하므로 충분한 단백질의 급여로 비타민의 공급효과를 가져올 수 있다.

⑤ 동물의 종류에 따라 비타민의 종류와 요구량은 각각 다르다.

2 미생물에 의한 비타민의 합성에 대한 설명으로 옳지 않은 것은?

① 소화기 내 미생물은 수용성 및 일부 지용성 비타민을 합성할 수 있다.

② 반추위 내 미생물에 의해 합성된 비타민의 이용으로 반추동물의 비타민 요구량은 단위동물보다 적다.

③ 단위동물은 맹장 및 대장에서 비타민이 합성·흡수되므로 따로 공급할 필요가 없다.

④ 반추동물은 사료나 반추위 내에 비타민 항대사물질이 있으면 비타민의 합성이 불량해진다.

ANSWER

1 ③ 비타민 D는 자외선에 의해 피부에서 합성되므로 모든 비타민이 체내에서 합성되는 것은 아니다.

2 ③ 단위동물은 맹장 및 대장에서 일부 비타민이 합성되더라도 거의 흡수가 일어나지 않으므로 자기분식성 동물을 제외하고는 사료를 통해 공급해 주어야 한다.

답—1.③ 2.③

3 지용성 비타민에 대한 설명으로 옳지 않은 것은?

① 사료의 지방과 함께 섭취되므로 지방 결핍시 비타민 결핍증이 나타난다.
② 간에 축적이 가능한 비타민으로 1달 요구량을 한 번에 투입할 수 있다.
③ 주로 항산화제의 역할을 담당한다.
④ 담즙을 통해 대변으로 배설된다.
⑤ 반추동물은 장내 미생물에 의해 자체 공급받을 수 있다.

4 다음 중 지용성 비타민의 종류에 해당하지 않는 것은?

① 비타민 A
② 비타민 E
③ 비타민 K
④ 비타민 B
⑤ 비타민 D

5 비타민 A에 대한 설명으로 옳지 않은 것은?

① 동물체에만 존재하며 식물체에는 전구물질인 Carotene이 존재한다.
② 간장에 많이 함유되어 있으며 지방이나 지방용매에 용해된다.
③ 비타민 A의 산화는 비타민 D보다 강하므로 쉽게 파괴될 수 있다.
④ 반추동물은 체내 비타민 A의 합성이 불가능하므로 결핍에 주의해야 한다.
⑤ 결핍시 야맹증, 각막연화증, 신경증상 등이 나타난다.

**ANSWER**

3 ⑤ 수용성 비타민에 대한 설명이다.

4 ④ 수용성 비타민에 해당한다.

5 ③ 비타민 D의 산화가 비타민 A보다 강하며 쉽게 파괴될 수 있다.

답 — 3.⑤　4.④　5.③

6 다음 중 결핍시 뇌연화증, 근육위축, 근육백화증을 유발시키는 비타민은?

① 비타민 A

② 비타민 B

③ 비타민 D

④ 비타민 E

⑤ 비타민 K

7 비타민 D에 대한 설명으로 옳지 않은 것은?

① Vit D_2는 식물체에서 생성되며, Vit D_3는 동물체에서만 합성된다.

② 소장 내 Ca와 P의 능동수송을 촉진시키며 신장에서 Ca와 P의 재흡수를 증가시킨다.

③ 결핍시 Ca 흡수부족으로 구루병, 골연화증 등이 발생한다.

④ 어간류, 난황, 우유, 건초에 많이 함유되어 있으며 목초에는 미량 함유되어 있다.

⑤ 반추동물은 체내에서 합성이 불가능하다.

 **ANSWER**

6 비타민의 결핍증

종류		증상
지용성 비타민	Vit A	야맹증, 각막 연화증, 신경증상
	Vit D	구루병, 골연화증
	Vit E	뇌연하증, 근육위축병, 근육백화증
	Vit K	혈액응고지연
수용성 비타민	Vit B_1	식욕감퇴, 소화장애, 피로
	Vit B_2	성장지연, 피부염
	Niacin	피부병, 식욕감퇴
	Vit B_6	경련, 빈혈, 성장부진
	Panthothenic acid	체중, 성장저하, 피부 · 털 이상
	Vit H	피부병, 탈모, 발톱균열, 성장부진
	Choline	지방간, 성장부진, 사료효율저하
	Vit M	악성빈혈, 성장억제
	Vit B_{12}	성장저하, 악성빈혈
	Vit C	괴혈병, 탈치, 약골, 체내출혈

7 ⑤ Vit A에 대한 설명이다.

답— 6.④ 7.⑤

8 다음에서 설명하고 있는 것은?

> • Tocopherol이라고도 한다.
> • α, β, γ 등의 여러 종류가 있다.
> • 열에는 강하며 자외선에 노출되거나 변질된 지방에 의해 쉽게 파괴된다.
> • 결핍시 뇌연화증, 근육위축병 등을 유발시킨다.

① Vit E
② Vit K
③ Vit A
④ Vit D

9 비타민 K에 대한 설명으로 옳지 않은 것은?

① 혈액응고에 관여하는 비타민으로 자연계에는 K_1, K_2 등이 존재한다.
② 간장에서 프로트롬빈의 합성에 필요한 성분이다.
③ 반추동물에서는 반추위 내 미생물에 의해 체내에서 합성된다.
④ 결핍시 혈액응고가 지연된다.
⑤ 비반추동물 및 가금류는 대장에서 미생물에 의해 합성된다.

10 다음 중 수용성 비타민에 속하지 않는 것은?

① Niacin
② Pantothenic acid
③ Biotin
④ Calciferol
⑤ Choline

ANSWER

8 ② 혈액응고에 관여하는 비타민으로 결핍 시 혈액응고를 지연시킨다.
③ 모든 동물에 필요하며 결핍 시 야맹증, 각막연화증을 유발한다.
④ $D_2 \sim D_7$로 종류가 다양하며 결핍 시 구루병, 골연화증을 유발한다.

9 ⑤ 가금류는 장 내에서 합성이 일어나지 않는다.

10 ④ 비타민 D로 지용성 비타민에 해당한다.

답 8.① 9.⑤ 10.④

11 다음 중 비타민 B_1의 결핍시 나타나는 증상으로 볼 수 없는 것은?

① 식욕감퇴

② 소화장애

③ 피부염

④ 각기병

⑤ 피로

12 비타민 B_{12}에 대한 설명으로 옳지 않은 것은?

① 열에 안정하고 직사광선에 분해되는 적색 침상 결정이다.

② 회장의 점막세포에서 흡수가 이루어지며 간정맥으로 들어가 각 조직으로 운반된다.

③ 결핍 시 성장저하, 악성빈혈 등을 유발시킨다.

④ 식물성 사료에는 미역에만 존재하며 동물성 사료에는 대량 존재한다.

⑤ 필수아미노산인 메티오닌으로 대체가 가능하다.

13 다음 중 Choline에 대한 설명으로 옳지 않은 것은?

① 동·식물에 널리 분포되어 있는 암모늄염으로 위에서 산성화되고 소장에서 흡수된다.

② 지방수송을 촉진시키며 지방의 비정상적 축적을 방지한다.

③ 결핍시 지방간, 성장부진, 사료효율저하, 각약증 등을 유발시킨다.

④ CO_2의 고정작용에 관계하며 탄수화물 및 지방대사에 관여한다.

⑤ 병아리를 제외하고는 결핍증상이 잘 나타나지 않으며 메티오닌으로 대체할 수 있다.

 **ANSWER**

11 비타민 B_1의 결핍증상
　　㉠ 각기병
　　㉡ 피로
　　㉢ 소화장애
　　㉣ 식욕감퇴
　　㉤ 신경통

12 ⑤ Choline에 대한 설명이다.

13 ④ Biotin에 대한 설명이다.

답— 11.③　12.⑤　13.④

14 다음에서 설명하고 있는 비타민은?

> • 엽산 혹은 비타민 M이라고 한다.
> • 물에 용해되며 산에 약한 황색 결정체이다.
> • 결핍시 악성빈혈, 우모 착생불량 등을 유발시킨다.

① Choline   ② Folic acid

③ Biotin   ④ Pantothenic acid

15 칼슘에 대한 설명으로 옳지 않은 것은?

① 근육의 수축 및 이완작용, 세포벽 투과성 조절작용 등의 생리적 기능을 담당한다.

② 부갑상선호르몬의 영향을 가장 많이 받는다.

③ 젖소에 유열이 생기면 혈액 내 Ca이 감소하므로 분만 전에 많은 양의 Ca을 섭취시켜야 한다.

④ 혈액 내 Ca을 조절하는 호르몬은 칼시토닌이다.

16 비타민 C에 대한 설명으로 옳지 않은 것은?

① 산화되기 쉬우며 건조, 가열에 쉽게 파괴되는 무색 수용성 결정이다.

② 소장 상부에서 주로 흡수가 일어나며 간을 거쳐 각 조직과 혈액으로 운반된다.

③ 결핍 시 괴혈병, 탈치, 약골, 체내 출혈 등의 증상을 유발시킨다.

④ 과잉공급 시 간, 갑상선, 뼈 등의 기능에 이상을 초래하며 사산, 유산 등을 일으킬 수 있다.

⑤ 미생물 성장의 필수인자로 병아리의 성장 및 쥐의 젖 생산에 관여한다.

ANSWER

14 ① 간의 지방대사작용에 중요한 역할을 하며 체내에서 합성되는 강염기성 액체이다. 결핍 시 지방간, 성장부진, 사료효율저하 등의 증상을 유발시킨다.

    ③ 비타민 X라고도 하며 알칼리나 지방의 산패에 의해 산화되면 효력이 사라진다. 결핍 시 피부병, 탈모, 발톱균열, 성장부진, 다리마비 등의 증상을 유발시킨다.

    ④ 무색 점조한 액체로 알코올, 빙초산에 잘 용해되는 유기산의 일종이다. 결핍 시 체중 및 성장저하, 피부 및 털 이상, 우모의 착색불량 등의 증상을 유발시킨다.

15 ③ 분만 전에 Ca을 다량 섭취하는 것은 유열의 발생률을 증가시킨다.

16 ⑤ Para aminobenzoic acid에 대한 설명이다.

답 — 14.② 15.③ 16.⑤

17 Inositol의 기능에 대한 설명으로 옳지 않은 것은?

① 간 및 골수의 형성에 필수적인 물질이다.
② 단백질 RNA의 합성에 사용된다.
③ 돼지의 괴혈병 치료에 효과적이다.
④ 과일 통조림의 산화방지에 사용된다.
⑤ 탄수화물과 지방족 화합물의 중간대사물로 이용된다.

18 다음 중 가축의 비타민 공급량을 줄여야 할 요인에 해당하는 것은?

① 질병 및 기생충에 감염되었을 경우
② 가축의 생산능력이 낮은 경우
③ 사료의 에너지 및 단백질 함량이 급격히 높은 경우
④ 스트레스가 증가할 경우

ANSWER

---

17 ④ 비타민 C에 대한 설명이다.
　※ Inositol(이노시톨)의 기능
　　㉠ 지방간 방지
　　㉡ 괴혈병 치유
　　㉢ RNA 합성
　　㉣ 간, 골수 발육 촉진
　　㉤ 탄수화물과 방향족 화합물의 중간대사물

18 비타민 공급량을 줄여야 할 요인
　㉠ 가축의 생산능력이 저하된 경우
　㉡ 효모, 비타민 제조 부산물의 사료에 첨가된 경우
　㉢ 양질의 녹사료가 공급된 경우
　㉣ 저에너지, 저단백질의 사료가 공급된 경우

답— 17.④ 18.②

19 다음 중 비타민의 중요성에 대한 설명으로 옳지 않은 것은?

① 시각, 골격형성, 생식 등 생리현상을 조절한다.

② 세균의 감염에 의한 스트레스를 예방한다.

③ 성장률, 사료효율, 번식 등 생산능력을 향상시킨다.

④ 유전자의 구성성분으로 유전현상 및 생명현상에 관여한다.

⑤ 조효소의 구성성분으로 영양소의 체내 이용에 관여한다.

20 무기질에 대한 설명으로 옳지 않은 것은?

① 자연계에 존재하는 원소 중 26종의 원소가 체내에 함유되어 있다.

② C, H, O, N은 동물체내 95% 이상을 차지하고 있다.

③ 체내 유기영양소가 효과적으로 이용될 수 있도록 도와주며 생리적 기능, 생산성 향상 등에 영향을 미친다.

④ 결핍 시 정상적인 생명유지와 생산에 어려움을 초래하므로 필수 영양소이다.

⑤ 반추동물은 체내에서 스스로 합성이 가능하므로 따로 사료로 공급할 필요는 없다.

21 다음 중 무기질의 기능으로 볼 수 없는 것은?

① 체액의 구성성분　　　　　② 체액의 산·염기 평형상태조절

③ 효소의 활성화　　　　　　④ 연조직의 구성성분

⑤ 면역체의 구성성분

ANSWER

19 ④ 단백질에 대한 설명이다.

20 ⑤ 비타민 B에 대한 설명이다.

21 무기질의 기능
　㉠ 연조직의 구성성분
　㉡ 체액의 구성성분
　㉢ 효소의 활성화
　㉣ 체액의 산·염기 평형상태조절
　㉤ 골조직의 구성성분

답— 19.④　20.⑤　21.⑤

22 무기질의 분류로 볼 수 없는 것은?

① 준필수 무기질　　　　　　② 비필수 무기질

③ 중독 무기질　　　　　　　④ 활성 무기질

⑤ 필수 무기질

23 다음 중 필수 무기질에 해당하는 원소가 아닌 것은?

① Ca　　　　　　　　　　② Si

③ Mn　　　　　　　　　　④ Na

⑤ P

24 다음 중 아이오딘에 대한 설명으로 옳지 않은 것은?

① 체내 10~20mg 정도 함유되어 있으며 함유량 중 70~80%가 갑상선에 존재한다.

② 티록신을 합성하는 데 이용되며 혈액 내 티록신 함량이 적으면 TSH의 분비가 촉진되어 티록신 함량을 증가시킨다.

③ 소장에서 흡수되며 흡수된 아이오딘 화합물은 단백질과 결합하여 혈류 내로 들어간 후 신체 각 부위로 이행된다.

④ 갑상선을 제거할 경우 TSH의 분비저하로 갑상선종의 유발을 촉진시킨다.

⑤ 결핍 시 갑상선종을 발생시킨다.

 **ANSWER**

---

22 무기질의 분류
　㉠ 필수 무기질
　㉡ 준필수 무기질
　㉢ 비필수 무기질
　㉣ 중독 무기질

23 ② 준필수 무기질에 해당한다.
　※ 필수 무기질
　　㉠ 다량원소 : Ca, Mg, Na, K, P, Cl, S
　　㉡ 미량원소 : Mn, Fe, Cu, I, Zn, Co, Se, F, Mo, As

24 ④ 갑상선을 제거하면 육체적 발달이 지연되고 피부의 노화, 기초대사 저하 등의 증상이 나타난다.

답— 22.④　23.②　24.④

25 무기질의 상호작용에 대한 설명으로 옳은 것은?

① Cu는 S의 체내 축적을 저해한다.

② Fe는 Se의 독성을 완화시킨다.

③ Cu와 Mo은 길항작용을 한다.

④ Ca는 Fe의 흡수를 도와 헤모글로빈의 합성을 돕는다.

26 다음 중 그 분류가 다른 하나는?

① Ba

② Sr

③ Rb

④ Zn

⑤ Br

27 아연 결핍시 나타나는 증상으로 볼 수 없는 것은?

① 돼지의 부전각화증을 유발시킨다.

② 병아리의 우모착색불량을 유발시킨다.

③ 돼지의 영양성 빈혈증을 유발시킨다.

④ 산란계의 부화율을 저하시키며 부화된 병아리의 호흡곤란을 야기시킨다.

⑤ 칼슘의 과다 섭취시 돼지의 부전각화증은 더욱 악화된다.

ANSWER

25 ① Cu는 Fe의 흡수를 도와 헤모글로빈의 합성을 돕는다.
② Ag는 체내 Se의 독성을 완화시킨다.
④ Ca는 Zn과 Cu의 길항작용을 완화시킴으로 Cu의 흡수 및 이용에 의한 빈혈을 예방한다.

26 ①②③⑤ 준필수 무기질 ④ 필수 무기질

27 ③ 구리의 결핍시 나타나는 증상이다.

답 — 25.③ 26.④ 27.③

28 다음 중 칼슘의 기능에 해당하지 않는 것은?

① 효소의 활성화　　　　　　　　② 혈액응고작용

③ 세포벽 투과성 조절　　　　　　④ 체내 산·염기의 평형유지

⑤ 신경자극 전달

29 다음 중 셀레늄의 함유량 초과로 인하여 발생되는 중독증상이 아닌 것은?

① 모피와 발굽의 이상적인 성장　　② 과다한 수액 분비

③ 장골의 연결부위 이상　　　　　④ 식욕의 저하로 인한 사료섭취량 감소

⑤ 헤모글로빈 합성불량으로 인한 빈혈

30 칼슘과 인의 체내 흡수에 대한 설명으로 옳은 것은?

> ㉠ 용매가 산성일 경우 흡수가 잘 일어난다.
> ㉡ 곡류 내의 P은 흡수가 가장 잘 일어난다.
> ㉢ 지방의 과다 섭취시 Ca의 흡수는 저하된다.
> ㉣ Fe, Al 등의 원소가 다량 함유될 경우 Ca의 흡수를 저하시킨다.

① ㉠㉡　　　　　　　　　　　　② ㉡㉢

③ ㉠㉢　　　　　　　　　　　　④ ㉡㉢㉣

⑤ ㉠㉡㉢

ANSWER

28 ④ 인의 기능에 해당한다.

29 ⑤ 구리에 의한 중독증상에 해당한다.

30 칼슘과 인의 체내 흡수
　㉠ 용매가 산성일 경우 Ca, P의 흡수는 잘 일어난다.
　㉡ 곡류 내의 P는 phytin 형태이므로 흡수는 일어나지 않는다.
　㉢ 지방과다 섭취시 Ca의 흡수를 저하시킨다.
　㉣ Ca와 P의 비율이 적정하지 않을 경우 흡수는 저해된다.
　㉤ Fe, Mg 등의 원소가 다량 함유될 경우 P의 흡수를 저하시킨다.
　㉥ Vit D는 Ca와 P의 흡수를 돕는다.
　㉦ Phytic acid가 다량 함유된 곡류를 섭취할 경우 Ca의 흡수를 저하시킨다.

답 — 28.④　29.⑤　30.③

31 칼슘과 인의 공급결핍으로 인해 나타나는 구루병에 대한 증상으로 볼 수 없는 것은?

① 다리가 굽는다.

② 혈액 내 Ca, P의 농도가 증가한다.

③ 관절부의 경직으로 보행이 어렵다.

④ 비정상적으로 갈비뼈가 성장한다.

⑤ 관절의 비정상적인 비대현상이 나타난다.

32 마그네슘에 대한 설명으로 옳지 않은 것은?

① 체내 21g 정도 함유되어 있으며 뼈, 연조직 등에 분포되어 있다.

② 체내에서 펩티다아제나 ATP를 사용하여 phosphate를 이동시키는 효소의 활성제로 작용한다.

③ 결핍 시 혈관이완, 심한 불안, 경련 등을 유발시킨다.

④ 비타민 D는 Mg의 흡수를 돕는다.

⑤ 정상적인 사료의 공급 시 결핍증상은 나타나지 않는다.

33 다음에서 설명하고 있는 무기질은?

• 체내 약 0.2% 함유되어 있고 이황염의 유기물로 존재한다. • 근육, 혈액, 신경, 피부, 오줌, 젖 등에 함유되어 있다. • 결핍 시 모발, 발톱의 단백질 합성에 지장을 초래한다. • 반추동물의 경우 결핍되면 섬유소 소화율이 현저히 저하된다.

① Na   ② K

③ S   ④ Mg

 **ANSWER**

31 ② Ca와 P의 결핍시 혈액 내 Ca, P의 농도는 저하된다.

32 ④ 비타민 D는 Ca과 P의 흡수를 돕는다.

33 ① 체내 0.2% 정도 함유되어 있으며 대부분 체액에 존재한다. 결핍 시 단백질 이용률이 저하된다.
   ② 세포 내에 존재하며 산·염기 평형을 유지시킨다. 결핍 시 근육약화, 경련을 유발시킨다.
   ④ 체내 21g 정도 함유되어 있으며 뼈에 존재한다. 결핍 시 불안, 경련, 혈관이완 등을 유발시킨다.

답 — 31.② 32.④ 33.③

34 염소에 대한 설명으로 옳지 않은 것은?

① 혈액 내 NaCl의 형태로 존재한다.

② 산·염기의 평형, 삼투압 등을 조절하며 타액의 활성제 역할을 한다.

③ 소사료 배합 시 0.5% 첨가한다.

④ 초류와 곡류의 함량이 적으므로 초식동물에게 결핍증이 발생하기 쉽다.

⑤ 결핍 시 식욕감퇴, 체중감소 등이 나타난다.

35 다음 중 셀레늄의 결핍으로 인하여 나타나는 증상의 연결이 잘못 짝지어진 것은?

① 돼지 – 간괴저

② 소 – 근육백화증

③ 닭 – 근위근병

④ 쥐 – 삼출성 소질

36 망간에 대한 설명으로 옳지 않은 것은?

① 뼈, 뇌하수체, 유선, 간 등에 함유되어 있다.

② 뼈의 형성에 필수적으로 필요하며 효소의 활성제 역할을 담당한다.

③ 결핍 시 뼈의 성장 부진, 정자 생산 부진, 유방 발육 부진 등을 초래한다.

④ 소장에서 흡수되며 한 번 흡수되면 배설되지 않는다.

⑤ 쌀겨, 밀기울, 알팔파 등에 함유되어 있다.

ANSWER

34 ③ 사료배합 시 양계사료에는 0.3%, 소사료에는 1%의 소금을 배합하여 결핍을 방지해야 한다.

35 ④ 쥐에 셀레늄이 결핍되면 성장률이 저하되며 간괴저의 증상이 나타난다.
　　※ **삼출성 소질**…닭, 칠면조 등 가금류에 나타나는 증상으로 피하나 근육 내의 황백색 젤라틴성 액체가 저류되는 현상으로 비타민 E, 셀레늄의 결핍 시 유발된다.

36 ④ 철에 대한 설명이다.

답— 34.③　35.④　36.④

37 돼지의 영양성 빈혈의 원인으로 옳지 않은 것은?

① 단백질의 공급이 부족한 경우
② 임신기간 중 충분한 철의 공급이 부족한 경우
③ Co 및 Cu의 공급이 부족한 경우
④ 산자수가 너무 적은 경우
⑤ 비타민의 공급이 부족한 경우

38 다음에서 설명하고 있는 무기질에 해당하는 것은?

> ㉠ 동물체 내 0.2% 정도 함유되어 있다.
> ㉡ 대부분 체액 내에 존재하며 대사에 관여한다.
> ㉢ 결핍 시 단백질 이용률이 저하되고 번식이 중지된다.

① Ca
② P
③ Mg
④ Na
⑤ K

39 14ppm 이하의 니켈이 함유된 사료를 병아리에게 공급하였을 때 나타나는 증상이 아닌 것은?

① 간장의 지방 함량의 증가
② 간세포의 퇴화
③ 인지질 함량의 증가
④ 피부염 발생
⑤ 정강이의 착색

ANSWER

37 ④ 산자수가 너무 많은 경우에 영양성 빈혈이 초래된다.

38 ① 동물체 내 약 2.0% 정도 함유되어 있으며 대부분 뼈에 존재한다. 결핍 시 구루병, 경련, 경직 등을 유발시킨다.
② 체내 약 1% 정도 함유되어 있으며 대부분 뼈와 치아에 존재한다. 결핍 시 구루병을 유발시킨다.
③ 체내 약 21g 함유되어 있으며 대부분 뼈에 존재한다. 결핍 시 경련, 불안, 혈관이완 등을 유발시킨다.
⑤ 세포 내 가장 많이 존재하며 삼투압, 산·염기의 평형을 유지시키는 작용을 한다. 결핍 시 근육약화, 경련을 유발시킨다.

39 ③ 인지질의 함량은 감소하게 된다.

답 — 37.④ 38.④ 39.③

40 인의 기능에 대한 설명으로 옳지 않은 것은?

① ATP, Phosphocreatine의 구성성분이다.

② DNA, RNA의 구성성분이다.

③ 탄수화물, 단백질, 지방의 대사에 관여한다.

④ Lecithin, Cephalin의 구성성분이다.

⑤ 체내 산·염기의 평형을 유지시키는 역할을 한다.

41 구리에 대한 설명으로 옳지 않은 것은?

① 소장에서 흡수되며 흡수율은 장의 상태에 따라 달라진다.

② 생체효소의 구성성분, 활성제, 헤모글로빈의 합성에 필요하다.

③ 결핍 시 헤모글로빈 함량이 감소하여 빈혈증이 유발된다.

④ 결핍 시 소의 경우 털의 성장이 불량해진다.

⑤ 구리를 하루 100mg 이상 섭취할 경우 중독증이 나타난다.

42 몰리브덴에 대한 설명으로 옳지 않은 것은?

① 간장, 장조직, 우유 등에 존재하며 Purine대사에 중요한 역할을 한다.

② 과량 섭취 시 구리의 결핍증을 촉진시킨다.

③ 목초에는 함량이 낮기 때문에 중독의 염려는 없으나 몰리브덴 함량이 0.002% 이상인 초지
   에서 방목되는 가축은 중독증이 발생할 수 있다.

④ 중독증상으로는 성장률 저하, 체중 감소, 피모 탈색, 빈혈 등이 나타난다.

⑤ 몰리브덴 중독의 예방을 위해서는 동물성 단백질과 구리를 함께 공급하여야 한다.

ANSWER

40 ③ 망간에 대한 설명이다.

41 ④ 면양에 대한 설명이다.
   ※ 면양은 구리가 결핍되면 질이 나쁜 털이 발생하며, 구리가 결핍된 지역에서 사양되는 동물에게는 척추만곡
      증의 증상이 나타난다.

42 몰리브덴 중독 예방방법 … 동물성 단백질과 $CuSO_4$를 공급한다.

답 — 40.③ 41.④ 42.⑤

43 빈혈의 치료, 골격성장에 도움을 주고 적당량 섭취 시 충치예방효과가 있는 무기질로 중독되면 뼈의 약화, 성장불량, 번식장애 등을 일으키는 것은?

① I
② F
③ Zn
④ Co
⑤ Cu

44 다음 중 비소의 결핍증상에 해당하는 것은?

① 구토
② 설사
③ 체중의 감소
④ 성장률 저하
⑤ 말초신경장애

ANSWER

43 ① 체내 10~20mg 정도 함유되어 있으며 티록신을 합성하는 데 이용된다. 결핍 시 갑상선종을 유발시킨다.
③ 혈액 내 적혈구에 다량 존재하며 결핍 시 부전각화증, 우모착색불량 등의 증상이 나타난다. 십이지장에서 흡수되며 Vit D, Ca, Mg 등의 흡수율을 증가시킨다.
④ 동식물의 구성성분으로 미량 함유되어 있으며 공장에서 주로 흡수된다. 결핍 시 식욕부진, 피부 및 털의 불량, 체중감소 등의 증상이 나타난다.
⑤ 소장에서 흡수되며 장의 상태에 따라 흡수율이 달라진다. 생체효소의 구성성분 및 활성제로 이용되며 결핍 시 빈혈을 유발시킨다.

44 As 결핍증상
㉠ 성장률의 저하
㉡ 피모의 각질화
※ As의 중독증상
  ㉠ 구토
  ㉡ 복통
  ㉢ 말초신경장애
  ㉣ 체중 감소
  ㉤ 설사
  ㉥ 어지럼증
  ㉦ 근육통

답 — 43.② 44.④

45 다음에서 설명하고 있는 무기질에 해당하는 것은?

> 동물체 내에 존재하나 특별한 기능은 없다.

① Ba

② Mn

③ Cl

④ Pb

⑤ S

46 다음 중 무기질의 종류와 특징의 연결이 잘못 짝지어진 것은?

① Cr – 조직 내 분포하며 인슐린 작용을 활성화시켜 글루코오스의 이용효율을 증가시킨다.

② Si – 동식물체에 널리 분포되어 있으며 과량섭취 시 뇨결석을 형성한다.

③ Al – 동식물에 널리 분포되어 있으며 장 내 흡수율이 낮아 다량 섭취하여도 하루에 $100\mu g$만 흡수되고 나머지는 배출된다.

④ As – 가축의 체내 혈액 및 피부에 극미량 분포하며 다량 공급 시 중독증을 유발하고 심하면 폐사한다.

⑤ Br – 필수무기물로 함유량이 14ppm 이하의 사료를 공급할 경우 장애현상을 유발하며 반추위 미생물의 Urease작용에 필수적이다.

ANSWER

45 비필수 무기질에 대한 설명이다.

　① 준필수 무기질　②③⑤ 필수 무기질

46 ⑤ Ni에 대한 설명이다.

　※ Br … 생물계에 다량 존재하며 어린 병아리에 공급 시 성장촉진효과가 있으며, 결핍증은 나타나지 않는다.

답 — 45.④　46.⑤

47 다음 중 납의 중독증상에 해당하지 않는 것은?

① 세균감염에 의한 저항력 약화 ② 뇌조직의 성장불량

③ 모피와 발굽의 이상성장 ④ 중추신경마비에 의한 자극전달장애

⑤ 효소의 활력 저하

48 다음 A, B, C에 해당하는 무기질의 명칭이 바르게 짝지어진 것은?

> A – 흡수율이 현저히 낮으며 다량 섭취하여도 중독증세는 나타나지 않는다.
>   성인 체내 22mg 정도 함유되어 있으며 체내 축적 및 소변배설량이 낮다.
> B – 산화환원촉매 기능을 하며 다량 섭취 시 사람과 동물조직에서 콜레스테롤의 합성을 저하한다.
>   결핍 시 병아리의 성장속도를 감소시킨다.
> C – 체조직 내 0.01~0.1mg/kg 함유되어 있으며 골격 형성 시 Ca와 상호작용을 한다.

	A	B	C			A	B	C
①	Ba	Sr	Vd		②	Sr	Ba	Vd
③	Vd	Sr	Ba		④	Ba	Vd	Sr
⑤	Vd	Ba	Sr					

ANSWER

47 Pb의 중독증상
  ㉠ 효소의 활력 저하
  ㉡ 바이러스성 질병에 대한 저항력 약화
  ㉢ 세균감염에 의한 저항력 약화
  ㉣ 체중의 감소
  ㉤ 자극전달장애
  ㉥ 뇌조직 성장불량
  ㉦ 적혈구의 수명단축

48 A – Va(바륨) B – Vd(바나듐) C – Sr(스트론듐)

答 – 47.③ 48.④

06 성장촉진제

1 다음 중 태반에서 분비되고 여포의 성숙과 배란에 작용하는 호르몬은?

① PMSG   ② HCG

③ FSH   ④ LH

⑤ RH

2 성장촉진제를 사용하여 얻을 수 있는 효과로 옳지 않은 것은?

① 축산물의 생산비를 절감시키고 생산물의 품질을 향상시킨다.

② 어린 가축의 영양소 흡수율 및 이용율을 증가시킨다.

③ 성장촉진 및 사료의 효율을 향상시킨다.

④ 가축의 질병을 예방하고 폐사율을 감소시킨다.

⑤ 성장촉진, 사료효율 개선, 생산성 향상을 목적으로 사용하는 영양성 물질을 말한다.

ANSWER

1 ① 임마혈청성성선자극호르몬(Pregnant Mare Serum Gonadotropin)이라하며 임신초기 말의 배가 자궁내막에 착상될 때 형성되는 자궁내막의 배에서 분비된다.

② 임부태반융모성성선자극호르몬(Human Chorionic Gonadotropin)이라하며 영장류에서만 분비된다. 태반을 구성하는 융모막 융모에서 분비되는 당단백질 호르몬으로 LH와 유사한 생리작용을 한다.

④ 황체형성호르몬(Luterizing Hormone)이라하며 성선자극호르몬의 하나이며 뇌하수체전엽의 원위부에 있는 성선자극세포에서 분비되는 당단백질 호르몬이다. 간질세포를 자극하여 안드로겐을 분비시키고 난포발육과 파열 및 황체형성을 유도한다.

⑤ 방출호르몬(Releasing Hormone)이라하며 시상하부의 각종 신경 핵을 구성하는 신경분비 세포에서 합성된 다음 축삭을 따라 뇌하수체문맥계의 1차 모세혈관총 내로 방출되어 뇌하수체 전엽으로 이행된 후 뇌하수체 전엽의 각종 호르몬 분비를 촉진하는 물질이다.

2 **성장촉진제** … 성장은 촉진시키고 사료의 효율을 개선시키며, 생산성을 향상시킬 목적으로 사용하는 비영양성 물질을 말한다.

답—1.③ 2.⑤

3 항생물질에 대한 설명으로 옳지 않은 것은?

① 미생물에 의해 생산되는 화학물질을 말한다.

② 타 미생물의 성장을 억제시키거나 그 생명을 파괴하기도 한다.

③ 병원균을 억제시키기 위한 의학용으로 개발되었으나 가축의 성장률을 개선시키는 효과가 있어 광범위하게 사용한다.

④ 항생제는 항균유효범위에 따라 광범위성 · 중범위성 · 협범위성 항생제로 구분한다.

⑤ 스트렙토마이신류는 박테리아의 세포벽 합성에 대한 특정 생합성 단계를 방해한다.

4 사료첨가제용 항생제가 갖추어야 할 조건에 해당하지 않는 것은?

① 가축의 성장촉진 및 사료효율의 개선효과가 있어야 하며 가축생산에 경제적 효과가 인정되어야 한다.

② 가축에 사용하였을 경우 저항균주가 생성되지 않아야 한다.

③ 허용량을 급여하면 계속적이고 효과적인 예방, 치료의 효과가 있고 주어진 기간에 기대하는 결과가 나타나야 한다.

④ 계속적인 고농도 급여에도 독성이 발생하지 않고 사료의 기호성을 저하시키지 않아야 한다.

⑤ 인축의 치료용으로도 사용될 수 있어야 한다.

5 다음 중 성장촉진제의 사용수준과 그 동물의 연결이 잘못 짝지어진 것은?

① Salinomycin – 닭, 10~100ppm

② Virginiamycin – 돼지, 10~100ppm

③ Tylosine – 돼지, 10~100ppm

④ Aureosulfa – 닭, 10~100ppm

⑤ Bacitracin – 돼지, 10~100ppm

ANSWER

3 ⑤ 스트렙토마이신류는 단백질 합성 시 DNA 복제에 필요한 특정 방해자로 작용한다.
※ 페니실린류의 항생제는 박테리아의 세포벽 합성에 대한 특정 생합성 단계를 방해한다.

4 ⑤ 인축의 치료용으로는 사용되지 않아야 한다.

5 ④ Aureosulfa는 닭에게는 사용하지 않으며, 돼지에게는 100ppm을 사용한다.

답 – 3.⑤ 4.⑤ 5.④

6 항생제의 작용기작에 대한 설명 중 옳지 않은 것은?

① 미생물이 생성하는 독소의 생성을 억제시킨다.

② 소화기관 내에서 통과속도를 지연시킴으로써 영양소의 흡수를 증진시킨다.

③ 반추가축의 경우 미생물 대사산물을 변화시키고 반추위 내 발효에 영향을 주어 사료의 효율을 향상시킨다.

④ 장벽을 두텁게 함으로써 영양소의 흡수와 이용률을 감소시킨다.

⑤ 미생물에 의한 장관 내 필수영양소의 파괴를 방지하고 비타민이나 다른 성장인자의 합성을 증진시킨다.

7 항생제 사용시 유의해야 할 사항으로 옳지 않은 것은?

① 항생제의 항균성은 특이적이기 때문에 질병을 일으키는 원인균을 정확히 파악한 후 적당한 항생제를 사용하여야 한다.

② 항생제의 투여기간과 투여량에 주의하여 사용하여야 한다.

③ 지속적인 혈중농도의 유리와 약제의 내성균 출현 등이 발생하지 않도록 신중하게 사용하여야 한다.

④ 항생제는 종류에 관계없이 투여량과 투여 후의 잔류기간이 동일하여야 한다.

⑤ 항생제의 체내 분포 및 부작용 등의 약리학적 특성을 임상학적으로 유효하게 이용할 수 있는 항생제를 선택하여야 한다.

ANSWER

6 ④ 장벽을 얇게 함으로써 영양소의 흡수 및 이용효율을 증대시킨다.

7 ④ 항생제는 종류에 따라 투여량, 투여 후 잔류기간 등이 다르므로 경제적이고 안전한 축산물의 생산을 위해 항생제의 선택사용에 유의하여야 한다.

답— 6.④ 7.④

8 호르몬에 대한 설명으로 옳지 않은 것은?

① 생세포에서 생성되는 특이한 구조를 지닌 화학물질로 혈액을 통해서 표적기관 및 조직 내로 들어가 특유의 생화학적 기능을 나타낸다.
② 호르몬은 스테로이드계 호르몬과 단백질계 호르몬으로 분류할 수 있다.
③ 스테로이드계 호르몬에는 갑상선호르몬, 여성호르몬, 남성호르몬, 황체호르몬 등이 있다.
④ 단백질계 호르몬에는 성장호르몬, β-agonist 등이 있다.
⑤ 호르몬의 사용효과는 호르몬의 종류와 가축에 관계없이 일정하다.

9 갑상선호르몬에 대한 설명으로 옳지 않은 것은?

① 동물의 성장과 체내 대사작용을 조절하는 호르몬을 말한다.
② 가축의 능력을 증진시키려는 목적으로 사용한다.
③ Thyroprotein은 갑상선호르몬 제조 시 부산물로 얻을 수 있으며 동물에게 투여시 Thyroxine 합성을 촉진하여 갑상선의 기능을 향상시킨다.
④ Thiouracil은 thyroxine의 분비를 억제하여 기초대사에 필요한 에너지량을 감소시키고 절약된 에너지를 체지방 증가에 이용하도록 한다.
⑤ Thyroprotein은 육성돈 및 닭에 효과가 크다.

ANSWER

8 ⑤ 호르몬의 사용효과는 종류와 가축에 따라 다르다.

9 Thyroprotein은 비유기간을 단축시키며 일시적 유량 증가를 초래하나 전 기간의 산유량에는 차이가 거의 없다. 어린 돼지에게는 갑상선기능항진의 효과가 있으나 육성돈 및 닭에게는 효과가 없다.

답— 8.⑤ 9.⑤

10 여성호르몬에 대한 설명으로 옳지 않은 것은?

① Estrogen 투여시 단백질, 무기질, 지방의 축적률이 증가하게 된다.

② 종류로는 hexestrol, MGA, zeranol ralgo, thiouracil 등이 있다.

③ 갑상선호르몬의 분비를 촉진하여 대사회전율의 속도를 빠르게 한다.

④ DES는 포유 중인 어린가축, 육성우, 거세비육우, 미경산우에서 피하이식용으로 사용된다.

⑤ DES는 동물체 내 잔유물이 발암성을 일으키므로 사용여부가 잠정적인 호르몬이다.

11 다음 중 생균제에 대한 설명으로 옳지 않은 것은?

① 미생물 자체를 가지고 만든 살아있는 성장촉진제를 의미한다.

② 생균제 사용 시 소화관 내 흡수 및 체내 잔류도 없으며 성장률, 사료효율을 개선시켜 생장 촉진효과를 가져온다.

③ 생균제는 축산물 내 잔류문제 및 내성으로 인하여 사용상의 제약을 받고 있다.

④ 항생제 대신 생균제를 사용하면 질병예방, 가축성장 촉진, 생산성 향상 등의 효과를 볼 수 있다.

⑤ 생균제의 종류로는 유산생성균, 효모, 소화효소제 등이 있다.

12 호르몬제 사용 시 나타나는 문제점 중 그 피해가 가장 심각한 것은?

① 가축에 대한 호르몬의 작용기작이 불확실하다.

② 호르몬제의 정제방법이나 분석방법이 정확하지 않다.

③ 영양소와 호르몬간의 상관관계가 명백히 밝혀지지 않았다.

④ 도체에 존재하는 미량의 호르몬 합성제에 의한 발암물질의 생성이 인체에 해를 끼치는 영향이 크다.

ANSWER

10 ② Thiouracil은 갑상선호르몬이다.
※ 여성호르몬의 종류 ··· hexestrol, MGA, zeranol ralgo, synoyex, rapid gain 등

11 ③ 항생제에 대한 설명이다.

12 호르몬제 사용 시 인체에 미치는 영향이 가장 심각한 문제이다.

답— 10.② 11.③ 12.④

13 성장호르몬에 관한 설명 중 옳지 않은 것은?

① 동물의 뇌하수체 전엽에서 생산되는 아미노산으로 구성된 단백질계 호르몬이다.

② 각 가축마다 고유의 성장호르몬을 투여해야 하며, 타 가축의 호르몬 투여 시 역효과가 나타날 수 있다.

③ 성장호르몬은 가축의 체내에서 분비되는 호르몬으로 부작용이 없고 체내 잔류의 문제도 없다.

④ 성장호르몬은 소화흡수된 영양소를 근육조직보다 지방조직으로 이용하므로 사료의 효율을 감소시킨다.

⑤ 종류로는 β-agonist가 대표적이라 할 수 있다.

14 유기비소제에 대한 설명으로 옳지 않은 것은?

① As를 함유한 비소화합물을 말한다.

② 닭, 돼지에게는 항생물질과 동일하게 성장촉진제로 사용한다.

③ Arsanilic acid, Arsonic acid, Sodium arsanilate 등이 있다.

④ 유기비소제의 첨가로 인한 효과는 설사예방, 사료효율의 개선 등을 들 수 있다.

⑤ 닭이나 돼지에게 사용할 경우 허약한 상태보다는 건강한 상태에서 사용해야 좋은 결과를 얻을 수 있다.

ANSWER

13 ④ 성장호르몬은 소화흡수된 영양소를 지방조직보다 근육조직에 이용하므로 지방 함량을 감소 시키고 근육의 양을 증가시켜 사료의 효율을 향상시킨다.

14 ⑤ 유기비소제는 닭이나 돼지에게 사용할 경우 건강한 조건보다는 스트레스 및 허약한 조건에서 사용해야 좋은 결과를 얻을 수 있다.

답— 13.④ 14.⑤

15 반추위 첨가제에 대한 설명으로 옳지 않은 것은?

① 반추동물의 제1위 내 미생물에 의해 일어나는 발효산물을 유효하게 변화시켜 사료효율을 개선해 주는 사료첨가제이다.

② 페니실린과 유사한 항생물질은 반추동물의 성장촉진제로 효과가 없다.

③ 반추위 발효조정제는 polyether계 항생물질인데 다른 항생물질과는 다르게 반추위 내 발효를 조절하고 발효효율을 향상시킨다.

④ Monensin 급여 시 고창증, 콕시듐의 예방 및 증상을 완화시킬 수 있다.

⑤ Monensin을 조사료가 다량 함유된 사료에 첨가시키면 증체량을 증가시키고 사료섭취량을 감소시킨다.

16 다음에서 설명하고 있는 것은?

- 생물체의 세포 내에서 생산되는 고단백성 유기촉매물질이다.
- 소화효소를 이용하여 가축의 소화율 향상을 가져온다.
- 정장작용, 하리예방 등의 효과가 있다.

① 효모　　　　　　　　　　　　　② 생균제
③ 반추위발효조정제　　　　　　　　④ 효소제

ANSWER

15 Monensin … Streptomyces cinnamonensis에 의해 생성된 발효산물로 농후사료가 다량 함유된 사료일 경우 증체량은 감소하지 않고 사료섭취량은 감소하며, 조사료가 다량 함유된 사료일 경우에는 섭취량은 감소하지 않고 증체량이 증가되어 사료의 효율을 향상시키는 결과를 가져온다.

16 ① 단세포미생물로 자연계에 널리 분포하며 고온 건조시킨 건조효모를 사료에 사용하며 생산성, 증체량, 사료효율을 향상시킨다.
② 미생물 자체를 가지고 만든 살아있는 미생물로 조직 내 잔류현상도 없으며 성장률 및 사료효율을 향상시킨다.
③ 반추동물의 제1위 내 미생물에 의해 나타나는 발효산물을 유효하게 변화시켜 사료효율을 향상시킨다.

답— 15.⑤ 16.④

17 다음 중 화학제제에 대한 설명으로 옳지 않은 것은?

① 항생제, 항균제, 항곰팡이제 중 미생물의 발효를 거치지 않은 물질을 통틀어 화학제제라고 한다.

② 종류로는 carbadox, olaquindox, clenbuterol 등이 있다.

③ 돼지에게는 50ppm의 carbadox를 주입하면 성장촉진 및 사료효율개선, 설사, 장염 등을 예방·치료할 수 있다.

④ 화학적으로 합성된 물질로 미생물의 성장을 억제시키거나 사멸시키는 물질을 항생제라 한다.

⑤ Olaquindox는 강한 항균력을 지닌 유기합성제제로 5~100ppm을 돼지에게 투여할 경우 적리병의 예방 및 치료에 효과적이다.

18 효모에 대한 설명으로 옳지 않은 것은?

① 자연계에 널리 분포하는 단세포 미생물이다.

② 사료에 사용하는 효모는 건조효모가 대부분이며 진공상태에서 건조시키면 생효모처럼 살아 있는 상태가 되고, 배양액에 옮기면 생효모가 된다.

③ 사료첨가제용 효모의 형태는 대부분 yeast culture형이며 효모를 배양한 배지를 효모 발효 능력이 보존되도록 건조시킨 것이다.

④ Yeast culture를 급여하면 젖소는 증체량, 사료효율이 개선되며, 가금류는 계란의 품질향상, 돼지는 유량 및 유지방이 증가하게 된다.

⑤ S. cerevisiae 품종은 세포막이 강하여 위산, 항생제, 항균제의 영향을 거의 받지 않고 통성 혐기성이므로 어떠한 환경에서도 잘 번식한다.

 **ANSWER**

17 ④ 항균제에 대한 설명이다.
※ 항생제 … 미생물에 의해 생산되어 다른 미생물의 성장을 억제시키거나 사멸시키는 물질이다.

18 ④ Yeast cultrue 급여 시 젖소는 유량 및 유지방 증가, 돼지 및 비육우, 송아지는 증체량 및 사료효율 향상, 가금류는 사료효율 및 계란 품질의 향상을 가져온다.

정답 — 17.④ 18.④

사료

사료의 종류와 특징

1　다음 중 사료가 갖추어야 할 조건에 해당하지 않는 것은?

① 가축에게 무독무해하여야 한다.

② 쉽게 변질되지 않고 저장이 용이하여야 한다.

③ 생산량이 많고 구매가 용이하여야 한다.

④ 부피가 크고 무게는 가벼워야 한다.

⑤ 가축에 필요한 영양소가 풍부하게 함유되어야 한다.

2　다음에서 설명하고 있는 사료는?

> ㉠ 가축의 성장 및 축산물 생산에 좋은 효과를 준다.
> ㉡ 가소화 영양소 총량이 높고 조섬유 함량이 적다.
> ㉢ 곡류, 박류, 어분, 배합사료 등이 있다.

① 조사료　　　　　　　　　　② 보충사료

③ 농후사료　　　　　　　　　④ 알곡사료

⑤ 섬유질사료

ANSWER

1　사료가 갖추어야 할 조건
　㉠ 변질이 없고 저장이 용이해야 한다.
　㉡ 가축에게 무독무해해야 한다.
　㉢ 가축에게 필요한 영양소가 풍부하게 함유되어야 한다.
　㉣ 생산량이 많고 구매가 용이해야 한다.

2　① 영양소함량에 비해 부피가 크며 만복감과 통변을 좋게 하는 사료로 짚류, 건초류, 생초류 등이 있다.
　② 사료의 기호성, 생산물의 품질을 개선하기 위한 사료로 방미제, 방향제, 착색제 등이 있다.
　④ 강제환우와 같은 제한급여의 목적으로 절식시기에 공급하는 옥수수, 수수를 말한다.
　⑤ 조섬유의 함량이 20% 이상인 사료로 볏짚, 야초 등이 있다.

답　1.④　2.③

3 야초에 대한 설명으로 옳지 않은 것은?

① 산, 논, 제방, 길섶 등에 자생하는 풀을 의미한다.
② 야초는 수량이 적고 품질이 낮아 기호성이 떨어진다.
③ 유해한 독초류로는 산딸기, 고사리 등이 있다.
④ 야생초는 생육초기에 조단백질 함량이 낮아 성숙할 때까지 기다린 후 사료로 사용해야 한다.
⑤ 강아지풀, 잔디, 달구지 등은 사료가 될 수 있는 좋은 야생초이다.

4 다음 중 특수사료에 대한 설명으로 옳지 않은 것은?

① 소량을 공급하여도 원하는 영양소를 충분히 섭취할 수 있다.
② 어린 동물의 성장촉진을 위해 사용한다.
③ 사료의 기호성 및 생산물의 품질개선을 위해 사용한다.
④ 가소화영양소 함량이 높으며 조섬유의 함량이 적다.
⑤ 광물질사료, 비타민제, 항산화제 등이 해당된다.

5 거세우와 비육용 암소에 이식용으로 사용되며 Testosterol과 Estrogen의 복합체인 합성호르몬제의 명칭은?

① Hexesterol
② MGA
③ Synovex
④ Rapid gain
⑤ Zeranol

 **ANSWER**

3 야생초는 생육초기 조단백질 함량 및 소화율이 높지만 성숙하게 되면 조단백질 함량, 소화율 및 기호성이 떨어진다.

4 ④ 농후사료에 대한 설명이다.

5 ① 영국에서 개발된 합성발정호르몬으로 기능을 DES와 유사하다.
② 합성Progestrogene으로 암소의 주기적 발정을 억제하며 사료효율과 성장촉진에 효과가 있다.
③ Estrogen과 Progesterone의 복합체로 Synovex-S와 Synovex-H 두 종류로 구분되며 증체효과와 사료효율을 향상시킨다.
⑤ 합성성장촉진제로 증체효과와 사료효율을 향상시킨다.

답 3.④ 4.④ 5.④

6 다음 중 사료와 그 특징의 연결이 잘못 짝지어진 것은?

① 전분질사료 – 전분 이용성 탄수화물 함량이 높은 사료로 곡류가 해당된다.
② 무기질사료 – 무기영양소를 함유한 사료로 소금, 인산칼슘제가 해당된다.
③ 섬유질사료 – 조섬유함량이 20% 이상인 사료로 볏짚, 야초가 해당된다.
④ 단백질사료 – 단백질 함량이 10% 이하인 사료로 동물성과 식물성으로 분류한다.
⑤ 지방질사료 – 지방 함량이 15% 이상인 사료로 동물성과 식물성을 합하여 유지사료라고도 한다.

7 다음 중 완충제의 급여조건으로 옳지 않은 것은?

① 무더위로 인해 사료섭취량이 일정 수준 이하로 감소되었을 때 급여한다.
② 급여사료의 입자가 미세하거나 펠릿처리되었을 때 급여한다.
③ 조사료의 섭취량이 전 고형물의 45% 미만일 때 급여한다.
④ 고능력우의 농후사료 급여량이 체중의 2%를 초과할 때 급여한다.
⑤ 사료변경으로 인해 유지율이 증가하였을 때 급여한다.

ANSWER

6 단백질사료 ⋯ 단백질 함량이 20% 이상인 사료를 말한다.
　㉠ 동물성 단백질사료 : 어분, 육분
　㉡ 식물성 단백질사료 : 대두박, 채종박 등

7 완충제의 급여조건
　㉠ 한서 등으로 인한 사료섭취량이 일정 수준 이하로 저하되었을 경우
　㉡ 사료의 변경으로 인하여 유지율이 저하되었을 경우
　㉢ 조사료 섭취량이 전 고형물의 45% 미만일 경우
　㉣ 급여하는 사료의 입자가 미세하거나 펠릿처리가 되었을 경우
　㉤ 고능력우의 농후사료 급여량이 체중의 2% 이상일 경우

답 6.④ 7.⑤

8 다음 중 사료의 분류형태로 볼 수 없는 것은?

① 영양가에 따른 분류
② 주성분에 따른 분류
③ 수분함량에 따른 분류
④ 가격에 따른 분류
⑤ 가공형태에 따른 분류

9 다음 중 INFIC(국제사료정보센터)의 분류에 해당하지 않는 것은?

① 사료첨가제
② 광물질사료
③ 에너지사료
④ 큐브사료
⑤ 사일리지

ANSWER

8 사료의 분류형태
ⓐ **영양가에 따른 분류** : 조사료, 농후사료, 특수사료
ⓑ **주성분에 따른 분류** : 단백질사료, 무기질사료, 지방질사료, 섬유질사료, 전분질사료 등
ⓒ **가축의 종류에 따른 분류** : 유우사료, 양계사료 등
ⓓ **자연적 성질에 따른 분류** : 식물성 사료, 동물성 사료
ⓔ **수분함량에 따른 분류** : 건조사료, 다즙사료
ⓕ **배합상태에 따른 분류** : 단미사료, 배합사료, 혼합사료
ⓖ **유통여부에 따른 분류** : 자급사료, 유통사료
ⓗ **가공형태에 따른 분류** : 알곡사료, 반죽사료, 가루사료 등

9 INFIC의 분류
ⓐ 건조한 목초 및 조사료
ⓑ 청예작물
ⓒ 에너지사료
ⓓ 광물질사료
ⓔ 비타민첨가제
ⓕ 사일리지
ⓖ 단백질사료
ⓗ 사료첨가제

답 — 8.④ 9.④

10 옥수수에 대한 설명으로 옳지 않은 것은?

① 배합사료의 50~70%를 차지하며 가장 많이 사용되는 원료사료이다.

② 가용무질소물 함량이 높고 조섬유 함량이 낮으므로 에너지가가 높다.

③ 황색마치종에 가장 널리 사용되며 스위트콘의 등외품을 사용하기도 한다.

④ 비타민 A의 효과는 높으며 비타민 D의 함량은 낮다.

⑤ 칼슘과 인의 함량은 다른 곡류에 비해 높다.

11 다음 중 곡류사료에 해당하는 곡식이 아닌 것은?

① 옥수수   ② 호맥

③ 귀리   ④ 보릿겨

⑤ 밀

12 곡류사료의 종류와 특징의 연결이 잘못 짝지어진 것은?

① 밀 – 가용무질소물이며 소화율은 높은 편이다. 너무 곱게 분쇄할 경우 기호성을 떨어뜨리고 소화기 장애를 유발할 수 있다.

② 보리 – 에너지가는 높으나 가격이 비싸며 비타민 D와 A의 함량이 낮다.

③ 수수 – 영양소 함량은 옥수수와 비슷하나 비타민 A와 D, 칼슘의 함량이 낮다.

④ 귀리 – 가용무질소물로 칼슘은 적고 인과 조섬유 함량은 높다.

⑤ 조 – 쓴맛을 내어 기호성을 저하시키며 맥각균 오염시 중독을 유발시키므로 주의가 필요하다.

ANSWER

10 ⑤ 칼슘과 인의 함량은 다른 곡류에 비해 낮다.

11 ④ 강피류사료에 해당한다.

12 ⑤ 호맥에 대한 설명이다.
　　※ 조 … 옥수수보다 사료의 가치는 떨어지나 애완용 조류, 병아리의 사료로 사용한다. 트립토판 함량이 높아 니코틴산의 결핍증을 치료하는 데 효과적이다.

답 — 10.⑤　11.④　12.⑤

13 다음 중 사료로 이용하지 않는 곡류는?

① 조

② 귀리

③ 쌀

④ 메밀

⑤ 보리

14 강피류사료에 대한 설명으로 옳지 않은 것은?

① 곡류를 도정하거나 제분할 경우 생산되는 농산가공부산물이다.

② 곡류에 비해 전분함량은 낮으나 단백질, 비타민 B군 및 인의 함량은 높다.

③ 조섬유 함량이 높고 부피가 크기 때문에 만복감을 줄 수 있다.

④ 과다 사용 시 가축의 생산능력을 증가시키고 변비를 방지한다.

⑤ 과다한 사용은 사료의 효율적인 이용을 저해시킨다.

15 완충제 급여시 주의해야 할 사항에 해당하지 않는 것은?

① 기호성이 낮은 편이므로 일시적으로 적응시켜야 한다.

② 건유기에는 알칼리성 사료로 인한 유열이 발생할 수 있으므로 사용을 억제해야 한다.

③ 음수량이 증가하므로 항상 청결한 음료수를 준비해야 한다.

④ 송아지에게 급여할 경우 이유사료에 1.5~3% $NaHCO_3$를 첨가하면 사료섭취량을 증가시킬 수 있다.

ANSWER

13 ④ 식용으로만 이용되며 사료로는 거의 사용하지 않는다.

14 ④ 과다 사용 시 가축의 생산능력을 저하시킨다.

15 ① 완충제는 기호성이 낮은 편이므로 서서히 적응시켜야 한다.

답 13.④ 14.④ 15.①

16 강피류사료의 종류와 특징의 연결이 잘못 짝지어진 것은?

① 밀기울 – 밀기울, 말분, 정강, 밀배아로 구성되어 있으며 기호성도 높고 소화도 잘 되나 열량이 낮은 단점이 있다.

② 보릿겨 – 황맥강, 정맥강, 혼합맥강으로 분류되며 배합비율에 따라 사료의 가치가 달라진다.

③ 옥수수겨 – 종피, 배아, 전분층으로 구성되며 단백질, 지방 함량이 높은 편이고 조섬유 함량은 다른 강피류보다 낮다.

④ 수수겨 – 조섬유 함량이 33% 정도로 높은 편이며 단백질, 인의 함량은 낮은 편이다.

17 식물성 단백질사료 중 박류의 특징으로 옳지 않은 것은?

① 비타민 A와 D의 함량이 낮다.　　② 칼슘, 인의 함량이 낮다.

③ 단백질 함량이 낮다.　　④ 아미노산 조성이 우수하다.

⑤ 메티오닌과 리신의 함량이 낮다.

18 다음 중 식물성 단백질사료의 종류가 아닌 것은?

① 대두박　　② 참깻묵

③ 주정박　　④ 새우박

⑤ 맥주박

ANSWER

16 ④ 대두피에 대한 설명이다.
　　※ 수수겨 … 반추동물의 사료로 사용되며 단백질, 지방의 함량은 다른 강피류보다 높은 편이다. 조섬유 함량은 낮은 편으로 사료적 가치가 높다.

17 ③ 단백질 함량은 약 50% 정도로 높은 편이다.

18 ④ 동물성 단백질사료에 해당한다.

답 — 16.④　17.③　18.④

19 다음에서 설명하고 있는 식물성 단백질사료는?

> • 콩으로 기름을 짤 때 생성되는 부산물로 단백질 함량이 높다.
> • 리신의 함량은 높으나 메티오닌 함량은 낮다.
> • 착유공정시 가열하면 유해물질을 약화시킬 수 있다.
> • 칼슘과 인의 함량이 낮다.

① 면실박   ② 대두박

③ 아마인박   ④ 임자박

⑤ 참깻묵

20 동물성 단백질사료에 대한 설명으로 옳지 않은 것은?

① 새우부산물, 가금 도살 부산물, 잠용박, 탈지분유 등으로 분류할 수 있다.

② 단백질 함량이 높고 아미노산 조성도 우수한 편이다.

③ 양질의 단백질 공급원이며, 미지성장인자의 공급원으로도 이용된다.

④ 우모분, 모발분 등은 단백질 공급원으로 우수하다.

 **ANSWER**

---

19 ① 목화씨의 껍질을 벗기거나 그대로 기름을 짜고 난 후 얻어지는 부산물로 사료적 가치는 껍질 벗겨서 짠 것과 그대로 짠 것이 다르다. 변비를 일으킬 수 있는 사료이므로 돼지에게는 사용을 금지하고 있다.

③ 아마의 종실로부터 채유한 후 남는 부산물로 기호성이 높으며 정장작용과 모피의 광택을 좋게 만든다. 수침 및 죽의 상태로 공급할 경우 독성이 강한 청산을 생성하므로 주의하여야 한다.

④ 들깨에서 기름을 착유한 후 남은 부산물로 양에게 공급할 경우 기호성을 증진시킨다. 단백질, 조지방 이용률은 높으나 조섬유, 가용무질소물의 이용성은 좋지 못하다.

⑤ 참깨에서 채유하고 남은 부산물로 기호성이 좋지 못하고 이용률도 떨어진다.

20 ④ 우모분, 모발분 등은 젤라틴계 단백질로 이용성이 좋지 않고 아미노산 조성도 저하되어 단백질 공급원으로 사용할 수 없다.

답 — 19.② 20.④

21 다음 중 동물성 단백질사료로 볼 수 없는 것은?

① 새우부산물 ② 가축, 가금의 도살 부산물
③ 피혁분 ④ 임자박
⑤ 탈지분유

22 어분에 대한 설명으로 옳지 않은 것은?

① 생선으로부터 어유를 착유하고 남은 어박과 통조림을 만들고 남은 찌꺼기를 건조시켜 가루로 만든 것을 말한다.
② 단백질 함량이 매우 높고 필수아미노산 조성이 우수하여 동물성 단백질사료 중 가장 널리 사용된다.
③ 품질은 처리시간이 짧을수록, 처리온도가 낮을수록 저하된다.
④ 가열처리는 아미노산의 파괴를 유발시켜 이용성을 저하시킨다.
⑤ 저장기간이 길어질수록 지방 함량이 높아질수록 품질은 저하된다.

23 동물성 단백질사료의 종류와 특징에 대한 연결이 잘못 짝지어진 것은?

① 우모분 – 가금의 깃털을 건조·분쇄한 것으로 소화·이용성이 높고 사료가치가 우수하다.
② 모발분 – 머리털, 돈모, 우모 등을 가공처리한 것으로 조단백질 함량이 85%이다.
③ 새우박 – 새우가공 시 부산물을 건조·분쇄시켜 만든 사료로 다른 단백질사료의 대용으로 사용할 수 있다.
④ 잠용박 – 닭의 폐기물, 발육중지란을 병원체 파괴 온도로 처리한 후 건조·분쇄한 것으로 에너지가가 높다.
⑤ 철분 – 도축장에서 수집한 혈액을 응고시켜 압착기로 수분을 제거한 사료이다.

ANSWER

21 ④ 식물성 단백질사료에 해당한다.

22 ③ 어분의 품질은 처리시간이 길수록 처리온도가 높을수록 저하된다.

23 ④ 가금부산물에 대한 설명이다.
　　※ **잠용박** … 번데기로부터 착유한 후 건조·분쇄시킨 것으로 어분·육분과 대등한 사료적 가치를 지니고 있다. 변질된 번데기를 이용할 경우 체지방을 황색화시켜 악취를 유발하므로 주의가 필요하다.

답— 21.④ 22.③ 23.④

24 다음 중 유지사료에 해당하지 않는 것은?

① 동물성 지방
② 대두유
③ 채종유
④ 탈지분유
⑤ 면실유

25 유지사료의 장점에 대한 설명으로 옳지 않은 것은?

① 분진의 발생을 방지시켜 준다.
② 사료의 기호성을 향상시켜 준다.
③ 수용성 비타민의 공급을 증가시켜 준다.
④ 필수지방산을 공급하여 준다.
⑤ 에너지 함량을 높이고 사료효율을 증가시켜 준다.

26 pH 조절을 목적으로 사료에 첨가하는 완충제의 역할로 옳지 않은 것은?

① 음수량을 증가시켜 수용성 영양소를 하부 소화기관으로 이동시킨다.
② 반추위 내 환경조건을 일정하게 유지시킨다.
③ 고형사료의 섭취량을 증가시킨다.
④ 타액의 기능을 대신하여 반추위의 발효조건을 억제시킨다.
⑤ 반추위 내 pH를 상승시켜 미생물의 사료분해조건을 향상시킨다.

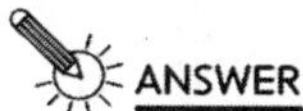

ANSWER

24 ④ 동물성 단백질사료에 해당한다.

25 ③ 지용성 비타민의 공급을 증가시켜 준다.

26 완충제는 타액(침)의 기능을 대신하여 반추위 발효조건을 향상시킨다.

답 24.④ 25.③ 26.④

27 다음 중 근괴사료로 적합한 것은?

① 참깻묵
② 호맥
③ 옥수수겨
④ 아마인박
⑤ 타피오카

28 근괴사료에 대한 설명으로 옳지 않은 것은?

① 뿌리부분을 사료로 이용하는 것으로 고구마, 타피오카가 가장 널리 사용된다.
② 가용무질소물의 함량이 많아 곡류사료와 유사하나 단백질, 지방, 칼슘, 인의 함량은 매우 낮다.
③ 타피오카는 열대지방에서 생산되는 근괴식물로 외피에 존재하는 linamarin에 의해 청산중독을 일으킬 수 있으므로 주의해야 한다.
④ 고구마에 메티오닌, 무기태유황을 소량 함유시키면 옥수수와 대등한 우수한 에너지 공급원이 된다.
⑤ 근괴사료로 이용되는 종류로는 감자, 고구마, 뚱딴지, 무, 타피오카 등이 있다.

29 다음 중 조사료에 사용되는 화본과목초에 해당하지 않는 것은?

① Orchard grass
② Timothy
③ Perennial ryegrass
④ White clover
⑤ Kentucky bluegrass

ANSWER

27 ①④ 식물성 단백질사료 ② 곡류사료 ③ 강피사료

28 ④ 타피오카에 대한 설명이다.
　　※ 고구마 … 연간 생산량이 200만톤 이상으로 주정재료, 식용, 사료로 널리 사용된다. 수분함량은 다른 근괴식물에 비해 낮은 편이며 칼슘, 인의 함량도 낮다.

29 ④ 두과목초에 해당한다.

答 — 27.⑤ 28.④ 29.④

30 다음 중 유지사료의 종류와 그 특징이 잘못 짝지어진 것은?

① 옥수수유 – 식용으로 사용되고 사료로는 거의 이용되지 않으며, 지방산 흡수율은 97% 정도로 우수하고 불포화지방산의 흡수율도 높다.

② 대두유 – 국내에서 최대로 생산되는 기름으로 다른 식물성 기름과 마찬가지로 착유방법과 과정에 따라 성분과 흡수율이 달라지며 거의 식용으로 사용한다.

③ 채종유 – 유채씨 기름으로 양계사료로 사용되며 흡수속도는 다른 기름보다 느리다.

④ 어유 – 공업용으로 주로 사용되며 고급불포화지방산 함량이 높다.

⑤ 면실유 – 목화씨에서 추출한 기름으로 식용으로 사용되며 양계사료로 제일 적합하다.

31 다음에서 설명하고 있는 화본과목초는?

> ㉠ 과수원풀이라고 하며 닭발풀이라고도 한다.
> ㉡ 우리나라에서 가장 널리 재배하는 목초로 관리가 용이하다.
> ㉢ 방목에 적합하며 청예, 건초, 사일리지용으로 사용이 가능하다.
> ㉣ 봄철, 제일 처음 예취한 풀은 건초나 사일리지로 이용하는 것이 좋다.

① Tall fescue
② Orchard grass
③ Italian ryegrass
④ Timothy
⑤ Reed canarygrass

ANSWER

30 면실유 … 목화씨에서 추출한 기름으로 비누, 양초 제조에 쓰이며 사료로는 부적합하여 거의 사용하지 않는다. 사료로 이용할 경우 Gossypol 함량을 0.1% 이하로 줄여야 한다.

31 ① 다년생 화본과목초로 잎이 넓고 거칠며 예취나 방목에 적합하다. 청예 및 건초 조제 시 예취시기에 따라 소화율과 기호성이 달라진다.
③ 1년 또는 다년생 목초로 초기생육이 빨라 다른 목초와 경합에 유리하고 예취 후 재생능력이 왕성하다.
④ 다년생 목초로 초기생육이 아주 느리고 건초, 사일리지용으로 사용되나 2~3번 예취한 초는 방목용으로 이용된다. 출수기에 예취하는 것이 가장 좋다.
⑤ 다년생 목초로 우리나라 갈풀과 비슷하고 재생력과 내습성이 강하다. 방목, 건초, 사일리지용으로 사용되고 출수기보다 약간 빠른 시기에 예취하는 것이 양질의 사료로 조제할 수 있다.

답 30.⑤ 31.②

32 화본과목초인 Perennial ryegrass에 대한 설명으로 옳지 않은 것은?

① 수명이 그리 길지 않은 다년생 목초로 분얼력이 왕성하며 포기를 형성한다.

② 잎은 좁고 잎맥 중앙선은 뚜렷하며 어린 시기에는 잎이 접혀 있다.

③ 종자에는 까락이 없으며 사초가 부드러워 사료적 가치와 기호성이 우수하다.

④ 건초 및 사일리지 제조시 예취적기는 출수기보다 빨라야 한다.

⑤ 방목으로 아용하는 것이 가장 이상적이다.

33 다음에서 설명하고 있는 두과목초의 종류는?

> • 다년생으로 포복경에 의해 널리 퍼져나가며 재생력이 강하다.
> • 방목 및 생초용으로 이용되고 건초나 사일리지로는 부적당하다.
> • 방목지의 식생비율이 50% 이상이 되면 반추가축에게 고창증을 발생시킬 수 있다.
> • 건초조제적기는 꽃이 만개되었을 시기이다.

① Red clover　　　　　　　　　② White clover

③ Alfalfa　　　　　　　　　　④ Birdsfoot trefoil

⑤ Kentucky bluegrass

ANSWER

32 ④ Perennial ryegrass의 예취적기는 출수기이다.

33 ① 다년생으로 윤작작물로 알맞으며 파종 2년째 수량이 가장 많다. 건초용으로 적합하고 청초급여시 고창증의 염려가 있으므로 건초와 같은 비율로 혼합급여해야 한다.
③ 다년생으로 가뭄, 더위에 대한 저항력이 강하며 영양성분함량이 높다. 잎에 영양분이 많으므로 수확·저장 시 잎의 손실을 최대한 줄여야 한다.
④ 다년생으로 다른 두과목초에 비해 방목에 약하며 탄수화물 합성능력을 고려하여 약간 높게 예취해야 한다. 고창증을 유발시키지 않는 목초로 수량은 적으나 Alfalfa와 건초품질은 유사하다.
⑤ 다년생 잔디형 목초로 잔디밭과 골프장에 사용한다, 방목에 견디는 내성이 강하여 방목지용으로 주로 이용되며 단피시 수량은 적다.

답— 32.④　33.②

34 다음 중 두과목초에 해당하지 않는 것은?

① Alfalfa   ② Red clover

③ White clover   ④ Birdsfoot trefoil

⑤ Kentucky bluegrass

35 다음 중 청예작물에 해당하지 않는 것은?

① 호밀   ② 목초

③ 잔디   ④ 귀리

⑤ 수단그라스

36 가축의 사료로 이용할 수 있는 야초에 해당하는 것은?

① 도꼬마리   ② 할미꽃

③ 산딸기   ④ 칡

⑤ 애기똥풀

 **ANSWER**

34 ⑤ 화본과목초에 해당한다.

35 ③ 야초에 해당한다.

36 야초의 종류
    ㉠ 사료로 이용가능한 야초 : 강아지풀, 차풀, 칡, 잔디, 띠, 겨이삭 등
    ㉡ 유해 유독한 야초 : 고사리, 산딸기, 파리풀, 애기똥풀, 할미꽃, 도꼬마리 등

답— 34.② 35.③ 36.④

37 다음 중 고간류에 속하지 않는 것은?

① 볏짚　　　　　　　　　② 콩대
③ 옥수수대　　　　　　　④ 보리짚
⑤ 연맥

38 다음 중 칼슘, 인 등을 보충해 줄 수 있는 물질이 아닌 것은?

① 탄산칼슘　　　　　　　② 골분
③ 인산칼슘제　　　　　　④ 카올린
⑤ 패분

39 호밀에 대한 설명으로 옳지 않은 것은?

① 추위에 내성이 강하며 건조 척박지역에서도 재배가 가능하다.
② 생육시기가 빨라 청초를 일찍 급여할 수 있으며 내병성, 내충성이 강하다.
③ 유숙기에 수확하여 건초 및 사일리지로 조제해야 좋다.
④ 기호성은 떨어지나 월동용 작물로 중요한 위치를 차지한다.
⑤ 방목 시 초장 20cm 이상은 되어야 하며, 청예시에는 출수기 이전에 예취해야 한다.

ANSWER

37 ⑤ 청예작물에 해당한다.

38 ④ 규산염 광물질 첨가제에 해당한다.

39 ③ 귀리에 대한 설명이다.

답 37.⑤　38.④　39.③

40 고간류에 대한 설명으로 옳지 않은 것은?

① 곡류생산의 부산물로 조섬유 함량, 단백질 및 비타민 함량이 높다.

② 기호성은 대체로 낮은 편이다.

③ 주로 소의 사료로 사용되고 있다.

④ 소화율이 낮고 볏짚 등이 주로 이용된다.

41 조사료에 대한 설명으로 옳지 않은 것은?

① 영양소의 함량에 비하여 부피가 크다.

② 만복감을 주며 통변을 좋게 해 준다.

③ 조섬유 함량이 18% 이상이다.

④ 종류로는 곡류, 강피류, 어분, 박류 등이 있다.

42 수단그라스에 대한 설명으로 옳지 않은 것은?

① 1년생 여름철 화본과 사료작물로 기온이 높은 곳에서는 생육기간이 길다.

② 수단그라스 잡종은 예취 후 재생이 빠르므로 청예작물로 우수하다.

③ 순계 수단그라스는 사일리지 재료로 부적합하며 수단그라스-수수 교잡용은 사일리지로 적합하다.

④ 우리나라와 같이 고온다습한 기후에서는 건조가 어렵다.

⑤ 수단그라스는 초장이 길면 수량이 적어진다.

ANSWER

40 ① 고간류는 조섬유 함량은 높으나 단백질, 무기물 및 비타민의 함량은 낮다.

41 ④ 농후사료에 대한 설명이다.
　※ **조사료의 종류** … 짚류, 건초류, 생초류 등

42 ⑤ 수단그라스는 초장이 길면 줄기와 잎이 넓고 굵어 수량이 더 많아진다.

답— 40.① 41.④ 42.⑤

43 다음 중 특수사료의 목적에 해당하지 않는 것은?

① 필수 영양소의 공급

② 성장촉진

③ 질병예방

④ 생명유지

⑤ 생산물의 품질향상

44 특수사료에 대한 설명으로 옳지 않은 것은?

① 사료에 소량 첨가 시 가축의 성장촉진, 사료효율 등을 개선시킬 수 있다.

② 보충사료, 사료첨가제, 과학사료라고도 한다.

③ 가축의 생산성을 증진시키기 위해 사용량이 급증하고 있는 추세이다.

④ 섬유질로 구성되어 있으며 소화율과 소화속도는 느리다.

45 광물질사료에 대한 설명으로 옳지 않은 것은?

① 골격형성, 체내 삼투압조절, 산·염기 평형 등을 유지시키는 기능을 한다.

② 가축의 생리작용에 중요한 광물질로는 나트륨과 염소가 있다.

③ 나트륨 및 염소의 결핍 시 체중감소, 소화장애 등의 현상이 나타난다.

④ 체내 칼륨의 양이 많아지면 중독작용을 억제하기 위해 나트륨이 소비된다.

⑤ 청초공급시기에는 칼륨을 공급해 주어야 한다.

 **ANSWER**

43 특수사료의 이용목적
ㄱ 질병예방
ㄴ 사료품질 보전
ㄷ 사료이용성 향상
ㄹ 성장촉진
ㅁ 필수 영양소 공급
ㅂ 생산물 품질향상

44 ④ 고간류에 대한 설명이다.

45 ⑤ 청초공급시기에는 칼륨으로 인한 중독작용을 억제시키기 위해 다량의 식염을 공급해 주어야 한다.

🔑 43.④ 44.④ 45.⑤

46 사료첨가제인 효모에 대한 설명으로 옳지 않은 것은?

① 단백질 함량이 풍부한 단세포 미생물로 자연계에 널리 분포하며 약산성 상태에서도 번식률이 뛰어나다.

② 소화율, 아미노산 조성은 우수하며 메티오닌과 시스틴 함량은 낮다.

③ 비타민 B군의 함량이 높아 영양공급제로 유리하며 미지성장인자도 다량 함유되어 있다.

④ 사료의 기호성을 증진시키고 소화이용률이 높다.

⑤ 브로일러사료에 50% 이상 첨가하면 성장률 및 사료이용성이 저하된다.

47 다음 중 강피류사료로 사용할 수 없는 것은?

① 쌀겨　　　　　　　　　　② 밀기울

③ 보릿겨　　　　　　　　　④ 호맥

⑤ 옥수수겨

48 비타민 공급제에 대한 설명으로 옳지 않은 것은?

① 비타민 A와 D를 공급하기 위해서는 어간유와 간유를 주로 사용한다.

② 비타민 B를 보충하기 위해서는 맥주효모, 주정농축박 등을 사용한다.

③ 더운 여름 난각을 두껍게 하기 위해 아스코르빈산으로 비타민 C를 공급한다.

④ 비타민 B는 에너지가가 높은 사료를 공급할 경우 필요하다.

⑤ 비타민 C는 겨울철 돼지 및 가금류에서 결핍되기 쉽다.

 **ANSWER**

46 ⑤ 브로일러사료에 15% 첨가하면 성장률과 사료이용성이 개선되며 효모첨가량이 증가할수록 체중증가 및 폐사율은 감소한다.

47 강피류사료로 이용되는 곡류
ㄱ 쌀겨
ㄴ 밀기울
ㄷ 보릿겨
ㄹ 대두피
ㅁ 옥수수겨
ㅂ 수수겨

48 비타민 A, D는 결핍이 쉬운 비타민으로 초식동물이 아닌 돼지나 가금류의 경우 겨울철에 보충해 주어야 한다.

답 — 46.⑤　47.④　48.⑤

49 다음 중 아미노산 공급제에 해당하지 않는 것은?

① Methionine   ② Lysine

③ Tryptophan   ④ Glycine

⑤ Cod liver oil

50 비소에 대한 설명으로 옳지 않은 것은?

① 극소량 섭취 시 강장제의 역할을 할 수 있다.

② 병아리에 성장촉진효과가 있으나 다량 공급시 중독증상을 유발시킨다.

③ 유독성 물질이므로 산란계에는 급여를 중지해야 한다.

④ 장내 유해 미생물의 성장을 촉진시킨다.

51 다음에서 설명하고 있는 호르몬제에 해당하는 것은?

> • Casein에 요오드를 결합시킨 것이다.
> • 합성갑상선호르몬이라고도 한다.
> • 유지방을 높이는 효과가 있으며 대사를 촉진시킨다.

① Thiouracil   ② Zeranol

③ Thyroprotein   ④ Stilbestrol

ANSWER

49 ⑤ 비타민 A와 D의 공급제에 해당한다.

50 ④ 비소는 장내 유해균의 성장을 억제시킨다.

51 ① 갑상선호르몬의 분비기능을 억제시키며 가축의 대사작용에 작용하는 갑상선 기능 억제물이다.
② 합성성장촉진제로 증체효과와 사료효율을 향상시킨다.
④ 합성발정호르몬으로 사료효율을 개선시키며 발암물질유발 가능성이 커 반추가축에는 사용을 억제한다.

답— 49.⑤ 50.④ 51.③

52 항생물질 선택 시 유의해야 할 사항으로 옳지 않은 것은?

① 가격이 저렴하고 저농도 첨가 시에는 효과가 커야 한다.

② 흡수속도가 빠르고 혈액 내 이행이 용이해야 한다.

③ 체외 배설이 늦어지는 지속성이 있어야 한다.

④ 연용이며 내성이 강해야 한다.

⑤ 항균작용의 범위가 넓고 고농도 첨가 시에도 부작용을 유발하지 않아야 한다.

53 다음 중 호르몬제의 종류에 해당하지 않는 것은?

① 발정호르몬　　　　　　　　② 갑상선 기능 억제물

③ 합성성장촉진제　　　　　　④ 벤토나이트

⑤ 사이로프로테인

54 펠릿사료에 대한 설명으로 옳은 것은?

① 원료사료의 입자를 일정 크기로 분쇄하여 배합한 사료이다.

② 목건초 분말과 당밀을 섞어 고온고압에서 성형시킨 사료이다.

③ 식욕을 돋우기 위해 배합사료를 찬물과 반죽하여 급여하는 것이다.

④ 배합사료를 고온고압하에 단단한 알갱이 형태로 만든 사료로 부피를 감소시킬 수 있다.

⑤ 제한급여를 목적으로 절식시기에 급여하는 곡류이다.

 ANSWER

52 항생물질 선택 시 유의사항
　㉠ 안전하고 실용적이어야 한다.
　㉡ 연용이며 내성이 없어야 한다.
　㉢ 배설이 늦어지는 지속성이 있어야 한다.
　㉣ 흡수속도가 빠르고 혈액 내 이행이 용이해야 한다.
　㉤ 가격이 저렴하고 저농도 첨가 시 효과가 커야 한다.
　㉥ 항균범위가 넓고 고농도 첨가 시에도 부작용이 나타나지 않아야 한다.

53 ④ 유해가스의 흡착 및 결착제 등으로 사용되는 광물질이다.

54 ① 가루사료　② 큐브사료　③ 반죽사료　⑤ 알곡사료

답— 52.④　53.④　54.④

55 다음 중 성장촉진효과와 부화율증진효과가 있는 미지성장인자의 종류에 해당하지 않는 것은?

① 육분인자
② 낙화생박인자
③ 당밀인자
④ 증류박인자
⑤ 초즙인자

56 다음 중 병아리, 산란계 등에 소량 섭취시키면 산란율, 사료효율이 개선되는 물질은?

① Zeolite
② Arsenicals
③ Ground limestone
④ NaCl
⑤ Calcium phosphates

57 다음 중 사료의 산화억제를 위해 첨가하는 항산화제의 종류에 해당하지 않는 것은?

① BHT
② DPPD
③ Santoquin
④ BHA
⑤ Aromaties

ANSWER

55 ④ 성장촉진효과와 산란율에 효과가 있는 미지성장인자에 해당한다.

56 ② 미량 광물질 보급제
③⑤ 칼슘, 인 보급제
④ 생리작용 보급제

57 ⑤ 사료의 맛, 냄새 등을 좋게 하는 향미제에 해당한다.

답— 55.④ 56.① 57.⑤

58 요소사료 급여 시 주의해야 할 사항으로 옳지 않은 것은?

① 급격하게 사료량을 증가해서는 안 된다.

② 물에 녹여 급여해야 한다.

③ 반추위 발달 이전의 송아지에게 급여해서는 안 된다.

④ 농후사료와 적절히 혼합해서 급여해야 한다.

⑤ 조사료, 단백질 함량이 높은 사료와 혼합급여해서는 안 된다.

59 다음 중 가축의 질병을 예방할 목적으로 사용하는 질병예방제에 속하지 않는 것은?

① 구충제   ② 항곰팡이제

③ 진정제   ④ 항산화제

⑤ 항원충제

ANSWER

58 요소사료 급여 시 주의사항
㉠ 사료의 양을 서서히 증가시켜 급여해야 한다.
㉡ 반추위 발달 이전의 송아지에게 공급해서는 안 된다.
㉢ 농후사료와 잘 혼합하여 급여해야 한다.
㉣ 물에 녹여 급여해서는 안 된다.
㉤ 조사료 및 단백질 함량이 높은 사료와 혼합급여해서는 안 된다.

59 질병예방제의 종류
㉠ **구충제** : 기생충의 구충을 목적으로 사용한다.
㉡ **항곰팡이제** : 고온다습 시 증식하는 독성물질을 억제시킬 때 사용한다.
㉢ **진정제** : 스트레스, 장거리 수송 시 체중의 감소 등을 방지하는 데 사용한다.
㉣ **항원충제** : 류코사이트준병을 방지하기 위해 사용한다.
㉤ **합성항세균제** : 미생물의 생장억제, 증체 및 사료효율향상을 위해 사용한다.
㉥ **고창증 예방제** : 반추동물의 방목 시 유발되는 고창증을 예방하기 위해 사용한다.

답 — 58.② 59.④

60 다음에서 설명하고 있는 것은?

> • 착유우에 공급하는 사료에 의해 유지율이 낮아지는 것을 방지하기 위해 사용하는 물질이다.
> • 종류로는 $NaHCO_3$, MgO, Bentonite 등이 있다.
> • 지방율은 정상적으로 향상시킬 수 있으나 기호성, 채식량은 감소하게 된다.

① 황산동
② 반추위 내 미생물 건조제
③ 유지방률 조정제
④ 동물성 지방첨가제
⑤ 착색제

61 사료의 부패 및 변폐를 방지하기 위해 사용하는 방미제의 종류로 옳지 않은 것은?

① Gentina Violet
② Sodium dehydroacetate
③ Calcium propionate
④ Monosodium glutamate
⑤ Sodium propionate

ANSWER

60 ① 양돈사료에 첨가하는 성장촉진제로 성장촉진 및 사료효율을 향상시킨다.
② 송아지의 반추위 발달을 촉진시키며 성축에게는 위내 미생물의 활력을 증강시켜 사료효율을 증진시킨다.
④ 고에너지 사료로 비육과 성장촉진을 목적으로 사용하며 인공유나 브로일러사료 배합 시 첨가하여 사료효율을 개선시킨다.
⑤ 생산물의 상품적 가치를 향상시키기 위해 첨가하는 물질로 Xanthophyll이 대표적이다.

61 ④ 향미제(방향제)에 해당한다.

답 — 60.③ 61.④

02 사료의 배합과 급여

1 가소화 영양소의 총량을 구하는 공식에서 지방에 곱하는 지수는?

① 2.25 ② 3.25

③ 4.25 ④ 5.25

⑤ 6.25

2 다음에서 설명하고 있는 사료는?

- 배합이 끝난 가루사료에 열, 수분 및 압력을 가하여 덩어리로 단단하게 압착시킨 사료를 말한다.
- 가루사료에 비해 부피도 적고 취급이 용이하다.
- 사료효율이 비교적 높으며 병아리는 섭취가 어렵다.

① 가루사료 ② 알곡사료

③ 크럼블사료 ④ 후레이크사료

⑤ 펠릿사료

ANSWER

1 가소화 영양소 총량 구하는 공식
(가소화 조단백질량 × 1.36) + 가소화 조섬유량 + 가소화 NFE량 + (가소화 조지방량 × 2.25)

2 ① 가축이 이용하는 가장 기본적인 사료로 적당한 입자로 분쇄하여 혼합한 배합사료이다.
② 분쇄하지 않는 알곡 그대로를 급여하는 사료이다.
③ 펠릿사료를 다시 거칠게 분쇄한 사료이다.
④ 알곡을 분쇄하는 대신 증기처리 후 로울러로 압편하고 부원료를 펠리팅하여 혼합한 사료이다.

답—1.① 2.⑤

3 다음 중 양계용 단미사료의 배합범위로 옳지 않은 것은?

① 광물질사료(소금제외) – 3~10%　　② 강피류사료 – 5~30%

③ 동물성 단백질사료 – 5~15%　　④ 곡류사료 – 50~80%

⑤ 식물성 단백질사료 – 0~1%

4 양계사료의 배합률 작성과정에 대한 설명으로 옳지 않은 것은?

① 가축에 필요한 영양소의 요구량을 결정한다.

② 단미사료에 대한 충분한 검토 후 단미사료의 배합률이 80%가 되도록 결정한다.

③ 사료성분표에 나타난 영양소 함유량을 확인 후 배합률에 맞는 영양소 함유량을 계산한다.

④ 칼슘, 인의 공급은 패분, 석회석, 골분, 인산칼슘 등을 사용하며 반드시 소금을 첨가해 주어야 한다.

⑤ 배합률에 의한 영양소 함유량을 계산한 후 수치를 합산하여 기준치와의 과부족 여부를 판단한다.

ANSWER

3 양계용 단미사료의 배합범위

종류	배합범위(%)
곡류사료	50~80
식물성 단백질사료	5~30
동물성 단백질사료	5~15
강피류사료	5~30
광물질사료(소금제외)	3~10
유지사료	0~5

4 ② 단미사료의 배합률은 100%가 되도록 해야 한다.

답— 3.⑤ 4.②

5 계란의 생산과 사료의 관계에 대한 설명으로 옳지 않은 것은?

① 저단백질사료 급여 시 난중은 작아지고 고단백질사료 급여시 난중은 무거워진다.

② 난각의 두께 및 강도는 사료 내 무기물 함량에 크게 영향을 받는다.

③ 크산토필 함량이 높은 사료를 급여할 경우 난중의 노란색은 진하게 된다.

④ 사료 내의 특정성분에 의해 계란의 맛과 냄새는 달라진다.

⑤ 녹사료 및 비타민 A를 공급할 경우 계란의 비타민 A 함량은 증가하게 된다.

6 Pearson square method를 이용하여 조단백질 함량을 계산한 것으로 옳은 것은?

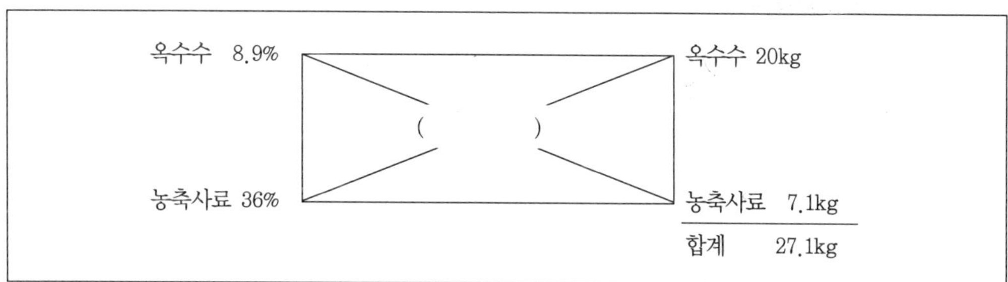

① 4kg

② 8kg

③ 16kg

④ 20kg

⑤ 24kg

ANSWER

5 ④ 사료 내의 특정성분에 의해 계란의 냄새는 변할 수 있지만 맛은 크게 영향을 받지 않는다.

6 옥수수 함량 $=100\times\dfrac{20}{27.1}=73.8\%$, 농축사료 함량 $=100\times\dfrac{7.1}{27.1}=26.2\%$

옥수수에 함유된 조단백 함량 $=73.8\times8.9\%=6.57kg$

농축사료에 함유된 조단백질의 함량 $=26.2\times36\%=9.43kg$

∴ 총 100kg사료의 조단백질 함량은 16kg이다.

답— 5.④ 6.③

7 동물에 의해 사료의 품질감정을 하려고 한다. 이에 대한 설명으로 옳지 않은 것은?

① 동물에게 조사하려는 사료를 급여함으로써 사료의 품질을 평가하는 방법이다.

② 많은 시간, 경비, 시설 및 노력 등이 요구된다.

③ 소화시험, 사양시험, 영양시험, 대사시험, 기호성 시험 등이 있다.

④ 공시동물은 시험목적에 따라 구분해야 한다.

⑤ 육안이나 현미경을 사용하여 단미사료, 배합사료의 품질을 평가한다.

8 대두박(CP 44%)과 옥수수(CP 9%)를 혼합하여 1,000kg의 CP 16% 사료를 만들려고 할 때 대두박의 필요량은?

① 50kg

② 100kg

③ 150kg

④ 200kg

⑤ 250kg

ANSWER

7 ⑤ 미생물을 이용하여 사료의 품질을 평가하는 방법에 대한 설명이다.

8 4각형법을 이용하여 계산하면

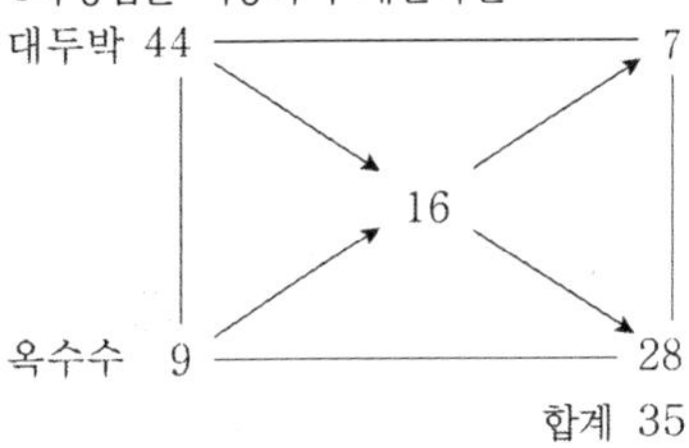

대두박 배합률 $= \dfrac{7}{35} \times 100 = 20\%$,

옥수수 배합률 $= \dfrac{28}{35} \times 100 = 80\%$

혼합율 CP 16%가 되는지 검산해 보면

대두박 CP율 $= 20 \times \dfrac{44}{100} = 8.8\%$,

옥수수 CP율 $= 80 \times \dfrac{9}{100} = 7.2\%$

8.8＋7.2＝16%이므로 1,000kg에 필요한 대두박의 양은 $20 \times 10 = 200$kg

답 — 7.⑤ 8.④

9 사료에 특정시약을 가한 후 각각의 정색반응을 통하여 사료의 이물질 혼입여부를 판단하는 방법은?

① 정량분석법

② 비중선별법

③ 정성분석법

④ 표준체법

⑤ 용적중량법

10 젖소의 사료급여량 계산순서로 옳은 것은?

① 영양소 요구량 결정 – 농후사료 급여량 결정 – FCM 환산법 – 조사료 공급량에 의한 영양소 섭취량 계산

② 영양소 섭취량 계산 – 영양소 요구량 결정 – 농후사료 급여량 결정 – FCM 환산법

③ 영양소 요구량 결정 – 조사료 공급량에 의한 영양소 섭취량 계산 – 농후사료 급여량 결정 – FCM 환산법

④ 농후사료급여량 결정 – 영양소 요구량 결정 – 조사료 공급량에 의한 영양소 섭취량 계산 – FCM 환산법

⑤ FCM 환산법 – 농후사료 급여량 결정 – 영양소 요구량 결정 – 조사료 공급량에 의한 영양소 섭취량 계산

✏️ ANSWER

9 ① 사료에 함유된 성분의 양적비율, 함량을 정량분석하여 이물질의 함량을 알아내는 방법

② 비중이 다른 액체에 사료를 넣은 후 뜨고 가라앉는 것을 구별하여 이물질의 혼입여부 및 혼입비율을 알아내는 방법

④ 여러 개의 크기를 가진 표준체를 사용하여 사료를 입자도별로 구분한 후 부분별 이물질 및 협잡물의 혼입여부를 알아내는 방법

⑤ 각 사료의 용적에 대한 중량을 이용하여 표준중량과 비교함으로써 이물질의 혼입여부 및 사료의 품질을 알아내는 방법

10 사료급여량 계산순서

㉠ 영양소의 요구량을 결정한다.

㉡ 조사료 공급량에 의한 영양소 섭취량을 계산한다.

㉢ 농후사료의 적절한 급여량을 결정한다.

㉣ FCM(fat corrected milk)을 이용하여 유량에 맞는 영양소 요구량을 산출한다.

답— 9.③ 10.③

11 옥수수(CP 8.5%, TDN 80%), 채종박(CP 35.8%, TDN 60.8%), 알팔파밀(CP 15%, TDN 47.7%)을 사용하여 CP 12%, TDN 74%인 사료를 생성하고자 할 경우 옥수수의 배합률은?

① 66.51%

② 10.95%

③ 9.78%

④ 77.46%

⑤ 12.77%

11 이중 4각형법을 이용하여 계산한다.

㉠ 옥수수와 채종박의 배합률을 구한다.

옥수수의 TDN 함량 $= \dfrac{23.8}{27.3} \times 100 = 87.18\%$, $87.18 \times 0.8 = 69.74\%$

채종박의 TDN 함량 $= \dfrac{3.5}{27.3} \times 100 = 12.82\%$, $12.82 \times 0.608 = 7.8\%$

옥수수와 채종박의 혼합 TDN 함량은 77.54%이다.

㉡ 옥수수와 알팔파밀의 배합률을 구한다.

옥수수의 TDN 함량 $= \dfrac{3}{6.5} \times 100 = 46.15\%$, $46.15 \times 0.8 = 36.92\%$

알팔파밀의 TDN 함량 $= \dfrac{3.5}{6.5} \times 100 = 53.85\%$, $53.85 \times 0.477 = 25.69$

옥수수와 알팔파밀의 혼합 TDN 함량은 62.61%이다.

㉢ 혼합된 TDN 함량으로 TDN 74%의 사료배합비율을 계산한다.

옥수수와 채종박의 함량 $= \dfrac{11.39}{14.93} \times 100 = 76.29\%$

옥수수와 알팔파밀의 함량 $= \dfrac{3.54}{14.93} \times 100 = 23.72\%$

㉣ 위의 결과로부터 최종사료배합률을 계산한다.

옥수수와 채종박에서의 옥수수 배합률 $= 87.18 \times \dfrac{76.29}{100} = 66.51$

옥수수와 알팔파밀에서의 옥수수 배합률 $= 46.15 \times \dfrac{23.72}{100} = 10.95$

$\Big\}$ 77.46%

옥수수와 채종박에서의 채종박 배합율 $= 12.82 \times \dfrac{76.29}{100} = 9.78\%$

옥수수와 알팔파밀에서의 알팔파밀 배합율 $= 53.85 \times \dfrac{23.72}{100} = 12.77\%$

㉤ 영양소 함량을 만족할 수 있는지의 여부를 검산한다.

$\text{TDN}(\%) = (77.46 \times 0.8) + (9.78 \times 0.608) + (12.77 + 0.477)$
$= 61.968 + 5.9462 + 6.0913 = 74\%$

$\text{CP}(\%) = (77.46 \times 0.085) + (9.78 \times 0.358) + (12.77 \times 0.15)$
$= 6.5841 + 3.5012 + 1.9155 = 12\%$

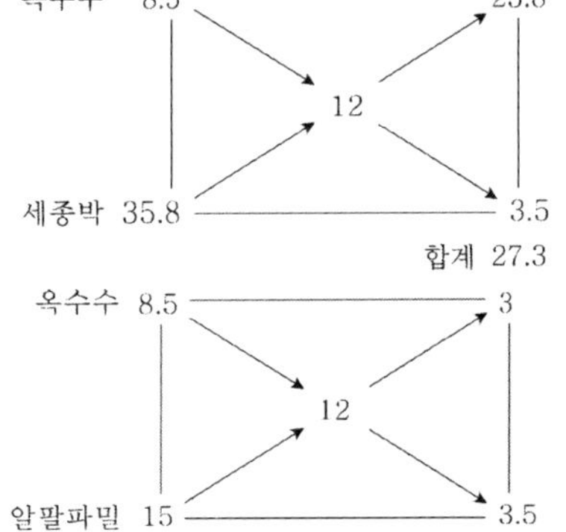

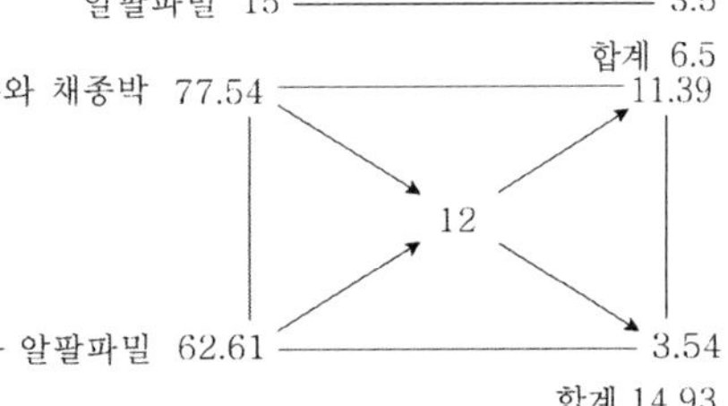

답—11.④

12 젖소사료의 배합률 작성법에 대한 설명으로 옳지 않은 것은?

① 조사료의 우선급여로 인하여 닭, 돼지 등의 작상법과는 상이하다.

② 젖소의 1일 섭취사료량은 한계가 있으므로 너무 많은 양의 조사료를 섭취하면 영양소 섭취량이 부족할 수 있다.

③ 농후사료의 급여량은 유량의 $\frac{1}{5} \sim \frac{1}{9}$ 정도이다.

④ 농후사료의 급여량은 조사료의 질에 의해 결정되므로 양질의 조사료를 급여해야 한다.

13 옥수수(CP 9%), 귀리(CP 11%)가 3 : 1로 혼합된 사료와 대두박(CP 46%)을 섞어 CP 15% 포유모돈사료를 1,500kg 만들려고 할 때 필요한 옥수수의 양은?

① 28.67kg

② 57.32kg

③ 60.18kg

④ 85.98kg

⑤ 96.26kg

ANSWER

12 ③ 농후사료의 급여량은 유량의 $\frac{1}{3} \sim \frac{1}{4}$ 정도이다.

13 옥수수와 귀리의 CP 평균 함량은
옥수수 = 3 × 9 = 27%
귀리 = 1 × 11 = 11%
합계가 38%이므로 38 ÷ 4 = 9.5%
4각형법을 이용하여 계산하면

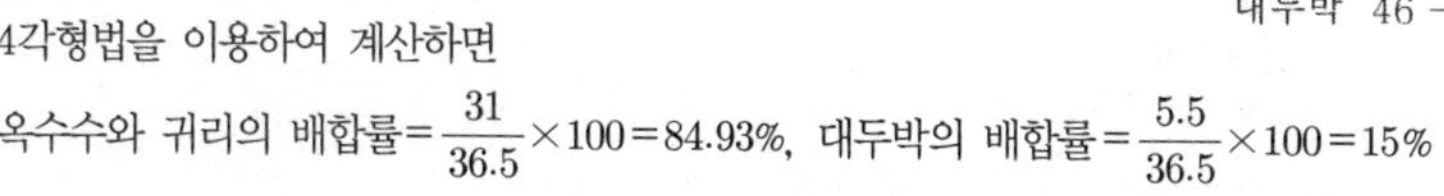

옥수수와 귀리의 배합률 = $\frac{31}{36.5} \times 100 = 84.93\%$, 대두박의 배합률 = $\frac{5.5}{36.5} \times 100 = 15\%$

옥수수의 배합률 = $84.93 \times \frac{3}{4} = 63.69\%$, 귀리의 배합률 = $84.93 \times \frac{1}{4} = 21.23\%$

CP 함량이 15%가 되는지 검산하면

옥수수 CP량 = $63.69 \times \frac{9}{100} = 5.7321\%$, 귀리 CP량 = $21.23 \times \frac{11}{100} = 2.3353\%$,

대두박 CP량 = $15 \times \frac{46}{100} = 6.9$

합계 = 14.9674 ≒ 15%
1,500kg의 사료에 필요한 옥수수의 양은(100kg당 5.7321%이므로)
5.7321 × 15 = 85.98kg

답— 12.③ 13.④

14 체중 350kg, 일당증체량 700g일 경우 알팔파 원물급여량은? (단, 조사료로 옥수수 사일리지와 알팔파 건초 급여비율=60 : 40)

사료	NEM	NEG	DM
체중 350kg, 일당 증체량 700g일 경우 요구량	6.96	2.60	
알팔파 건초 함량(Mcal/kg)	1.09	0.54	88
옥수수 사일리지 함량(Mcal/kg)	1.49	0.90	25
알팔파 건초 40%, 옥수수 사일리지 60% 비율일 경우 함량(Mcal/kg)	1.25	0.684	

① 3.80kg

③ 5.62kg

② 4.26kg

④ 9.37kg

15 체중 600kg, 유량 30kg(유지율 4%)인 젖소에게 농후사료를 보충하려고 할 경우 몇 kg을 급여해야 하는가? (단, 농후사료로 공급해야 할 영양소량 TDN=7.262kg, CP=2.089kg, Ca=9.1g, P=50.4g)

① 4.83kg

③ 6.95kg

② 8.73kg

④ 10.45kg

⑤ 12.96kg

 **ANSWER**

14 NEM을 기준으로 한 DM 요구량 $= \dfrac{6.96}{1.25} = 5.57\text{kg}$

NEG를 기준으로 한 DM 요구량 $= \dfrac{2.60}{0.684} = 3.80\text{kg}$

총 DM 요구량 $= 5.57 + 3.80 = 9.37\text{kg}$
알팔파 건초 급여량 $= 9.37 \times 0.4 = 3.74\text{kg}$
옥수수 사일리지 급여량 $= 9.37 \times 0.6 = 5.622\text{kg}$

DM 급여량을 원물기준으로 환산하여 구한 알팔파 원물급여량 $= \dfrac{3.478}{0.88} = 4.259\text{kg}$

옥수수 사일리지 원물급여량 $= \dfrac{5.622}{0.25} = 22.488\text{kg}$

15 영양률 $= \dfrac{\text{TDN} - \text{CP}}{\text{CP}} = \dfrac{7.262 - 2.089}{2.089} = 2.4763$

CP 20%라 가정할 경우 TDN 함량은
$\dfrac{\text{TDN} - 20}{20} = 2.4763$에서 TDN $= 69.525\%$

배합사료 급여량을 x 라 하면 $x \times \dfrac{69.525}{100} = 7.262$, $x = 10.445 ≒ 10.45\text{kg}$

답 — 14.② 15.④

16 유지율이 4%인 우유를 1일 20kg 생산한다고 할 때 지방률정정유량은?

① 10kg

② 15kg

③ 20kg

④ 25kg

17 고기의 생산과 사료의 관계에 대한 설명으로 옳지 않은 것은?

① 체내 저장되는 지방은 사료에 커다란 영향을 받으며 저장지방은 도체의 품질을 좌우한다.

② 체지방의 경도 및 조성은 돼지와 육우에서 가장 중요하다.

③ 사료지방의 아이오딘가가 높을수록 체지방의 아이오딘가도 높게 되어 연지방이 형성된다.

④ 탄수화물, 지방, 단백질은 모두 에너지를 발생할 수 있고 에너지가 남을 경우 체지방으로 전환된다.

⑤ 비육 시 경지방을 생성하는 사료로는 쌀겨, 옥수수, 콩 등이 있다.

18 배합사료의 생산시 고려해야 할 사항으로 옳지 않은 것은?

① 특정 원료의 사용비율이 제품의 생산가격에 미치는 영향

② 제품 중 영양소가 제품의 생산가격에 미치는 영향

③ 값싼 사료를 생산하기 위한 저가재료의 구입가능 여부

④ 원료 구입시 원료가 현재 제품가격에 미치는 영향

⑤ 원료의 사용량 제한이 제품가격에 미치는 영향

ANSWER

16 $FCM = 0.4M + 15F$ (M = 유량, F = 유지율)

$= 0.4 \times 20 \div 15 (20 \times 0.04) = 20kg$

※ FCM(지방률정정유량) … 우유생산에 필요한 영양소 요구량은 유지율에 따라 다르므로 유지율 40%를 기준으로 환산된 유량을 말한다.

17 ⑤ 비육 시 경지방을 생성하는 사료로는 보리, 쌀보리, 연맥, 쌀, 감자 등이 있다.

18 배합사료 생산시 고려해야 할 사항

㉠ 저가의 사료를 생산하기 위해 최저가격배합률이 제품가격에 어떠한 영향을 미치는지 고려해야 한다.

㉡ 원료 구매 시 그 원료가 제품가격에 미치는 영향을 고려해야 한다.

㉢ 특정 원료의 사용비율이 제품의 생산가에 미치는 영향을 고려해야 한다.

㉣ 제품 중 특정 영양소가 제품의 생산가에 미치는 영향을 고려해야 한다.

㉤ 원료 사용량 제한이 제품가격에 미치는 영향을 고려해야 한다.

답 — 16.③ 17.⑤ 18.③

19 선형계획법에 대한 설명으로 옳지 않은 것은?

① 컴퓨터를 이용하여 사료배합률을 작성해 내는 방법으로 가장 싼 가격의 배합사료를 생산해 낼 수 있다.

② 최저가격사료배합률을 이용하여 생산된 사료로 축산물을 생산한 것을 최저가격생산물이라 한다.

③ 최저가격산출, 영양소 · 원료에 대한 감도분석 등을 손쉽게 해결하기 위해 컴퓨터를 이용한다.

④ 컴퓨터에 의한 최저가격사료배합률 작성을 위해 제일 먼저 작성되어야 할 것이 선형계획법이다.

⑤ 선형계획법은 모델에 의한 계산결과를 가지고 감도분석을 통하여 최적사료배합률을 알 수 있지만 수정할 수는 없다.

20 손으로 사료를 배합하는 방법에 대한 설명으로 옳지 않은 것은?

① 사료배합률 결정 후 배합률이 많은 순서대로 쌓아둔다.

② 단미사료의 퇴적이 완료되면 두 명의 사람이 양편으로 마주보면서 고르게 혼합한다.

③ 미량의 첨가제를 사용하여 다른 사료와 혼합한다.

④ 사료배합기가 있는 농장에서 배합사료 제조 시 이용한다.

⑤ 많은 시간과 많은 양의 분진이 발생되므로 비능률적이다.

21 공장에서 배합사료 제조 시 거치게 되는 공정에 해당하지 않는 것은?

① 제품포장시스템   ② 펠릿시스템

③ 컨트롤시스템   ④ 출하시스템

 **ANSWER**

19 ⑤ 선형계획법은 모델에 의한 계산결과에 대해서 감도분석을 해야 하며, 감도분석결과에 수정사항이 있으면 수정하여 최적사료배합률을 얻을 수 있다.

20 ④ 사료배합기가 없는 소규모농장에서 자가배합사료 제조 시 이용하는 방법이다.

21 배합사료공장의 제조공정 … 원료반입시스템 – 저장시스템 – 분쇄시스템 – 배합시스템 – 펠릿시스템 – 제품포장 및 벌크반출시스템 – 액상원료저장 및 처리시스템 – 예비배합시스템 – 집진시스템 – 컨트롤시스템

답 — 19.⑤ 20.④ 21.④

22 사료공장에서의 배합제조공정에 대한 설명으로 옳지 않은 것은?

① 반입되는 모든 사료들은 철저한 품질검사 공정을 거친다.
② 액상원료사료를 제외한 모든 원료들은 사료배합기로 운반되어 3~4분 후 완전혼합이 된다.
③ 많은 양의 분진 발생 이유로 1988년부터는 배합사료 자동화를 수동화로 줄여가고 있다.
④ 배합이 완성된 사료는 제품 빈으로 운반되어 포장, 벌크과정 후 출하 및 저장된다.
⑤ 공장 내의 모든 제조공정은 자동화되어 있고 중앙제어실에서 통제를 한다.

23 다음 중 펠릿사료를 거칠게 분쇄한 사료는?

① 익스트루전사료   ② 크럼블사료
③ 후레이크사료   ④ 가루사료

24 다두사육시 노동력을 절감할 수 있어 많이 이용하고 있는 사료급여방식은?

① 연이법   ② 제한급여
③ skip feeding   ④ 부단급여

ANSWER

22 ③ 사료공장의 배합사료 생산량은 매년 증가하여 1988년에는 약 100만톤이 되었으며 모든 공정의 자동화로 인하여 점점 발전해 나가고 있다.

23 ① 가루사료를 곱게 분쇄하여 익스트루더 기계를 이용하여 수분, 열, 압력을 가한 후 공기 중에 방출시켜 팽창시킨 사료
③ 알곡을 증기처리하여 로울러로 압편하고 부원료는 펠리팅하여 혼합한 사료
④ 배합된 원료사료를 적당한 입자로 분쇄하여 혼합한 배합사료

24 무제한급여 … 가축이 먹고 싶을 때 언제든지 사료를 먹을 수 있는 방법으로 부단급여라고도 한다.
※ 무제한급여의 특징
ㄱ 자동급사기를 사용하여야 한다.
ㄴ 다두사육시 노동력 절감에 의해 많이 이용된다.
ㄷ 육성, 비육돈, 양계에 많이 사용한다.
ㄹ 영양소 과다섭취의 결과를 초래할 수 있다.

답 — 22.③ 23.② 24.④

25 생고구마의 영양소 함유량이 다음과 같을 때 이 고구마를 수분함량이 15%인 풍건물상태로 건조하였을 경우 건조된 고구마의 조지방 함량은?

사료명칭	수분	CP	조지방	조섬유	조회분	NFE	TDN	DE
생고구마	80	2.0	0.5	2.5	1.0	14	9.0	0.4
풍건고구마	12	8.8	2.2	11.0	4.4	61.6	39.6	1.76

① 2.1%

② 4.4%

③ 8.8%

④ 11%

⑤ 61.6%

26 다음 중 제한급여에 대한 설명으로 옳지 않은 것은?

① 사료섭취량을 일정수준으로 제한하기 위해 사료를 급여하는 방식을 말한다.

② 개체별 제한급여법과 사육수두 전체를 평균하여 섭취 수준 이내에서 전체 사육군으로 제한급여하는 두 가지 방법이 있다.

③ 1일 필요 영양소만을 섭취할 수 있는 범위 내에서 제한급여를 하면 영양소의 낭비를 방지할 수 있다.

④ 가금류의 경우 skip feeding법을 사용하기도 한다.

⑤ 제한급여 시 사료의 질은 중요하지 않다.

ANSWER

25 성분환산법(수분함량을 이용한 방법)

$$영양소\ 함유량(\%) \times \frac{100 - 환산하고자\ 하는\ 사료의\ 수분함량(\%)}{100 - 원사료의\ 수분함량(\%)}$$

$$조지방\ 함량 = 0.5 \times \left(\frac{100-15}{100-80}\right) ≒ 2.1\%$$

26 ⑤ 질이 좋지 않은 사료로 제한급여를 할 경우 영양소 섭취량은 부족한 결과를 초래할 수 있다.

답 — 25.① 26.⑤

27 연이법에 대한 설명으로 옳지 않은 것은?

① 사료에 물을 가하여 반죽상태로 만들어 주는 방식으로 유동이라고도 한다.

② 분진의 발생을 방지할 수 있다.

③ 겨울철 사료가 얼어붙을 수 있는 경우가 생기므로 노동력이 많이 소모된다.

④ 여름철 식욕을 자극시키는 효과가 있으며 청소를 해야 하는 번거로움도 없다.

⑤ 여름철 쉽게 부패되거나 변질될 우려가 크다.

28 다음 중 사료의 급여방법에 해당하지 않는 것은?

① 제한급여   ② 무제한급여

③ 연이법   ④ 반제한급여

29 수분함량의 85%인 목초의 영양소 함량이 다음과 같을 경우 목초의 DE 함량은?

사료명칭	수분	CP	조지방	조섬유	조리분	NFE	TDN	DE
목초	85	2	0.4	4.0	1.6	8	10	0.5
목초(DM 기준)	0	12.5	2.5	25.0	10.0	50	62.5	3.125

① 2.67Mcal/kg   ② 3.33Mcal/kg

③ 5.34Mcal/kg   ④ 10.67Mcal/kg

⑤ 13.34Mcal/kg

ANSWER

27 ④ 여름철 식욕을 자극시키는 효과는 있으나 사료통에 남겨진 사료는 쉽게 부패·변질될 가능성이 크므로 매일 청소를 해야하는 번거로움을 초래한다.

28 사료급여법 … 제한급여, 무제한급여, 연이법

29 성분환산법(DE) = 각 영양소의 함량 $\times \dfrac{100}{100 - 원사료의\ 수분함량}$

$$= 0.5 \times \dfrac{100}{100 - 85} = 3.33\text{Mcal/kg}$$

답 — 27.④ 28.④ 29.②

30 다음 중 건물을 기준으로 성분환산을 하려고 할 때 그 공식으로 옳은 것은?

① 조지방 함량 $\times \dfrac{100}{100 - \text{원사료의 수분함량}}$

② 영양소 함량 $\times \dfrac{100 - \text{환산하려는 사료의 수분함량}}{100 - \text{원사료의 수분함량}}$

③ TDN 함량 $\times \dfrac{100 - \text{환산하려는 사료의 수분함량}}{100 - \text{원사료의 수분함량}}$

④ 각 영양소의 함량 $\times \dfrac{100}{100 - \text{원사료의 수분함량}}$

⑤ 각 영양소의 함량 $\times \dfrac{100 - \text{환산하고자 하는 사료의 수분함량}}{100}$

31 사료배합률 작성 시 필요한 사항에 해당하지 않는 것은?

① 가축의 영양소 요구량 　　　② 단미사료의 영양소 함량

③ 영양소의 kg 단가 　　　　　④ 단미사료의 제조사 규모

⑤ 단미사료의 소화이용성

ANSWER

30 건물기준 성분환산법 = 각각의 영양소 함량(%) $\times \dfrac{100}{100 - \text{원사료의 수분함량(\%)}}$

31 사료배합률 작성 시 필요한 사항
　㉠ 가축의 영양소 요구량
　㉡ 단미사료의 단가 및 지속적인 구입가능 여부
　㉢ 단미사료의 소화이용성
　㉣ 영양소의 kg 단가
　㉤ 단미사료의 영양소 함유량
　㉥ 축산물에 미치는 단미사료의 효과

답— 30.④ 31.④

32 다음 중 사료의 가격에 영향을 미치는 요인으로 볼 수 없는 것은?

① 사료의 수요
② 사료의 운반
③ 사료의 풍미
④ 사료의 공장규모
⑤ 사료의 영양소 함량

33 다음 중 사료의 분석 시 시료의 준비과정에 해당하지 않는 것은?

① 시료채취
② 시료보관
③ 시료조제
④ 시료분석
⑤ 시료분쇄

34 Petersen의 적정가격산출법에 대한 설명으로 옳지 않은 것은?

① 단백질사료와 에너지사료를 기본으로 하여 다른 사료의 평가계수를 계산한 다음 현시가를 곱하여 산출한다.
② 대표적인 기본사료로 단백질사료는 옥수수, 에너지사료는 대두박을 사용한다.
③ 단백질은 DCP(가소화 조단백질)을 사용한다.
④ 에너지는 TDN을 그대로 사용한다.
⑤ 평가계수산출법과 적정가격산출법으로 분류할 수 있다.

ANSWER

32 사료의 가격에 영향을 주는 요인
　㉠ 사료의 영양소 함량
　㉡ 사료의 풍미
　㉢ 사료저장의 용이성
　㉣ 사료운반의 용이성
　㉤ 사료공급의 용이성
　㉥ 사료의 수요

33 ④ 시료의 준비과정 다음에 행해야 할 분석과정에 해당한다.

34 ② 대표적인 기본사료로 단백질사료는 대두박, 에너지사료는 옥수수를 사용한다.

답— 32.④ 33.④ 34.②

35 다음 사료의 TDN을 기준으로 한 경제적 가격으로 옳은 것은?

사료명	가격(원/kg)	TDN(%)	DCP(%)	CP(%)
옥수수	150	79.25	5.95	8.50
수수	130	75.91	6.13	8.51
밀기울	100	60.0	12.82	15.33
대두박	200	71.16	41.06	45.14

① 옥수수 – 171.26원
② 수수 – 166.67원
③ 밀기울 – 189.27원
④ 대두박 – 281.06원
⑤ 옥수수 – 281.06원

36 다음 중 시료의 채취에 대한 설명으로 옳지 않은 것은?

① 사료의 분석을 위해 일정량의 대표적인 사료를 수집하는 것을 말한다.
② 채취한 시료는 그대로 분석에 사용할 수 있다.
③ 시료를 축소하기 위한 방법으로 4분법을 사용한다.
④ 시료채취는 사료의 종류, 분석법, 검사 목적에 따라 차이가 나타난다.

ANSWER

35 경제적 가격산출공식

$$\frac{\text{사료 kg당 가격}}{\text{TDN 함량}} \times 100 = \frac{\text{사료 kg당 가격}}{\text{DCP 함량}} \times 100$$

TDN 함량을 기준으로 하였으므로

옥수수의 경제적 가격 $= \dfrac{150}{79.25} \times 100 = 189.27$원

수수의 경제적 가격 $= \dfrac{130}{75.91} \times 100 = 171.26$원

밀기울의 경제적 가격 $= \dfrac{100}{60} \times 100 = 166.67$원

대두박의 경제적 가격 $= \dfrac{200}{71.16} \times 100 = 281.06$원

36 ② 채취한 시료는 그대로 분석에 사용할 수 없으며 100~200g으로 축소시켜야 한다.

답 35.④ 36.②

37 시료를 보관할 경우 시료병에 반드시 기재해야 할 사항이 아닌 것은?

① 시료명
② 채취일자
③ 시료가격
④ 채취장소
⑤ 시료생산지

38 2 종류 또는 3~4 종류의 사료를 이용하여 배합률을 작성하려고 할 때 사용할 수 없는 방법은?

① 4각형법
② 이중 4각형법
③ 대수방정식법
④ 3각형법

39 다음 중 우유생산에 영향을 미치는 요인으로 볼 수 없는 것은?

① 단백질
② 지방
③ 비타민
④ 유지방
⑤ 체지방

ANSWER

37 시료보관 시 시료병에 기재해야 할 사항 … 시료명, 시료 채취일자, 시료생산지, 시료 채취장소

38 2~4 종류의 사료를 이용한 사료배합률 작성법 … 4각형법, 이중 4각형법, 대수방정식법

39 ⑤ 축산물의 고기생산에 영향을 미치는 요인에 해당한다.

답 — 37.③ 38.④ 39.⑤

40 다음 중 사료의 품질감정방법에 속하지 않는 것은?

① 경험에 의한 방법   ② 이화학적 방법

③ 미생물학적 방법   ④ 식물시험에 의한 방법

⑤ 화학적 방법

41 사일리지 감정에 대한 설명으로 옳지 않은 것은?

① 색은 담황색 또는 담황녹갈색으로 균일해야 한다.

② 곰팡이 발생이 없어야 한다.

③ 고유의 향기가 나며 건조해야 한다.

④ 사일리지 특유의 신 냄새가 나고 악취가 없으며 상쾌한 산미가 나야 한다.

42 다음 중 수분함량을 계산하는 공식으로 옳은 것은?

① $\dfrac{\text{건조 전 시료무게} - \text{건조 후 시료무게}}{\text{시료무게}} \times 100$

② $\dfrac{\text{태운 후의 시료무게}}{\text{시료무게}} \times 100$

③ $\dfrac{0.1\text{N HCl 소비량} \times 0.0014 \times 6.25 \times 0.1\text{N HCl 용액 factor}}{\text{시료무게}} \times 100$

④ $\dfrac{\text{추출 전 시료무게} - \text{추출 후 시료무게}}{\text{시료무게}} \times 100$

⑤ $\dfrac{\text{회화 전 시료무게} - \text{회화 후 시료무게}}{\text{시료무게}} \times 100$

 **ANSWER**

40 사료의 품질감정방법의 종류
    ㉠ 경험에 의한 방법
    ㉡ 이화학적 방법
    ㉢ 화학적 방법
    ㉣ 미생물학적 방법
    ㉤ 동물시험에 의한 방법

41 사일리지는 수분함량이 손으로 쥐어 짤 경우 물이 손가락 사이로 약간 흐르는 정도이어야 한다.

42 ② 조회분 함량   ③ 조단백질 함량   ④ 조지방 함량   ⑤ 조섬유 함량

답— 40.④ 41.③ 42.①

43 다음 중 비육 시 연지방을 생성하는 사료가 아닌 것은?

① 옥수수
② 번데기
③ 대두박
④ 면실박
⑤ 장유박

44 경험에 의한 농후사료의 감정에 대한 설명으로 옳지 않은 것은?

① 사료 특유의 형상, 색채를 띠며 이물질이 혼입되지 않고 곰팡이가 피어나지 않아야 한다.
② 사료 특유의 향기가 있고 썩은 냄새, 곰팡이 냄새 혹은 자극적인 냄새가 없어야 한다.
③ 맛이 혀를 자극하는 나쁜 맛이나 쓴맛, 좋지않은 맛이 나지 않아야 한다.
④ 색은 담황녹색을 띠며 광택이 나야 한다.
⑤ 손으로 만져 촉감이 부드럽고 건조되어 있으며 굳거나 발효되지 않아야 한다.

45 다음 중 사료의 품질에 대한 평가기준으로 옳지 않은 것은?

① 사료의 품질여부
② 사료의 변질여부
③ 사료의 이물질 혼입여부
④ 사료의 영양가치
⑤ 사료의 가격

ANSWER

43 ④ 경지방을 생성하는 사료에 해당한다.
  ※ 비육 시 연지방을 생성하는 사료의 종류 … 쌀겨, 연맥, 어분, 콩, 옥수수, 번데기, 대두박, 낙화생박, 아마
  인박, 장유박

44 ④ 건초에 대한 설명이다.

45 사료의 품질양부 판단기준 … 영양가치, 이물질의 혼입여부, 변질여부, 품질여부

답— 43.④ 44.④ 45.⑤

46 사료의 감정에 사용되는 이화학적 방법에 해당하지 않는 것은?

① 표준체를 사용하는 방법   ② 확대경에 의한 방법

③ 비중선별법   ④ 용적중량에 의한 방법

⑤ 정량분석법

47 양돈사료의 배합률 작성에 대한 설명으로 옳지 않은 것은?

① 양계사료의 배합률 작성과 같은 방법으로 계산한다.

② 1일 1두당 섭취량으로 영양소를 공급할 경우 양계사료 배합률 작성과 동일하게 한다.

③ 소규모 농가에서는 자급사료를 이용할 경우 에너지, 단백질만을 기준으로 배합률을 작성해도 된다.

④ 영양소 요구량은 두 가지로 표기할 수 있다.

ANSWER

46 이화학적 방법의 종류 … 표준체 사용법, 용적중량법, 비중선별법, 확대경 및 현미경 사용법

47 ② 1일 1두당 섭취량으로 영양소를 공급할 경우 양계사료 배합률 작성과는 다른 방법으로 작성해야 한다.

답— 46.⑤ 47.②

03 사료의 조리와 가공

1 다음 중 농후사료의 가공공정에 해당하지 않는 것은?

① 분쇄
② 박편
③ 익스트루전
④ 튀기기
⑤ 큐브

2 익스트루전사료의 특징에 대한 설명으로 옳지 않은 것은?

① 전분이 젤라틴화되므로 기호성 및 소화율이 증진하게 된다.
② 동물의 종류에 따라 알맞은 크기의 익스트루전을 생성할 수 있다.
③ 곡류 내 전분질이 감소되며, 가용성 탄수화물 함량은 증가하게 된다.
④ 비중은 비교적 낮은 편이다.
⑤ 수분흡수가 높기 때문에 양어용으로 이용한다.

ANSWER

1 ⑤ 조사료의 물리적 처리공정에 해당한다.
　　※ 농후사료의 가공공정
　　　ⓐ 분쇄
　　　ⓑ 펠리팅
　　　ⓒ 박편
　　　ⓓ 익스트루전
　　　ⓔ 튀기기
　　　ⓕ 볶기

2 ③ 튀기기(popping)에 대한 설명이다.

답 1.⑤ 2.③

3 다음 중 보리를 재료로 가공처리를 할 경우 그 사료가치의 개선효과가 가장 큰 것은?

① 익스트루전 　　　　　　② 적외선열처리
③ 튀기기 　　　　　　　　④ 증기박편

4 Roasting(볶기)의 장점에 대한 설명으로 옳은 것은?

① 전분의 젤라틴화가 이루어지므로 기호성 및 소화율이 증진된다.
② 증기 및 가압처리에 의해 열에 약한 병원성 세균 및 독성물질이 파괴된다.
③ 취급 시 분진이 일어나므로 공기의 오염을 야기시킨다.
④ 수분함량이 감소되고 효소가 파괴되어 사료의 저장성이 증진된다.
⑤ 동물의 종류에 알맞은 크기로 제작이 가능하다.

5 조사료의 가공방법 중 물리적 처리방법에 대한 설명으로 옳지 않은 것은?

① 조사료를 짧게 절단할 경우 조제경비가 많이 소모되고 소화율, 유지율의 감소를 가져오게 된다.
② 분쇄는 소화율 및 영양소 함량을 증가시키지 못하지만 사료의 섭취량은 증가시킨다.
③ 펠리팅은 알팔파 분말을 제조하여 운반 및 가축의 사양에 맞게 증기 및 고압하에서 만든 사료를 말한다.
④ 큐브는 목건초를 장방형으로 압축성형시킨 것을 말한다.
⑤ 큐브는 펠릿보다 모양이 작고 저장 중 영양소 손실을 감소시킬 수 있다.

ANSWER

3 보리의 경우 사료가치의 효과는 증기박편 > 튀기기 > 적외선열처리 순이다.

4 Roasting의 장점
　㉠ 수분함량이 감소되고 세균 및 효소가 파괴되어 사료의 저장성이 증진되고 사료효율도 향상된다.
　㉡ 가공비용이 저렴하다.

5 ⑤ 큐브는 펠릿보다 모양이 크며 건초를 큐브로 가공하므로 건초의 자동급사가 가능해지며 저장 중 영양소의 손실을 감소시킬 수 있다.

답 — 3.④　4.④　5.⑤

6 양질사일리지의 외관적 품질평가에 대한 설명으로 옳지 않은 것은?

① 맛은 상쾌한 산미가 나면 양질의 사일리지이다.

② 촉감은 재료 충전시와 유사하고 기호성이 좋아야 한다.

③ 손으로 만졌을 경우 냄새가 손에 오래 남아 있어야 한다.

④ 냄새는 산뜻하고 향긋한 사일리지 특유의 산취가 나야 한다.

⑤ 색이 밝고 곰팡이가 없는 담황녹색이어야 한다.

7 조사료의 펠리팅에 대한 장점으로 옳지 않은 것은?

① 자동급사 및 농후사료와의 혼합이 용이해진다.

② 저장공간의 축소 및 저장 시 품질의 저하가 방지된다.

③ 제조경비가 소요되며 열에 약한 비타민의 파괴가 일어난다.

④ 취급 시 분진이 덜 일어나며 섭취량의 증가와 섭취시간을 단축시킨다.

⑤ 취급 및 수송이 용이해진다.

 **ANSWER**

6 ③ 손으로 만졌을 경우 냄새가 손에 오래 남아 있지 않아야 한다.

7 ③ 조사료 펠리팅의 단점에 대한 설명이다.
  ※ **조사료 펠리팅의 장·단점**
  ㉠ 장점
   • 자동급사 및 농후사료와의 혼합 용이
   • 저장공간의 축소 및 품질저하 방지
   • 취급 시 분진이 덜 일어나며 섭취량 증가 및 섭취시간 단축
   • 취급 및 수송 용이
  ㉡ 단점
   • 제조경비 소요 및 비타민 파괴
   • 젖소의 우유지방 함량 감소

달 6.③ 7.③

8 조사료의 화학적 처리 중 가성소다처리에 대한 설명으로 옳지 않은 것은?

① 저질조사료를 알칼리처리할 경우 불소화성 물질이 제거되고, 결합조직이 풀려 소화율이 증진된다.

② 섬유소 및 리그닌 등 세포막 성분의 결합조직변화로 인하여 소화기관 내 미생물에 의한 소화가 용이해진다.

③ 알칼리처리는 목질화되지 않은 사료에는 효과가 없다.

④ 가성소다처리는 Lehmann과 Beckmann에 의해 연구되어 왔다.

⑤ 고압하에서 짚을 1~2%의 NaOH 용액에 삶고 알칼리 성분을 제거하기 위해 물로 세척하므로써 소화율은 4배로 증가한다.

9 다음 중 조사료의 화학적 처리방법에 해당하지 않는 것은?

① 가성소다처리

② 암모니아처리

③ 증기처리

④ 큐브처리

⑤ 발효처리

ANSWER

8 ⑤ Lehmann의 연구실험 결과 소화율은 2배로 증가한다.

9 조사료의 화학적 처리방법
ㄱ 가성소다처리(알칼리처리)
ㄴ 암모니아처리
ㄷ 발효처리
ㄹ 증기처리

답 8.⑤ 9.④

10 화학적 방법에 의한 사일리지 품질평가에 대한 설명으로 옳지 않은 것은?

① pH는 사일리지 건물함량이 동일한 경우 낮을수록 우수하다.
② 총 산함유량 중 유산의 비율이 높고 초산이나 낙산의 조성비율이 낮은 사일리지가 양질이다.
③ 전체 질소함량에 대한 암모니아태 질소의 비율이 높을수록 불량 사일리지이다.
④ 사일리지 발효 중 단백질의 일부가 분해되어 암모니아태 질소가 생성되는데 이 암모니아태 질소는 부패취의 일부가 된다.
⑤ 유산의 비율이 높고 낙산의 함량이 많을수록 양질의 사일리지이다.

11 조사료의 암모니아처리에 대한 설명으로 옳지 않은 것은?

① 무수암모니아는 반추가축에 이용될 수 있으며 처리된 암모니아는 조섬유에 작용하여 리그닌의 결합구조를 이완시켜 소화율을 증진시킨다.
② 고간류에 처리하는 암모니아는 무수암모니아를 사용한다.
③ 암모니아처리를 하면 조단백질 함량은 증가하지만 곰팡이의 발생은 억제하지 못한다.
④ 밀폐상태에서 짚류와 같은 저질조사료에 암모니아가스를 조사료 중량의 2~3% 주입하여 1~8주 두었다가 가축에 급여하는 방법이다.
⑤ 암모니아처리 결과 소화율과 섭취량은 증가한다.

ANSWER

10 낙산의 함량이 많을수록 사일리지의 질은 저하된다.

11 ③ 암모니아처리를 하면 조단백질 함량이 증가하고 부패균이나 곰팡이의 발생도 방지한다.

답— 10.⑤ 11.③

12 건초의 장점에 대한 설명으로 옳지 않은 것은?

① 특수한 기계 및 시설 없이도 건초를 제조할 수 있다.
② 정장제의 효과가 있어 청초 급여시나 방목 시 소량 급여할 경우 가축에게 좋다.
③ 햇볕에 말린 건초는 비타민 D의 함유량이 높다.
④ 건초는 부피가 크며 사일리지에 비해 저장공간이 크게 요구된다.
⑤ 사일리지 제작에 부적당한 재료로도 제조가 가능하다.

13 건초에 대한 설명으로 옳지 않은 것은?

① 수분함유량이 75~85%인 생초를 자연적 혹은 인공적 방법으로 수분함유량이 13~25%가 되도록 건조시켜 발효에 의한 손실을 방지할 수 있도록 만든 저장사료를 말한다.
② 건초조제는 특정한 기술이나 시설 없이 좋은 자연조건만으로도 가능하다.
③ 소화기관의 적절한 기능을 유지시키는 데 필수적으로 사용한다.
④ 반추위를 발달시키는 데 중요한 기능을 하므로 어린 송아지에게는 필수적인 조사료이다.
⑤ 건초펠릿은 목초를 짧게 썰어 건조와 동시에 압축성형기를 사용하여 원통형으로 만든 것을 의미한다.

ANSWER

12 ④ 건초의 단점에 대한 설명이다.
   ※ 건초의 장점
      ㉠ 특수한 기계 및 시설없이도 제조가 가능하다.
      ㉡ 특별한 기술을 요하지 않는다.
      ㉢ 수분함량이 적어 운반과 취급이 용이하다.
      ㉣ 사일리지 제조에 부적당한 재료로도 건초를 생산할 수 있다.
      ㉤ 햇볕에 말린 건초는 비타민 D 함량이 높다.
      ㉥ 정장제의 효과가 있어 청초 급여 및 방목 시 소량 급여하면 좋다.

13 건초펠릿 … 건초 분말을 짧은 원주상으로 만든 제품으로 취급 및 수송이 용이하다.
   ※ 헤이큐브 … 목초를 짧게 썰어 건조와 동시에 압축성형기를 사용하여 원통형으로 만든 것이다.

답— 12.④ 13.⑤

14 다음에서 설명하고 있는 조사료의 화학적 처리방법은?

> 저질조사료를 분쇄하여 산 및 알칼리로 가수분해시킨 후 고압증기처리를 하여 미생물을 발효시켜 단백질과 소화율을 증진시키는 방법이다.

① 증기처리   ② 암모니아처리

③ 가성소다처리   ④ 발효처리

15 건초의 단점에 대한 설명으로 옳지 않은 것은?

① 수분함량이 적으므로 화재의 위험성이 크다.

② 부피가 크므로 사일리지에 비하여 넓은 저장공간이 필요하다.

③ 기후의 영향을 받지 않는다.

④ 건초 제조 시 비나 이슬에 의한 양분손실의 우려가 있다.

ANSWER

14 ① 나무나 왕겨 등을 고온 고압하에 처리하거나 암모니아를 흡착시켜 처리하는 방법
   ② 밀폐상태에서 저질조사료에 암모니아가스를 조사료 중량의 2~3% 주입시켜 1~8주 정도 방치하였다가 가축에 급여하는 방법
   ③ 저질조사료를 알칼리처리하여 불소화성 물질을 제거시켜 소화율을 증진시키는 방법

15 ③ 건초는 특정 기술이나 시설 없이 좋은 기후조건을 요구하므로 기후의 영향을 크게 받는다.
   ※ 건초의 단점
     ㉠ 수분함량이 적으므로 화재의 위험이 크다.
     ㉡ 부피가 크므로 넓은 저장공간이 필요하다.
     ㉢ 기후의 영향을 크게 받는다.
     ㉣ 건초 제조 시 이슬이나 비에 의해 양분의 손실이 많아진다.

답— 14.④ 15.③

16 양질건초의 품질에 영향을 미치는 요인에 해당하지 않는 것은?

① 생육시기　　　　　　　　② 예취횟수

③ 기후　　　　　　　　　　④ 영양소 함량

⑤ 건초조제방법

17 양질건초조제에 대한 설명으로 옳지 않은 것은?

① 건초는 제조방법에 따라 품질에 큰 영향을 미친다.

② 두과목초일 경우 잎의 소실을 방지해야 하며 이슬이 있는 아침이나 저녁에 거둬들여야 한다.

③ 저장 시 충분히 건조시켜야 곰팡이의 발생이나 부패를 방지할 수 있다.

④ 건초 제조 시 필요한 기간은 봄, 가을에는 7~10일, 흐린 경우에는 4~5일이 소요된다.

⑤ 우리나라의 경우 목초가 자라는 시기가 적절한 시기이며 강우량에 큰 영향을 받는다.

18 건초조제 중 발생하는 영양소 손실의 원인에 해당하지 않는 것은?

① 식물호흡　　　　　　　　② 햇빛

③ 뒤짚기　　　　　　　　　④ 온도

⑤ 모우기

16 양질건초의 품질에 영향을 미치는 요인
　㉠ 생육시기
　㉡ 기후
　㉢ 건초조제방법
　㉣ 예취횟수

17 ④ 건초 제조 시 필요한 기간은 봄, 가을에는 4~5일, 흐린 경우에는 7~10일이 소요된다.

18 건초조제시 나타나는 영양소 손실의 원인
　㉠ 식물호흡
　㉡ 햇빛
　㉢ 기계적 손실(뒤짚기, 모우기, 동묶기)
　㉣ 강우

답 — 16.④　17.④　18.④

19 건초조제법 중 자연건조법에 해당하지 않는 것은?

① 일광건조법　　　　　　　　　　② 발효건조법

③ 화력건조법　　　　　　　　　　④ 가상건조법

20 조사료의 물리적 처리방법에 해당하지 않는 것은?

① 절단　　　　　　　　　　　　　② 분쇄

③ 큐브　　　　　　　　　　　　　④ 박편

⑤ 펠릿

21 다음에서 설명하고 있는 건초조제법은?

> • 가장 널리 이용되는 건초조제법으로 천일건조법, 포장건조법이라고도 한다.
> • 맑은 날 일찍 풀을 베어 하루 2회 뒤집어가면서 건조시키는 방법을 말한다.
> • 기상조건에 큰 영향을 받으며 건조시간은 길다.

① 가상건조법　　　　　　　　　　② 발효건조법

③ 화력건조법　　　　　　　　　　④ 상온송풍건조법

⑤ 일광건조법

ANSWER

19 건초조제법
　㉠ 자연건조법 : 일광건조법, 발효건조법, 가상건조법
　㉡ 인공건조법 : 화력건조법, 상온송풍건조법

20 조사료의 물리적 처리방법 … 절단, 분쇄, 펠릿, 큐브

21 ① 기건법이라고도 하며 예취한 풀을 천일건조하여 수분함량이 40~50%가 되면 여러 형태의 건조기에 걸어 빗물 침투와 지면 흡습을 방지하면서 2~3주 걸어두었다가 맑은 날에 햇볕에 말려 창고에 저장하는 방법이다.
② 갈색건초라고도 하며 비가 많은 계절이나 지대에서 사용하는 방법으로 일광건조가 불가능할 경우 사용한다.
③ 화력을 이용하여 가열된 공기를 불어넣어 건조하는 방법이다.
④ 인공열원 없이 송풍기만을 가지고 건조하는 방법으로 풀 속에 바람을 불어 넣음으로써 건조시키는 방법이다.

답 — 19.③　20.④　21.⑤

22 건초의 평가방법 중 외관적인 방법에 의한 양질건초의 특징으로 옳지 않은 것은?

① 잎이 많은 것이어야 한다.
② 이물질이 없는 것이어야 한다.
③ 줄기는 가늘고 부드러워야 한다.
④ 녹색도가 낮아야 한다.
⑤ 향기가 좋고 곰팡이가 없어야 한다.

23 건초의 저장에 대한 설명으로 옳지 않은 것은?

① 수분함량이 15% 이하이어야 저장 중 곰팡이의 발생을 방지할 수 있으며 발효에 의한 영양소의 손실도 방지할 수 있다.
② 옥외저장 시에는 물 빠짐이 좋은 곳에 보관하여야 한다.
③ 옥외저장 시 햇빛과 공기의 접촉을 방지할 수 있는 서늘한 곳이어야 한다.
④ 건초 저장 시 기계를 사용하여 압착한 건초동을 만들면 저장공간을 절약할 수 있다.
⑤ 잘 건조된 건초는 영양분의 손실이 없다.

24 건초의 급여에 대한 설명으로 옳지 않은 것은?

① 긴 채로 주거나 절단해서 사양한다.
② 곱게 분쇄한 건초는 저작과 반추가 안 되고 장내 통과속도가 빨라 소화율을 감소시킨다.
③ 양질의 건초는 건초 단독급여시 체중의 3% 이상을 섭취하게 되어 사료의 경제적 측면으로 중요하다.
④ 건초를 많이 이용할 경우 고기나 우유의 생산량도 증가하게 된다.
⑤ 영양소 요구량을 맞추기 위해 건초급여시 조섬유, 조단백질, Ca, P 등을 분석해야 한다.

ANSWER

22 ④ 녹색도가 높은 것은 카로틴 함량이나 기호성이 높은 것을 의미한다.

23 잘 건조된 건초라고 해도 발효흡습에 의한 곰팡이 발생, 공기접촉에 의한 산화, 햇볕에 의한 영양소 파괴 등의 저장 중 영양소 손실이 나타난다.

24 ④ 건초를 많이 이용할 경우 고기나 우유의 생산량은 감소하나 생산적 측면보다 순이익면에서는 유리하게 작용한다.

답 — 22.④ 23.⑤ 24.④

25 사일리지의 장점에 대한 설명으로 옳지 않은 것은?

① 사일리지는 조제 중 건물 손실율이 적으므로 영양소의 손실이 적다.

② 단위면적당 최고의 에너지 생산이 가능하다.

③ 조제 시 특별한 기술이 필요하며 건초에 비하여 기호성이 낮다.

④ 건조가 어려운 사초나 농산부산물도 안전하게 저장할 수 있고 굳은 줄기도 사일리지로 조제가 가능하므로 가식부를 증가시킨다.

⑤ 안 좋은 기상조건에서도 양질의 사료생산이 가능하다.

26 건초를 만드는 사초의 종류와 그에 대한 설명으로 옳지 않은 것은?

① 알팔파 – 단위면적당 수량이 많고 단백질, 키로틴, 칼슘의 함량이 높으며, 잎에 영양소 함량이 많으므로 건초 제조 시 잎의 소실을 방지해야 한다.

② 오처드그라스 – 우리나라 혼파초지의 화본과 주초종으로 건조가 용이하며, 건초용 예취적기는 출수기이다.

③ 연맥 – 이른 봄 일찍 생장이 시작되고 출수 후에는 사료가치가 급격히 저하되므로 출수직전에 예취하여야 한다.

④ 이탈리안라이그라스 – 줄기가 가늘고 잎이 많아 양질의 건초를 만들기 좋은 목초로 출수기부터 개화기까지 예취하여 건초를 제조할 수 있다.

⑤ 라디노클로버 – 잎이 대부분을 차지하므로 콘크리트 바닥이나 평지에 비닐을 깔고 건조시키므로 취급이 용이하다.

✏☀ ANSWER

25 ③ 사일리지의 단점에 대한 설명이다.
  ※ **사일리지의 장점**
    ㉠ 화재의 위험이 적다.
    ㉡ 안 좋은 기상조건에서도 양질의 사료생산이 가능하다.
    ㉢ 충해와 잡초방제의 효과가 있다.
    ㉣ 조제 및 급여 시 기계화가 용이하므로 대규모 사양에 유리하다.
    ㉤ 건조가 어려운 사초나 농산부산물도 안전하게 저장할 수 있고 굳은 줄기도 사일리지로 조제하므로 가식부를 증가시킨다.
    ㉥ 단위면적당 최고의 에너지 생산이 가능하다.
    ㉦ 건초에 비해 건물기준의 2~3배 이상 저장이 가능하다.
    ㉧ 조제 중 건물손실이 적으므로 영양소의 손실이 적다.

26 ③ 호밀에 대한 설명이다.
  ※ **연맥** … 맥류 중 잎이 많고 목질화가 느려 수잉기에서 유숙기까지를 예취적정시기로 본다.

답— 25.③ 26.③

27 다음 중 사일리지의 발효에 영향을 주는 요인이 아닌 것은?

① 재료의 화학조성분　　　　　　② 산소혼입량

③ 미생물의 상호작용　　　　　　④ 피복두께

28 사일리지의 단점에 대한 설명으로 옳지 않은 것은?

① 노동력이 집중되며 수분함량이 높으므로 많은 중량을 취급해야 한다.

② 사일로건조등 같은 특수한 기기가 필요하다.

③ 충해와 잡초방제 효과가 있다.

④ 조제 시 특별한 기술이 필요하다.

⑤ 부적합한 재료 선정 시 첨가물이 필요하고 기호성이 건초에 비해 낮다.

29 예취 직후 사일리지의 수분함유량은?

① 70% 이상　　　　　　　　　　② 60~70%

③ 40% 미만　　　　　　　　　　④ 40~60%

 **ANSWER**

27 ④ 사일리지의 공기혼입량에 영향을 미치는 요인에 해당한다.

28 ③ 사일리지의 장점에 대한 설명이다.
　　※ 사일리지의 단점
　　　　㉠ 노동력의 집중과 많은 중량을 취급해야 한다.
　　　　㉡ 조제 시 특정 기술을 요한다.
　　　　㉢ 부적합한 재료일 경우 첨가물이 필요하다.
　　　　㉣ 기호성이 건초에 비해 낮다.
　　　　㉤ 사일로건조 등 같은 특수시설이 필요하다.

29 수분함량별 사일리지의 구분
　　㉠ 예취 직후 사일리지 : 70% 이상
　　㉡ 예건 사일리지 : 60~70%
　　㉢ 헤일리지 : 40~60%

답 — 27.④ 28.③ 29.①

30 양질의 사일리지 조제과정에서 목초나 곡류작물의 수분함량이 65% 이상일 경우 절단길이는?

① 0.2cm   ② 0.4cm

③ 0.6cm   ④ 0.8cm

⑤ 1.0cm

31 양질의 사일리지를 조제하려고 할 경우 재료의 양분보충 및 발효개선에 효과가 있어 첨가하는 물질은?

① 개미산   ② 요소

③ 당밀   ④ 설탕

⑤ AIV액

32 양질의 사일리지 조제방법에 대한 설명으로 옳지 않은 것은?

① 적기에 수확해야 한다.

② 절단은 짧고 균일하게 해야 한다.

③ 트렌치 사일로는 최상부에 수분함량이 높은 재료를 채워 밀봉해야 한다.

④ 사일로가 크고 압착상태가 양호할 경우 수분함량은 40~60%가 적당하다.

ANSWER

30 양질사일리지 제조 시 목초나 곡류작물의 수분함량이 65% 이상일 경우 1.0cm 내외, 그 이하는 0.6cm가 절단 길이로 적당하다.

31 첨가제
  ㉠ 유산생성촉진제 : 박테리아, 미생물, 당밀, 설탕 등
  ㉡ 재료의 양분보충 및 발효개선물질 : 곡류분말, 요소, 강류, 요소 + 당질, 요소 + 석회석 등
  ㉢ 산도하강물질 : AIV액, 개미산 등

32 ④ 사일로가 크고 압착상태가 양호할 경우 수분함량은 65~70%가 적당하다.

답 — 30.⑤ 31.② 32.④

33 다음 중 사일로(silo)의 종류에 해당하지 않는 것은?

① Air tight silo
② Bunker silo
③ Trench silo
④ Coating silo
⑤ Tower silo

34 다음에서 설명하고 있는 사일로의 종류는?

> • 가장 널리 사용되는 것으로 지상식과 반지하식이 있다.
> • 재료는 콘크리트를 많이 사용하며 외기에 접하는 표면이 적어 부패율이 낮다.
> • 건조비가 많이 들고 재료의 투입 및 방출시 노동력이 많이 필요하다.

① 트렌치 사일로
② 기밀 사일로
③ 벙커 사일로
④ 탑형 사일로

ANSWER

33 사일로(silo)의 종류
ㄱ Trench silo(트렌치 사일로)
ㄴ Bunker silo(벙커 사일로)
ㄷ Tower silo(탑형 사일로)
ㄹ Air tight silo(기밀 사일로)

34 ① 배수가 양호한 곳에 넓고 길게 도랑을 파고 양 벽면과 아랫부분에 비닐필름을 깔고 재료를 투입한 다음 윗부분은 비닐로 덮고 사용할 수 있지만 빗물, 지하수, 공기밀폐를 위해 양 벽면과 바닥을 콘크리트로 시공하여 사용한다.
② 외부형태는 탑형 사일로와 같으나 골격을 철재로, 내부와 외부를 특수유리로 피복하여 내산성, 재료중량에 답압이 되도록 하고 재료 충전시나 방출시 구멍을 모두 밀폐할 수 있게 되어 있어 저수분 사일리지 조제에 적당하다.
③ 지상식의 트렌치 사일로와 유사한 형태로 콘크리트를 이용하여 제작한다.

답 33.④ 34.④

35 다음 중 조사료의 건식처리방법에 속하지 않는 것은?

① 분쇄처리 후 펠릿으로 만드는 법

② 세절 후 큐브로 만드는 법

③ 펠리팅 후 큐브로 만드는 법

④ 세절 후 가공 없이 처리하는 법

 **ANSWER**

35 건식처리방법
   ㉠ 세절 후 큐브로 만드는 법
   ㉡ 세절 후 가공 없이 처리하는 법
   ㉢ 분쇄 후 펠릿으로 만드는 법

답 35.③

닭의 사양

닭의 품종과 육종

1 닭의 염색체 수로 옳은 것은?

① 46개 ② 60개
③ 64개 ④ 78개
⑤ 80개

2 다음 중 가금류 수컷의 성염색체로 옳은 것은?

① XY ② XX
③ ZW ④ ZZ
⑤ WW

3 다음 설명 중 옳지 않은 것은?

① 아종 – 동일한 종 내에서 특히 많은 공통적인 특징을 가지고 분류되는 동물의 군을 말한다.
② 품종 – 동일한 종에 해당하며 형태와 생리적 특성이 유사한 개체군을 말한다.
③ 내종 – 동일한 품종 내의 볏모양, 깃털색 등의 특징으로 구분되는 집단을 말한다.
④ 종 – 우수한 개체의 특징을 고정시키기 위해 혈연이 가까운 개체끼리 교배시켜 만든 집단을 말한다.

ANSWER

1 닭의 염색체의 수는 39쌍으로 78개이다.

2 ① 사람 남자 ② 사람 여자 ③ 누에 암컷

3 ④ 계통에 대한 설명이다.
　※ 종 … 동물분류상 최종 분류단계로 번식이 가능한 동물의 군을 말한다.

답— 1.④ 2.④ 3.④

4 다음 중 채란용 실용계의 선택조건으로 옳은 것은?

① 몸 크기가 비교적 작은 것을 선택한다.

② 초기 성장률이 우수한 계통을 선택한다.

③ 증체당 사료요구율이 높은 계통을 선택한다.

④ 체형이 좋고 흰색 깃털을 가진 계통을 선택한다.

⑤ 사료이용성이 낮은 계통을 선택한다.

5 다음에서 설명하고 있는 닭의 품종은?

> • 우모가 몸에 달라붙어 있으며 동작이 민첩하다.
> • 체중은 가벼우며 잘 날 수 있다.
> • 체형은 정방형이며 귓볼과 난각은 흰색이다.
> • 몸집이 작고 사료섭취량도 적지만 산란수는 많다.

① 난용종 ② 육용종

③ 난육겸용종 ④ 애완용종

⑤ 한국재래종

ANSWER

4 채란용 실용계의 선택조건
㉠ 산란능력이 우수해야 한다.
㉡ 산란기간 중 폐사율이 낮아야 한다.
㉢ 몸의 크기가 작고 건강해야 한다.
㉣ 사료요구율이 낮아야 한다.
㉤ 조숙성이어야 한다.
㉥ 두꺼운 난각, 정상 난형이어야 한다.

5 ② 체형은 정방형이고 귓볼은 적색을 띤다. 취소성은 왕성하지만 몸이 둔중하여 부화육추 및 방사에는 부적당
하다.
③ 육질도 좋고 다산이며, 성질은 온순하다. 볏과 고기수염이 작으며 깃털은 풍부해서 추운 날씨도 잘 견딘다.
체형은 난용종과 육용종의 중간이다.
④ 실키종과 폴리시종, 장미계로 구분할 수 있으며 신기한 이상형질로 인하여 애완용으로 사육한다.
⑤ 재래닭과 오골계로 구분할 수 있으며 재래종은 모계로 적합하고, 오골계는 육추시 환경변화에 대한 적응력
이 약하다.

답— 4.① 5.①

6 다음 중 난용종에 해당하지 않는 것은?

① 레그혼종   ② 코니시종

③ 햄버그종   ④ 미노르카종

7 다음 중 달걀의 난각막이 형성되는 곳은?

① 수란관 팽대부   ② 수란관

③ 협부   ④ 자궁

⑤ 나팔관

8 다음 중 갈색란과 육계생산을 위한 모계종으로 사용하는 것은?

① 코친종   ② 미노르카종

③ 뉴햄프셔종   ④ 햄버그종

⑤ 폴리시종

9 다음 중 애완용으로 사육하는 종이 아닌 것은?

① 실키종   ② 장미계

③ 폴리시종   ④ 브라마종

ANSWER

6 ② 육용종에 해당한다.

7 암컷의 생식기관은 난소와 난관으로 구성되는데 난소는 난황이 붙어있는 기관이고 난관으로 들어온 난포는 난백분비부에서 난백과 알끈을 형성하고 협부에서는 난각막이 만들어진다.

8 ① 육용종 ②④ 난용종 ⑤ 애완용종

9 ④ 육용종에 해당한다.

답— 6.② 7.③ 8.③ 9.④

10 다음 중 육용종 닭에 해당하지 않는 것은?

① 코니시종

② 플리머스록종

③ 코친종

④ 브라마종

11 한국 재래종의 특징으로 옳지 않은 것은?

① 취소성이 강하며 성질이 활발하고 부화와 육추를 잘 한다.

② 레그혼과 유사하며 몸이 가볍다.

③ 단관이며 안면은 홍색, 고기수염을 길고 선홍색이다.

④ 내종으로 적갈색종, 황갈색종, 흑색종, 백색종, 은색종 등이 있다.

⑤ 표준 체중은 암컷 3.0kg, 수컷 4.0kg이며 연간 산란수는 200개이다.

12 들닭의 종류 중 분포범위가 가장 넓은 것은?

① 적색야계

② 녹색야계

③ 회색야계

④ 실론야계

13 닭의 형태와 구조에 대한 설명으로 옳지 않은 것은?

① 암컷의 난소와 난관은 좌·우에 있으나 좌측 것만 성장발달한다.

② 방광이 없으며 항문은 총배설강으로 되어 있다.

③ 몸 전체가 깃털로 덮여 있으며, 머리는 작고 이는 없다.

④ 앞다리와 뒷다리는 모두 날개로 변한다.

⑤ 뼈에는 함기골이 있고 몸 속에는 기낭이 존재한다.

ANSWER

10 ② 난육겸용종 닭에 해당한다.

11 ⑤ 표준 체중은 암컷 1.1~1.7kg, 수컷 1.5~2.0kg이며 연간 산란수는 80~120개이다.

12 적색야계…가장 널리 분포되어 있는 들닭으로 지역에 따라 몸의 형태가 다르다. 크기는 난용종보다 작으며 부리는 엷은 회색, 붉은 홑볏을 지니고 있다. 수풀이나 산림지대에 서식하며 암·수 1쌍이 짝지어 산다.

13 ④ 앞다리가 날개로 변화한 것이다.

답— 10.② 11.⑤ 12.① 13.④

14 다음 중 닭의 외부구조로 볼 수 없는 것은?

① 머리   ② 몸통
③ 꼬리   ④ 소낭
⑤ 다리

15 닭의 피부에 대한 설명으로 옳지 않은 것은?

① 표피와 진피로 나눌 수 있으며 땀샘과 지선이 존재하지 않아 표면은 건조하다.
② 꼬리 끝에 위치한 미지선의 방수물질존재로 인하여 닭은 부리를 미지선에 문질러서 기름을 묻혀 깃털에 바름으로 방습 및 깃털의 파손방지효과를 얻는다.
③ 땀샘이 없기 때문에 증산작용을 통한 체온발산을 할 수 없으므로 더위에는 약하나 추위에는 강하다.
④ 피부색은 케라틴에 의해 나타난다.

16 혈연관계가 없는 개체간의 교배에서 생긴 자손이 성장률, 산란율, 수정률, 생존율에서 양친에 비해 우수해지는 경우를 의미하는 것은?

① 근친교배   ② 잡종강세
③ 조합능력   ④ 후대검정
⑤ 선발지수법

ANSWER

---

14 닭의 외부구조 … 머리, 목, 몸통, 날개, 꼬리, 다리

15 ④ 피부색은 표피 내에 존재하는 카로틴, 크산토필, 멜라닌에 의해 나타난다.

16 ① 혈연관계가 가까운 개체 사이의 교배를 말한다.
③ 잡종강세를 이용하기 위해 한 계통과 다른 계통을 교배하여 얻은 자손의 능력양부를 나타내는 것을 말한다.
④ 자손의 능력에 대한 평균치에 근거하여 부모의 종계가치를 판단하고 선발하는 방법이다.
⑤ 여러가지 형질을 종합적으로 고려하여 하나의 점수로 산출한 후 산출된 점수에 근거하여 선발하는 방법이다.

답— 14.④ 15.④ 16.②

17 닭의 골격에 대한 설명으로 옳지 않은 것은?

① 골격은 포유류와 유사하며 그 형태가 변화하여 상이하게 보이는 것이다.

② 함기골은 호흡기 계통과 연결되어 뼈에 존재하는 기공을 통하여 공기가 왕래하는 특이성이 있다.

③ 뼈는 가벼우면서 단단한다.

④ 대퇴골, 흉골, 늑골, 척골, 경골에는 부드러운 해면질인 골수가 존재하는데 골수는 난각형성에 필요한 칼슘으로 이용된다.

⑤ 두개골, 상완골, 흉골, 쇄골 등을 경골이라고 한다.

18 다음 중 성계의 체온으로 옳은 것은?

① 40.6~41.7°F

② 40.6~41.7℃

③ 39.0~105°F

④ 39.0~105℃

⑤ 105~107℃

19 근위에 대한 설명으로 옳지 않은 것은?

① 위쪽은 선위, 아래쪽은 소장과 연결되어 있다.

② 모래, 자갈 등의 연마물질이 들어 있어 단단한 곡식류를 기계적으로 부수고 섞는데 알맞다.

③ 근위의 수축운동 횟수는 1분에 5회이며 규칙적인 운동과 함께 음식물을 위액과 잘 혼합시킨다.

④ 체눈과 동일한 여과작용을 하며 잘 갈아지고 부서진 음식물을 십이지장으로 보낸다.

⑤ 안쪽은 두텁고 각질화된 상피세포로 되어있어 기능을 보강하는 역할을 한다.

ANSWER

17 ⑤ 두개골, 상완골, 흉골, 쇄골, 척추골 등을 함기골이라 한다.

18 닭의 체온은 부화직후 102°F(39℃)이나 4일령부터 증가하여 10일령부터는 정상체온을 유지하게 된다. 성계의 체온은 105~107°F(40.6~41.7℃)이다.

19 ③ 근위의 수축운동 횟수는 1분에 2.5~3회이다.

답— 17.⑤ 18.② 19.③

20 다음 중 용어에 대한 설명이 잘못 짝지어진 것은?

① 맹장 – 소장과 직장의 경계부 뒤에 한 쌍으로 존재하며 장간막에 의해 소장에 매여 있다.

② 직장 – 길이가 짧고 직경은 소장의 2배이다. 수분의 재흡수작용으로 인하여 체내 수분조절을 한다.

③ 배설강 – 분뇨와 닭의 모든 배설물을 배출하는 곳으로 소화기, 비뇨기, 생식기 계통의 총 배설 개구부이다.

④ 선위 – 먹이를 임시 저장하여 조사료, 알곡 등의 딱딱한 사료를 불려서 연하게 발효시키는 기능을 한다.

⑤ 근위 – 위쪽은 선위, 아래쪽은 소장에 연결되어 있으며 모래, 자갈 등의 연마물질이 들어 있어 단단한 곡식을 기계적으로 부수고 섞는데 알맞다.

21 다음 중 호흡기에 해당하지 않는 것은?

① 기낭   ② 폐
③ 후두   ④ 인두
⑤ 연구개

22 닭의 폐에 대한 설명으로 옳지 않은 것은?

① 적백색의 해면모양으로 흉강의 $\frac{1}{7}$ 정도이다.

② 신축성이 거의 없고 기낭을 통하여 공기를 교환한다.

③ 호흡시 기낭 내에 작용하는 압력으로 공기를 폐로 흡입하고 방출하게 된다.

④ 함기골과 연결되어 있다.

⑤ 호흡수는 1분에 20~30회 정도이다.

 **ANSWER**

20 ④ 소낭에 대한 설명이다.
　　※ 선위 … 소장 바로 밑 식도의 팽창부분으로 근위에 연결되어 있으며 중간 폭은 1.5cm이고, 위산과 펩신을 분비한다.

21 호흡기의 종류 … 비강, 인두, 후두, 명관, 기관지, 폐, 기낭 등

22 ④ 기낭에 대한 설명이다.

☝— 20.④　21.⑤　22.④

23 호흡기에 대한 설명으로 옳지 않은 것은?

① 비강 – 윗부리 기부 근처에 좌·우 한 쌍의 긴 타원형 구멍에서 시작하여 비중격에 의해 2등분되어 인두로 통한다.
② 기관 – 길고 곧은 원통형으로 90~120개의 고리모양의 연골고리로 후두에 이어져 있는 부분이다.
③ 명관 – 기관의 흉강입구에서 기관지로 나누어지는 부분에 존재한다.
④ 후두 – 인두에서부터 기관까지 이어지는 부분이다.
⑤ 기관지 – 조류 특유의 호흡기로 끝이 엷은 주머니 모양으로 확대된 것으로 내장, 근육 사이, 뼈 속에 들어 있다.

24 닭의 감각기관에 해당하지 않는 것은?

① 눈   ② 귀
③ 코   ④ 부리
⑤ 혀

25 닭의 눈에 대한 설명으로 옳지 않은 것은?

① 포유류와 달리 머리에 비해 크기가 크다.
② 색 식별능력은 사람과 동일하다.
③ 조류는 포유류보다 멀리 볼 수 있지만 부엉이를 제외하고는 야맹이다.
④ 닭은 일부분의 모양과 형태의 차이로 물체를 식별한다.
⑤ 닭은 사람과 다른 렌즈의 조절작용 차이로 멀리 볼 수 있다.

ANSWER

23 기관지 … 좌·우의 폐로 들어가서 기낭으로 통하는 부분이다.

24 닭의 감각기관
　㉠ 시각기 : 눈
　㉡ 청각기 : 귀
　㉢ 후각기 : 코
　㉣ 미각기 : 혀

25 ② 색 식별능력은 보라색과 적황색에 기호성을 나타낸다.

답— 23.⑤ 24.④ 25.②

26 수탉의 생식기관에 대한 설명으로 옳지 않은 것은?

① 한 쌍의 정소, 정소상체, 두 개의 정관, 퇴화된 교미기로 되어 있다.

② 포유류의 수컷과 동일한 부생식선 기관을 가지고 있다.

③ 정소의 발육은 부화 후 8~10주 동안은 매우 느리나 10주 후부터는 급성장을 하여 24~26주령 때는 성숙시의 무게가 된다.

④ 정관으로부터 배출되는 정액은 맥관체로부터 분비되는 액체에 의해 희석이 된다.

⑤ 인공수정이 가능한 정액은 22~26주령이 지나면 얻을 수 있다.

27 닭의 후각기와 미각기에 대한 설명으로 옳지 않은 것은?

① 코의 외비공 상부에서 냄새를 감지하게 된다.

② 혀로 맛을 구별하는 기능은 매우 뛰어나다.

③ 외비공 상부의 발달미숙으로 후각은 매우 빈약하다.

④ 특별한 맛에 기호성을 나타내므로 사료를 정하는 데 중요한 작용을 한다.

28 난소에서 분비되는 호르몬에 대한 설명으로 옳지 않은 것은?

① 난소에서는 에스트로겐을 생산하며 에스트로겐은 난관의 성장, 치골의 연화 및 확장에 관여하여 산란작용을 돕는다.

② 에스트로겐은 혈액 중의 지방, 칼슘 및 인의 농도를 증가시켜 알의 형성을 돕는다.

③ 발육 중인 암평아리에서 분비되는 안드로겐은 볏의 성장을 촉진시킨다.

④ 산란계의 난소에서 분비되는 프로게스테론은 에스트로겐와 함께 난백의 분비를 자극시킨다.

⑤ 안드로겐은 다른 호르몬들과 상관관계를 갖는다.

ANSWER

26 ② 포유류의 수컷에서 볼 수 있는 전립선, 카우퍼선, 정낭선 등과 같은 부생식선에 해당하는 기관은 없다.

27 ② 닭의 혀는 사람의 맛에 대한 기호와 다르고 맛을 구별하는 기능은 매우 빈약하다.

28 ④ 산란계의 난소에서 분비되는 프로게스테론은 배란유지에 관여하며, 에스트로겐과 함께 난백의 분비를 자극시키는 호르몬은 안드로겐이다.

답— 26.② 27.② 28.④

29 암탉의 생식기관에 대한 설명으로 옳지 않은 것은?

① 난소와 난관으로 구성되며 오른쪽 난소와 난관은 발생 도중 퇴화하고 왼쪽 것만 발달하게 된다.

② 포도송이 모양으로 된 난소에는 작은 난황에 붙어 있으며, 난황은 난포막이 터지면서 난관의 누두부로 배란이 된다.

③ 닭의 산란능력은 유전자의 조절, 사료, 온도, 습도, 햇빛, 소음 등 환경의 영향을 받는다.

④ 난포는 자궁부 내 혈액 속의 칼슘에 의해 만들어지며 배란되어 산란하기까지는 약 25시간이 소요된다.

⑤ 닭의 유전적 능력을 높이고 능력을 충분히 나타낼 수 있도록 하려면 알맞은 환경조성이 중요하다.

30 다음 중 배란에 대한 설명으로 옳지 않은 것은?

① 난황의 성숙이 완료되면 난포가 배란구의 파열로 인하여 누두부로 방출되는 현상을 말한다.

② 뇌하수체 전엽으로부터 방출되는 황체형성호르몬에 의해 배란이 이루어진다.

③ 배란에 관여하는 황체형성호르몬은 성선자극호르몬의 일종이다.

④ 암탉은 알을 산란한 후 30분 정도 지나면 배란을 시작한다.

⑤ 암탉의 배란간격은 종간 · 개체간에 상관없이 동일하다.

ANSWER

29 ④ 난소에서 성숙한 난포는 난관으로 배란되고, 난백분비부에서는 난백과 알끈이 형성되며 협부에서는 난각막이 형성된다. 자궁부 내 혈액 속의 칼슘이 분비되어 난각을 형성하며 난포가 배란되어 산란하기까지는 약 25시간이 소요된다.

30 ⑤ 암탉의 배란간격은 종간 · 개체간에 따라 큰 차이가 나타난다.

답— 29.④ 30.⑤

31 난관의 각 부위와 형성장소의 연결이 잘못 짝지어진 것은?

① 질부 – 산란장소

② 협부 – 난각막 형성

③ 난백분비부 – 난백 및 칼라자 형성

④ 누두부 – 수정장소

⑤ 자궁부 – 난백 형성

32 다음 중 인공수정의 목적으로 볼 수 없는 것은?

① 동물분류학상 다른 목간의 잡종을 만들 수 있다.

② 동일 종간 체격의 현격한 차이로 자연교배가 불가능할 경우 양품종간 잡종을 만들 수 있다.

③ 종계 선별 시 후대검정을 하는 데 적합하다.

④ 케이지 사육을 하는 암탉에서는 수시로 수정란을 산란시킬 수 있다.

⑤ 생식생리에 대한 여러가지 실험이 가능하다.

33 정액성상의 평가지표로 볼 수 없는 것은?

① 정액량

② 정자농도

③ 운동성

④ 생존율

⑤ 정자길이

ANSWER

31 난관의 분류

㉠ **누두부** : 11~12cm의 길이로 수정장소이다.

㉡ **질부** : 6~7cm 정도이며 산란장소이다.

㉢ **자궁부** : 10~11cm 정도이며 난각, 난각색소를 형성한다.

㉣ **협부** : 10~11cm 정도이며 난각막을 형성한다.

㉤ **난백분비부** : 30~35cm 정도이며 난백, 칼라자 등을 형성한다.

32 ① 동물분류학상 다른 종간 잡종을 만들 수 있다. ⑩ 달과 꿩, 닭과 칠면조 등

33 정액성상의 평가지표 … 정액량, 정자농도, 기형률, 생존율, 운동성 등

답— 31.⑤ 32.① 33.⑤

34 다음 중 인공수정의 단계에 속하지 않는 것은?

① 정액의 채취   ② 정액성상

③ 정액보존   ④ 정액검사

⑤ 정액살균

35 다음 중 수정률이 높은 정액은?

① 착색이 되어 있다.   ② 물처럼 투명하다.

③ 분뇨 및 혈액이 혼입되어 있다.   ④ 점성이 있고 크림색을 나타낸다.

36 닭의 유전자에 대한 설명으로 옳지 않은 것은?

① DNA는 2중나선구조이고 뉴클레오티드로 연결되어 있다.

② DNA는 세포핵 내 존재하며 원형의 계단형태로 4개의 뉴클레오티드에 의해 구성되어 있다.

③ 닭의 유전자는 반수체세포 1개당 30억 개의 분자쌍으로 구성되어 있다.

④ DNA는 생명체의 기본단위인 단백질 생성에 필요한 정보를 저장하고 있다.

ANSWER

34 인공수정의 단계
    ㉠ 정액채취
    ㉡ 정액검사
    ㉢ 정액성상
    ㉣ 정액처리 및 보존
    ㉤ 정액주입

35 양질의 정액은 점성이 있고 색은 크림색이다.

36 닭의 유전자는 반수체세포 1개당 13~15억 개의 염기쌍이 존재하며 39쌍의 염색체에 나뉘어 존재한다.

답 — 34.⑤   35.④   36.③

37 불완전우성에 대한 설명으로 옳지 않은 것은?

① 부모의 우성유전자가 자손 1세대에서 불완전하게 나타나는 유전현상을 말한다.

② 열성유전자를 완전하게 지배하지 못한 우성유전자의 유전현상이다.

③ 닭의 역우 유전양상에서 볼 수 있다.

④ 역우 닭을 정상우 닭과 교배시켰을 경우 역우와 정상우 중간 모양의 깃털이 나타난다.

⑤ 두 쌍의 유전자를 대상으로 교배되어 태어난 이형접합체의 자손 1세대를 불완전우성이라 한다.

38 닭의 염색체에 대한 설명으로 옳지 않은 것은?

① 닭은 부모로부터 물려받은 동일한 두 개의 염색체쌍이 39종류이다.

② 76개의 염색체는 상염색체이고 나머지 두 개는 성염색체이다.

③ 수컷은 ZW, 암컷은 ZZ의 염색체를 가지고 있다.

④ 동원체의 위치가 염색체의 최말단에 존재할 경우 말단염색체라고 한다.

39 형질의 유전에 관한 설명 중 옳지 않은 것은?

① 모든 생물은 여러가지 형질을 조합하여 개체의 특징을 나타내는 데 이 모든 형질은 어버이로부터 전달되는 유전현상으로 나타난다.

② 한두 개의 유전자 작용에 의해 나타나는 현상을 질적형질이라 한다.

③ 깃털색, 볏 모양, 형태적 특징 등은 질적형질에 속한다.

④ 다수 개의 유전자의 복잡한 상호작용에 의해 나타나는 현상을 양적형질이라 한다.

⑤ 산란수, 체중, 난중, 부화율 등은 질적형질에 속한다.

ANSWER

37 양성교잡종 … 두 쌍의 유전인자를 대상으로 교배되어 태어난 이형접합체의 자손 1세대를 말한다.

38 닭의 성염색체는 수컷은 ZZ, 암컷은 ZW이다.

39 형질의 유전
  ㉠ 질적형질 : 한두 개의 유전자 작용에 의해 나타나는 현상을 말한다.
    ㉙ 깃털색, 볏 모양, 피부색, 형태적 특징 등
  ㉡ 양적형질 : 다수 개 유전자의 복잡한 상호작용에 의해 나타나는 현상을 말한다.
    ㉙ 산란수, 체중, 난중, 부화율 등

답— 37.⑤ 38.③ 39.⑤

40 다음 중 염색체 수가 다른 것은?

① 칠면조 ② 물오리

③ 거위 ④ 닭

41 반성유전에 대한 설명으로 옳지 않은 것은?

① 성염색체에 특정 유전자가 위치하여 성과 연관되어 유전하는 현상을 말한다.

② 닭에 많이 나타나는 반성유전형질로는 횡반 : 자색, 은색 : 금색, 만우성 : 조우성, 왜소인자 등이 있다.

③ 만우성은 조우성에 열성이며 형질발현은 일주일 지난 병아리의 깃털 발생속도로 알 수 있다.

④ 횡반 유전자를 가진 횡반플리머스록종 암컷과 이 색을 가지지 않은 뉴햄프셔종 수컷을 교배하여 태어난 자손1세대의 수탉은 횡반이 되고 암탉은 무횡반이 된다.

⑤ 어버이 형질의 반대의 성을 가지는 자손 1세대가 나타나는 유전현상을 십자유전이라고 한다.

42 다음 중 멘델유전에 해당하지 않는 것은?

① 우열의 법칙 ② 분리의 법칙

③ 독립의 법칙 ④ 불완전우성

 **ANSWER**

40 ①②③ 2n = 80 ④ 2n = 78

41 ③ 만우성은 조우성에 대해 우성이다.

42 멘델의 법칙

ⓐ 우열의 법칙 : 제1대 자손세대에 나타난 유전인자는 우성으로 열성유전자를 발현하지 못하도록 지배하는 유전현상이다.

ⓑ 분리의 법칙 : 제2대 자손세대에서 우성형질과 열성형질이 3 : 1로 분리되는 현상이다.

ⓒ 독립의 법칙 : 양성교잡시 2개의 대립인자 사이에 어떠한 간섭없이 각 대립인자의 유전인자들이 독립적으로 유전되는 현상이다.

답— 40.④ 41.③ 42.④

43 다음 중 백색피부를 가지는 종은?

① 레그혼종　　　　　　　　　② 로드종
③ 뉴햄프셔종　　　　　　　　④ 서섹스종
⑤ 폴리머스록종

44 다음 중 난각색이 엷은 갈색을 나타내는 품종은?

① 미노르카종　　　　　　　　② 마란종
③ 로드아일랜드레드종　　　　④ 아라우카나종
⑤ 레그혼종

45 닭의 산란능력을 개량시키기 위한 방법으로 옳지 않은 것은?

① 능력이 뛰어난 기초계군을 확보한다.
② 단기검정법을 사용하여 세대간격을 단축시킨다.
③ 선발집단의 사육규모를 크게 하여 선발강도를 높인다.
④ 개체선발에 의한 선별방법을 적용시킨다.

 **ANSWER**

43 피부색 유전
　㉠ 백색피부 : 황색피부에 대해 우성이다.
　　예 오스트랄로프종, 서섹스종, 도킹종, 백색미노르카종, 오핑턴종 등
　㉡ 황색피부 : 백색피부에 대해 열성이다.
　　예 레그혼종, 폴리머스록종, 로드종, 뉴햄프셔종 등

44 품종에 따른 난각색의 종류
　㉠ 백색란 : 레그혼종, 안코나종, 미노르카종
　㉡ 짙은 남색란 : 마란종, 오핑턴종
　㉢ 엷은 갈색란 : 서섹스종, 로드아일랜드레드종
　㉣ 남색란 : 아라우카나종

45 산란성 향상을 위해서는 유전력이 낮은 개체선발보다는 가계선발 및 자매검정에 의한 선별방법을 적용시켜야 한다.

답 — 43.④　44.③　45.④

46 다음 중 유전력(h^2)구하는 공식으로 옳은 것은? ($\sigma_P{}^2$: 표현형 분산, $\sigma_G{}^2$: 유전자형 분산, $\sigma_E{}^2$: 환경분산)

① $\sigma_P{}^2 = \sigma_G{}^2 = \sigma_E{}^2$

② $\dfrac{\sigma_G{}^2}{\sigma_E{}^2}$

③ $\dfrac{\sigma_G{}^2}{\sigma_G{}^2 + \sigma_P{}^2}$

④ $\dfrac{\sigma_G{}^2}{\sigma_P{}^2}$

⑤ $\dfrac{\sigma_P{}^2}{\sigma_G{}^2}$

47 난용종의 선택 시 고려해야 할 사항에 속하지 않는 것은?

① 산란능력

② 몸의 크기

③ 난질

④ 산란기간 중의 생존율

⑤ 몸의 색

ANSWER

46 유전력 … 전체분산 또는 표현형 분산 중에서 유전자형 분산이 차지하는 비율을 말한다.

$$\text{유전력}(h^2) = \frac{\sigma_G{}^2}{\sigma_P{}^2} = \frac{\sigma_G{}^2}{\sigma_G{}^2 + \sigma_E{}^2}$$

47 난용종 선택 시 고려해야 할 사항
　㉠ 산란능력
　㉡ 산란기간 중의 생존율
　㉢ 사료이용성
　㉣ 난중 및 난질
　㉤ 몸의 크기

답 — 46.④ 47.⑤

48 다음 세대를 생산하기 위해 현재 가지고 있는 닭 중에서 우수한 닭을 추려내는 것을 의미하는 말은?

① 가계선발　　　　　　　　　　② 종계선발

③ 개체선발　　　　　　　　　　④ 선발지수법

⑤ 후대검정

49 다음 중 성의 성숙이 빠른지 늦은지를 나타내는 명칭으로 암탉의 개체에 대한 초산일령으로 표시하는 것은?

① 산란강도　　　　　　　　　　② 클러치

③ 취소성　　　　　　　　　　　④ 조숙성

⑤ 동기휴산성

50 다음 중 환경과 유전적 효과의 공동작용에 의해 나타나는 형질이 아닌 것은?

① 산란수　　　　　　　　　　　② 체중

③ 난질　　　　　　　　　　　　④ 깃털색

⑤ 난중

ANSWER

---

48 ① 자매간의 능력을 고려하여 선발하는 방법과 자손의 능력에 기초를 두어 선발하는 방법으로 분류할 수 있다.
　③ 개체의 부모나 자매 등 혈연관계가 가까운 닭의 능력양부를 무시하고 닭 자체의 능력으로만 가치를 판단하여 선발하는 방법이다.
　④ 여러가지 형질을 종합적으로 고려하여 하나의 점수로 산출한 다음 그 점수에 근거하여 선발하는 방법이다.
　⑤ 자손의 능력에 대한 평균치에 근거하여 부모의 종계가치를 판단하고 선발하는 방법이다.

49 ① 지속산란일수의 장단을 뜻하며 일정기간 내 1클러치 당 평균산란수로 표시한다.
　② 일정기간 내 닭이 연속적으로 산란하는 일수를 의미한다.
　③ 알을 품거나 병아리를 기르는 성질을 말하며 육용종 및 겸용종에서 나타나는 닭의 본능이다.
　⑤ 11월부터 다음 해 2~3월에 이르기까지 연속 4~7일 이상 산란을 하지 않는 성질을 의미한다.

50 형질의 분석
　㉠ 유전효과에 의한 형질 : 깃털색, 형태적 형질 등
　㉡ 환경에 의한 형질 : 수정률, 부화율 등
　㉢ 유전효과와 환경에 의한 형질 : 산란수, 체중, 난질, 난중 등

답 48.② 49.④ 50.④

51 다음 중 개체의 능력과 가계의 능력을 동시에 고려하여 선발하는 방법은?

① 개체선발 ② 후대검정

③ 선발지수법 ④ 자매검정

⑤ 개체가계결합선발법

52 전자매 혹은 반자매의 능력을 평균하여 우량한 평균치를 가지는 자매군, 즉 가계전체를 종계로 선발하는 방법은?

① 개체선발 ② 후대검정

③ 자매검정 ④ 선발지수법

53 가금육종의 교배법 중 근친교배에 대한 설명으로 옳지 않은 것은?

① 혈연관계가 가까운 개체간의 교배를 의미한다.

② 고도 근친교배와 저도 근친교배로 나눌 수 있다.

③ 동형접합체의 비율을 증가시키고 이형접합체의 비율은 감소시킨다.

④ 근친도가 높을수록 유전자의 호모성이 증가되며 여러가지 불량스러운 결과가 나타난다.

⑤ 형제간 또는 모자간, 부낭간의 교배를 저도 근친교배라 한다.

 **ANSWER**

---

51 개체가계결합선발법
　㉠ 개념 : 개체의 능력과 가계의 능력을 동시에 고려하여 선발하는 방법을 말한다.
　㉡ 특징
　　• 유전력이 중간 이하의 형질인 산란수, 초산일령 등의 형질에 대하여 유리하게 작용한다.
　　• 하나의 능력만을 고려한 것보다 큰 효과를 얻을 수 있다.

52 자매검정
　㉠ 개념 : 전자매 또는 반자매의 능력을 평균하여 비교한 후 우량한 평균치를 가지는 자매군, 즉 그 가계전체를
　　종계로 선발하는 방법이다.
　㉡ 특징
　　• 유전력이 낮은 형질에 적용할 경우 개체선발보다 유리하다.
　　• 산란성과 같이 한쪽 성에서만 발현되는 형질에도 적용이 가능하다.

53 근친교배의 종류
　㉠ 고도 근친교배 : 형제간 또는 부낭간, 모자간 교배와 같이 혈연관계가 대단히 가까운 교배를 말한다.
　㉡ 저도 근친교배 : 고도 근친교배보다 혈연관계가 먼 교배를 말한다.

답 ― 51.⑤ 52.③ 53.⑤

54 근친교배에서 근친도가 높아질수록 나타나는 결과로 옳지 않은 것은?

① 치사유전자 증가 ② 산란능력 저하

③ 성장률 저하 ④ 기형 빈도 증가

⑤ 생존율 증가

55 다음 중 잡종강세의 효과를 측정하는 공식으로 옳은 것은?

① $\dfrac{\text{자손 1세대의 평균} + \text{양친품종의 평균}}{\text{양친품종의 평균}} \times 100$

② $\dfrac{\text{자손 1세대의 평균} - \text{양친품종의 평균}}{\text{자손 1세대의 평균}} \times 100$

③ $\dfrac{\text{양친품종의 평균} - \text{자손 1세대의 평균}}{\text{양친품종의 평균}} \times 100$

④ $\dfrac{\text{양친품종의 평균} + \text{자손 1세대의 평균}}{\text{자손 1세대의 평균}} \times 100$

⑤ $\dfrac{\text{자손 1세대의 평균} - \text{양친품종의 평균}}{\text{양친품종의 평균}} \times 100$

ANSWER

54 근친교배시 근친도가 높아지면 유전자의 호모성이 증가하므로 치사유전자 및 기형빈도의 증가, 수정률, 성장률, 산란능력, 생존율 저하 등의 불량한 결과를 초래하게 된다.

55 잡종강세효과 측정공식

$$\text{잡종강세(\%)} = \frac{\text{자손 1세대의 평균} - \text{양친품종의 평균}}{\text{양친품종의 평균}} \times 100$$

答— 54.⑤ 55.⑤

닭의 발생과 영양

1 제1차 검란일은 부화 시작 몇 일째 실시하는 것이 좋은가?

① 2~3일

② 3~4일

③ 5~7일

④ 12일

⑤ 18일

2 부란기에서 진행되는 배자발육 중 부화가 5~6일 경과되었을 때 나타나는 현상으로 옳은 것은?

① 심장, 혈관의 발육이 시작되면서 블록구조의 배자모습을 갖추기 시작한다.

② 심장의 발달과 순환기 기능이 증가되며 날개와 다리가 형성되기 시작한다.

③ 생식기관이 분화되고 부리 및 입의 모양이 갖추어지기 시작한다.

④ 솜깃이 나타나고 골격이 석회질화되기 시작하며, 눈꺼풀이 생성되고 기관이 분화한다.

⑤ 배자가 알의 장축과 나란하게 되면서 정상적으로 머리가 둔단부를 향하도록 회전하게 된다.

ANSWER

1 검란 … 부화 중 무정란 및 발육중지란을 방치하면 부패되면서 유해가스를 발생하여 정상 발육 중인 배자에 악영향을 미치므로 총 3회에 걸쳐 실시하며 2차 검란은 생략이 가능하다.

㉠ 1차 검란 : 부화 5~7일째에 실시하며 무정란 및 발육중지란을 선별한다.

㉡ 2차 검란 : 부화 12~14일째에 실시한다.

㉢ 3차 검란 : 부화 18일째에 실시하며 발육란을 선별하여 발생좌로 운반한다.

2 ① 부화 1일 ② 부화 2일 ④ 부화 13일 ⑤ 부화 14일

답 ─ 1.③ 2.③

3 다음 중 외배엽으로부터 분화되어 발생하는 기관 및 조직이 아닌 것은?

① 피부　　　　　　　　　　② 신경계통

③ 망막　　　　　　　　　　④ 근육

⑤ 깃털

4 산란 전의 배자발육에 대한 설명으로 옳지 않은 것은?

① 난자가 난관 내에서 수정이 되면 모계의 체온이 약 40.6~41.7℃ 정도될 때 배자발육이 나타난다.

② 닭의 전체부화과정은 평균 22일이며 모계의 체내에서 1일, 부란기에서 21일이 지난 후 병아리로 나오게 된다.

③ 난관 내에서 소요되는 배자발육시간은 전체시간의 10%이다.

④ 산란되기 전의 배엽이 두 개의 세포층으로 분화되는 것을 낭배형성이라 한다.

⑤ 난자의 배란 후 15분 정도 경과하면 정자에 의해 수정이 이루어져 단세포의 개체를 형성하면서 배자의 발육이 최초로 시작된다.

5 복부에 벽이 보이기 시작하며 내장을 난황낭에서 확인할 수 있는 시기는?

① 부화 6일째　　　　　　　② 부화 8일째

③ 부화 11일째　　　　　　④ 부화 17일째

⑤ 부화 18일째

ANSWER

3 ④ 내배엽으로부터 분화되어 발생하는 조직에 해당한다.

4 ③ 난관 내에서 소요되는 배자발육의 시간은 전체 배자발육시간의 4.5%이다.

5 ① 부리와 입의 모양이 갖추어지며, 배자의 자발적 운동이 나타난다.
　　② 깃털의 싹이 꼬리쪽으로부터 나타난다.
　　④ 부리가 오른쪽 날개로 확장된 기실하단부에 닿도록 머리를 구부리며, 체발생은 거의 완성된다.
　　⑤ 양수가 감소하며 다리가 뻗어나온다.

　　　　　　　　　　　　　　　　　　　　　답— 3.④　4.③　5.③

6 부화시설에서 입란 전에 이루어져야 할 작업으로 볼 수 없는 것은?

① 종란 선별작업 ② 종란 소독작업

③ 입란작업 ④ 종란 저장작업

7 부화시설의 위치에 대한 설명으로 옳지 않은 것은?

① 호흡기성 미코플라스마 병원균과 전염성 관절막염 병원균의 침입을 방지할 수 있도록 종계장과 멀리 떨어져 있어야 한다.

② 종계장과 부화사의 거리는 50m 이상이 되도록 해야 한다.

③ 부화사와 종계장은 서로 독립적인 출입구를 갖추어야 한다.

④ 교통이 편리하고 종란 및 병아리의 수송에 능률적인 위치이어야 한다.

⑤ 양계단지와 멀고 종계장들의 외곽에 위치하여야 한다.

8 부화기 구입시 고려해야 할 사항으로 옳지 않은 것은?

① 높은 부화율 및 우량 병아리 생산이 가능해야 한다.

② 온도, 습도, 환기 등의 조작성이 간편하고 정확해야 한다.

③ 입란, 전란, 종란의 이동이 수월해야 한다.

④ 병아리 발생작업, 소독작업 등이 능률적으로 행해질 수 있어야 한다.

⑤ 종란 수, 병아리의 수에 알맞은 크기이어야 한다.

ANSWER

6 부화시설에서 이루어지는 작업의 종류
ⓐ 입란 전 : 종란의 선별 · 소독 · 저장작업
ⓑ 입란 후 : 부란, 검란, 병아리 발생, 병아리의 성감별 · 선별 · 포장작업

7 ⑤ 양계단지와 가깝고 종계장들의 중심에 위치하여야 한다.

8 ⑤ 부화기 구입 전 부화기의 크기를 결정할 때 고려해야 할 사항에 해당한다.

답— 6.③ 7.⑤ 8.⑤

9 부화장비에 대한 설명으로 옳지 않은 것은?

① 종란의 부화율 개선 및 노동력 절감, 이익을 증대시킬 수 있는 것이 좋은 부화장비이다.

② 부화기 용량, 방역 프로그램, 1주일당 부화시킬 병아리 수, 생산되는 병아리 용도, 부화기 형태 등에 따라 장비의 종류와 수량은 달라진다.

③ 세란기는 종란의 세척에 이용하며 세제는 채소, 과일, 식기 등에 사용하는 연성세제를 이용해야 한다.

④ 종란선별기는 입란 후 무정란 및 발육중지란을 제거하는 데 사용한다.

⑤ 종란 수송차량에서 알을 하역하거나 병아리 상자를 실을 때에는 롤러형 및 벨트형 컨베이어를 사용한다.

10 부화기의 종류에 대한 설명으로 옳지 않은 것은?

① 구조에 따라 평면부화기, 입체부화기 및 방전체부화기로 구분할 수 있다.

② 평면부화기는 전체 크기에 비하여 종란 수용능력이 작으며 작업하기에 불편을 초래하므로 가정용외에는 사용하지 않는다.

③ 입체부화기는 바닥면적에 비하여 종란의 수용능력이 크고 온도, 습도, 환기 및 전란의 자동화로 작업이 간편하다.

④ 평면부화기는 난좌를 3등분하여 일주일 간격으로 지속적인 입란작업을 할 수 있다.

ANSWER

9 ④ 검란기에 대한 설명이다.

※ **종란선별기** … 알 상자로부터 알을 들어낼 때 인공알집기를 사용하며 크기에 따라 1회 12~48개의 알을 선별할 때 사용한다. 종란선별기는 단위시간당 선별능력에 따른 크기로 결정한다.

10 ④ 입체부화기에 대한 설명이다.

답— 9.④ 10.④

11 육계의 영양소 요구량 중 브로일러의 단백질 요구량에 대한 설명으로 옳지 않은 것은?

① 브로일러의 단백질 요구량은 산란용 병아리보다 권장수준이 높다.

② 브로일러는 초기성장속도가 빠르고 사료이용성이 우수하다.

③ 단백질은 에너지와 균형을 이루는 것이 중요하다.

④ 두 영양소가 균형을 이룰 경우 고기의 양과 질은 우수해진다.

⑤ 요구량은 부화 후 6~8주령까지는 산란용 병아리와 차이가 없다.

12 산란 시 에너지 요구량에 대한 설명으로 옳지 않은 것은?

① 암탉의 에너지 요구량은 체유지, 임의활동, 달걀생산에 필요한 에너지로 구성되어 있다.

② 체유지는 기초대사에 필요한 에너지로 대사 체중당 38kcal를 기준으로 한다.

③ 백색 난용종의 산란계는 90% 건물기준사료 1kg당 권장 에너지는 2,900kcal이다.

④ 대사 에너지는 정미 에너지의 20%이다.

⑤ 달걀생산 에너지는 달걀 중에 함유되어 있는 에너지와 달걀 형성에 대한 체내 에너지의 이
용효율을 기준으로 한다.

13 부화관리시 필수적인 행위인 전란에 대한 설명으로 옳지 않은 것은?

① 전란을 하지 않을 경우 연난백에 의해 분리되어 있던 두 층의 농후단백이 서로 맞닿아 배
자는 발육하지 못하게 된다.

② 전란은 수직상태에서 앞·뒤로 45°씩 기울이면 된다.

③ 알의 둔단부가 위쪽을 향하도록 한다.

④ 발육좌에 있을 경우 전란은 3~4시간마다 하는 것이 좋다.

ANSWER

11 ⑤ 부화 후 6~8주령까지는 18%로 산란용 병아리의 요구량보다 3~5% 높은 수준이다.

12 ④ 대사 에너지는 정미 에너지의 82%이다.

13 ③ 난위에 대한 설명이다.

답— 11.⑤ 12.④ 13.③

14 다음 중 부화작업에서 이루어지는 일이 아닌 것은?

① 부화기 소독 　　　　　　　② 종란확보

③ 입란작업 　　　　　　　　　④ 성감별

⑤ 검란

15 검란에 대한 설명으로 옳지 않은 것은?

① 부화 중 무정란 및 발육중지란을 그대로 두면 부패 및 유해가스의 발산으로 정상 발육배자에 악영향을 미치기 때문에 실시하는 작업이다.

② 검란은 일반적으로 3회 실시한다.

③ 부화 5~7일째 1회 검란을 실시한다.

④ 1회 검란시 무정란 및 발육중지란을 선별한다.

⑤ 부화 12~14일째에는 2회 검란, 18일째에는 3회 검란을 실시하며 3회 검란은 생략할 수 있다.

ANSWER

14 부화작업
　ㄱ 부화실 · 부화기 준비
　ㄴ 종란확보 및 취급
　ㄷ 입란작업
　ㄹ 검란
　ㅁ 발생작업

15 검란…부화 중 무정란 및 발육중지란을 방치하면 부패하면서 유독가스를 발생시켜 정상적인 발육배자에 악영향을 미치므로 3회에 걸쳐 실시한다.
　ㄱ 1회 검란 : 부화 5~7일째 실시하며 무정란 및 발육중지란을 선별한다.
　ㄴ 2회 검란 : 부화 12~14일째 실시하며 생략할 수 있다.
　ㄷ 3회 검란(최종검란) : 부화 18일째 실시하며 발육란 선별 후 발생좌로 옮기는 작업을 한다.

답－14.④　15.⑤

16 다음 중 계통부화에 대한 설명으로 옳지 않은 것은?

① 종계의 계량번식을 실시하려고 할 경우 병아리의 양친과 혈통을 알기 위해 실시한다.
② 계통부화 전 계통부화용 발생장치, 익대, 장부 등이 필요하다.
③ 종계의 산란상태조사에서부터 시작하여 일련의 작업을 거치게 된다.
④ 부란 18일 경에는 발생좌로 옮긴 다음 암탉별로 알을 구별하기 위해 한 암탉의 알만 발생
　상자에 넣는다.

17 계통부화작업에 대한 설명으로 옳지 않은 것은?

① 개체별로 산란조사를 하고 산란기록을 정리한다.
② 종란수집시 알 둔단부에 암탉의 익대번호 및 산란월일을 기입한다.
③ 입란시 각 암탉별로 알을 모아 산란조사에 의한 암탉의 번호에 차이가 있는지 산란기록부와
　비교한다.
④ 부란 18일경 발생좌로 옮기기 전에 각 암탉별로 알의 구별을 위해 한 암탉에서 나온 알만
　발생상자에 넣는다.
⑤ 부화된 병아리를 발생상자에서 꺼낸 다음 번호를 기입한 익대를 부착시킨 후 부착날짜를
　계통기록부에 기입한다.

18 다음 중 병아리의 자웅감별법에 해당하지 않는 것은?

① 생식돌기감별법　　　　　　　② 반성유전에 의한 감별법
③ 기계감별법　　　　　　　　　④ 멘델유전에 의한 감별법

ANSWER

---

16 ④ 부란 18째 발생좌로 알을 옮기기 전에 암탉별로 알을 구별해야 한다.

17 ⑤ 부화된 병아리를 발생상자에서 꺼낸 후 번호를 기입한 익대를 부착시킨 후 그 번호를 계통기록부에 기입한다

18 병아리 자웅감별법의 종류
　㉠ 기계감별법
　㉡ 반성유전에 의한 감별법
　㉢ 생식돌기감별법

답— 16.④　17.⑤　18.④

19 병아리의 자웅감별법 중 생식돌기감별법에 대한 설명으로 옳지 않은 것은?

① 가장 널리 실용화된 감별법으로 정확하고 신속하지만 숙달이 요구된다.

② 항문의 생식돌기의 유무, 발달정도, 상태 등을 고려하여 암·수를 구분한다.

③ 생식돌기가 평평하고 충실하지 못하며 연약한 느낌이 나면 암컷이다.

④ 생식돌기가 둥글고 충실하며 광택이 나고 윤곽이 선명하며 탄력성이 있으면 수컷이다.

⑤ 정확한 감별을 위해서는 전문가의 장기적인 지도와 연습이 필요하며 숙련된 감별사는 1시간에 90~120마리를 감별할 수 있다.

20 반성유전에 의한 병아리감별법에 이용하는 유전형질이 아닌 것은?

① 조우성과 만우성　　　　　　② 횡반유전자

③ 흑색확장인자　　　　　　　　④ 깃털의 성장속도

⑤ 은색유전자

21 다음 중 배자의 발육을 억제시키기 위한 종란 보관 온도는?

① 8℃　　　　　　　　　　　② 10℃

③ 18℃　　　　　　　　　　　④ 20℃

⑤ 28℃

ANSWER

19 숙련된 병아리 감별사는 1시간에 900~1,200마리를 감별할 수 있으며 정확도는 98~100%이다.

20 반성유전에 의한 자웅감별
　　㉠ 횡반색
　　㉡ 은색
　　㉢ 깃털의 성장속도(조우성 및 만우성)

21 종란 보관시 최적온도는 12~18℃이며, 24℃ 이상이 되면 배자는 발육을 시작한다.

답— 19.⑤　20.③　21.③

22 닭의 영양소 요구량에 영향을 미치는 요인으로 볼 수 없는 것은?

① 몸의 크기

② 계절

③ 질병의 유무

④ 생육시기

⑤ 광선 및 외부온도

23 닭의 체조성에 대한 연결이 잘못 짝지어진 것은?

① 수분 – 55~75%

② 지방 – 5~20%

③ 무기물 – 3.5%

④ 단백질 – 12~13%

24 닭의 체조성에 따른 영양소에 대한 설명으로 옳지 않은 것은?

① 어린 병아리일수록 수분의 함유량은 높다.

② 체단백질 함유량은 성장시 변화가 거의 없으나 지방 함유량은 변화 폭이 크다.

③ 어릴수록 수분함량은 적고 체지방 함량이 많으며 성장하면서 수분함량은 늘어나고 체지방 함량은 감소한다.

④ 영양소를 구성하는 화학적 성분은 조단백질, 조지방, 가용무질소물, 조섬유, 무기물로 분류할 수 있다.

⑤ 비타민은 중요한 미량 영양소이지만 조성분으로는 분류하지 않는다.

ANSWER

22 영양소 요구량에 영향을 미치는 요인
　㉠ 유전적 요인 : 저항성, 유전적 손실, 생육시기, 생산능력 등
　㉡ 환경적 요인 : 질병의 유무, 광선, 외부온도, 계절 등

23 ④ 단백질 함량은 15~20%이다.

24 ③ 어릴수록 수분함량이 많고 체지방 함량은 적으며 성장할수록 수분함량은 줄고 체지방 함량은 증가하게 된다.

답 22.① 23.④ 24.③

25 다음 중 단백질을 아미노산과 펩티드로 분해하는 효소는?

① 펩신　　　　　　　　　　　② 리파아제
③ 카르복시펩티다아제　　　　④ 수크라아제
⑤ 디펩티다아제

26 다음 중 췌장에서 분비되는 소화효소가 아닌 것은?

① 아밀라아제　　　　　　　　② 키모트립신
③ 엘라스타아제　　　　　　　④ 말타아제
⑤ 트립신

27 탄수화물의 소화흡수에 대한 설명으로 옳지 않은 것은?

① 전분은 소낭에서 연화되어 선위, 근위를 거쳐 소장에서 소화가 완료된다.
② 탄수화물의 최종소화산물인 글리세린은 소장점막으로 흡수된다.
③ 체내 흡수된 포도당은 체내대사를 통해 체지방을 형성한다.
④ 체내 흡수된 포도당은 지방산의 합성 및 탄소골격으로 이용된다.

ANSWER

25 ① 단백질을 펩티드로 분해하는 효소
　　② 지방을 지방산과 단순지방으로 분해하는 효소
　　④ 과당을 포도당과 과당으로 분해하는 효소
　　⑤ 펩티드를 아미노산으로 분해하는 효소

26 ④ 소장벽에서 분비되는 소화효소이다.

27 ② 탄수화물의 최종소화산물은 글로코오스 등의 단당류이다.

답— 25.③　26.④　27.②

28 단백질의 소화흡수에 대한 설명으로 옳지 않은 것은?

① 사료 내 단백질은 소장 안에서 췌장 및 장액분비효소에 의해 아미노산으로 분해·흡수된다.

② 글리신은 필수아미노산으로 질소노폐물을 요산형태로 배설시키는 데 중요한 역할을 한다.

③ 단백질의 과다공급으로 필수아미노산의 균형이 좋지 않으면 남은 아미노산이 분해되어 에너지 생성에 이용되며 단백질 이용효율을 저하시킨다.

④ 단백질 공급이 결핍되면 체내 단백질을 소모하므로 쇠약하게 된다.

⑤ 장점막에서 흡수된 후 킬로미크론을 형성하여 임파선과 모세혈관을 통해 흡수된다.

29 사료의 분류 중 영양가에 따른 분류에 해당하지 않는 것은?

① 농후사료   ② 특수사료

③ 곡류사료   ④ 조사료

⑤ 보충사료

30 다음 중 농후사료에 대한 설명으로 옳지 않은 것은?

① 가소화영양소 함량이 60% 이상인 것을 말한다.

② 부피가 작으며 조섬유 함량이 낮다.

③ 종류로는 곡류사료, 강피류사료, 단백질사료가 해당된다.

④ 초식가축의 주사료로 이용되며 만복감과 배변을 좋게 하는 효과가 있다.

⑤ 수분함량이 많은 고구마는 농후사료에 포함되지 않는다.

ANSWER

28 ⑤ 지방의 소화흡수에 대한 설명이다.

29 ③ 주성분에 따른 분류에 해당한다.

30 ④ 조사료에 대한 설명이다.

답— 28.⑤ 29.③ 30.④

31 다음에서 설명하고 있는 사료의 종류는?

> • 무기염류, 비타민, 아미노산첨가제, 호르몬제 등이 해당된다.
> • 에너지나 단백질의 공급을 목적으로 하지 않는다.
> • 양적으로는 적으나 특정 기능을 하는 사료이다.

① 농후사료   ② 조사료
③ 과학사료   ④ 강피류사료

32 강피류사료의 종류에 대한 설명으로 옳지 않은 것은?

① 밀기울 – 사료효율이 낮아 사용량이 줄고 있으며 가금의 사료로 사용한다.
② 쌀겨 – 지방은 약 14% 정도로 많이 함유되어 있다.
③ 보릿겨 – 황맥강, 정맥강으로 구분되며 닭에는 황맥강을 사용한다.
④ 전분박 – 단백질 함량이 낮고 광물질, 비타민 함량도 낮아 가축사료로는 부적당하다.

33 닭의 사양표준에 대한 설명으로 옳지 않은 것은?

① 생명을 유지할 수 있는 유지사료와 산란 및 성장에 필요한 생산사료 요구량을 바탕으로 만든 것이다.
② 요구량의 단위는 1일 마리 혹은 사료 1kg당 함량을 기준으로 한다.
③ 에너지는 kcal, 단백질은 kg 및 %, 아미노산, 지방산 등은 IU 및 mg을 사용한다.
④ NRC 사용표준은 최저권장수준을 토대로 영양소 요구량을 제시하고 있으므로 실제 급여시에는 약간 많이 주어야 한다.

ANSWER

31 ① 가소화영양소의 함량이 60% 이상인 사료를 말한다.
     ② 부피가 크고 가소화영양소 함량이 낮은 사료를 말한다.
     ④ 에너지 함량은 곡식류보다 낮으며 단백질 함량은 높은 사료로 밀기울, 보릿겨, 쌀겨 등을 말한다.

32 ③ 조단백질 함량에 따라 보릿겨는 황맥강과 정맥강으로 분류하는데 닭에는 정맥강을 사료로 사용한다.

33 ③ 에너지는 kcal, 단백질은 kg 및 %, 아미노산 · 지방산 · 광물질은 mg 및 %, 비타민은 IU 및 mg을 단위로 사용한다.

답— 31.③ 32.③ 33.③

34 다음 중 곡류사료에 대한 설명으로 옳지 않은 것은?

① 옥수수·수수·밀·보리 등 주성분이 전분인 사료이다.

② 옥수수는 에너지사료로 이용되며 가장 경제적이고 많이 사용하는 사료이다.

③ 수수는 옥수수에 비해 성장률 및 사료효율이 저하된다.

④ 보리는 옥수수, 밀과 대체할 수 있지만 섬유소 함량이 높아 사료적 가치는 옥수수, 밀보다 떨어진다.

⑤ 옥수수는 밀·보리·귀리에 비해 단백질 함량이 낮고 질도 떨어지며 칼슘과 인의 함량도 낮다.

35 다음 중 동물성 단백질사료의 종류가 아닌 것은?

① 어분   ② 잠용박

③ 대두박   ④ 우모분

⑤ 피혁분

 **ANSWER**

34 ③ 밀에 대한 설명이다.

※ 수수 … 옥수수와 영양가는 비슷하지만 영양소가 부족하여 수수에 부족한 영양소만 보충할 수 있다면 가금의 에너지사료로 사용할 수 있다.

35 ③ 식물성 단백질사료에 해당한다.

※ 단백질사료의 종류
  ㉠ 동물성 단백질사료 : 어분, 우모분, 잠용박, 피혁분 등
  ㉡ 식물성 단백질사료 : 대두박, 면실박, 채종박, 아마인박 등

답— 34.③ 35.③

36 동물성 단백질사료로 단백질 함량이 높고 필수아미노산의 공급능력도 우수하며 비타민 B군, 칼슘, 인의 함량이 높은 것은?

① 우모분   ② 어분

③ 대두박   ④ 면실박

⑤ 잠용박

37 사료의 에너지 함량을 높여 주며 필수지방산 및 지용성 비타민을 공급하는 사료로 기호성 증가 및 소화율 향상에 기여하는 것은?

① 섬유질사료   ② 다즙사료

③ 무기질사료   ④ 지방질사료

⑤ 비타민사료

38 브로일러 4~6주령을 전후로 하여 공급하는 에너지와 조단백질을 적절히 조절한 사료로 양질의 고기생산을 목적으로 사용하는 것은?

① 육추사료   ② 산란계사료

③ 육계사료   ④ 종계사료

ANSWER

36 ① 단백질 함량 및 소화이용성이 높아 사료적 가치가 우수하다.
③ 단백질 함량 및 사료가치면에서 가장 우수한 식물성 단백질사료이다.
④ 유독색소인 고시풀이 존재하여 사용이 제한되며, 사료로 사용할 경우 고시풀 함량을 5%로 줄여야 한다.
⑤ 단백질 50%, 지방 25% 이상 함유되어 있으므로 좋은 공급원이 될 수 있으나 산패위험이 높아 보관이 어렵다.

37 ① 조섬유 함량이 풍부한 두과화본류·목초류·야초류·건초류·볏짚·보리짚 등이 있다.
② 수분함량이 풍부한 원물형태의 즙액사료로 생풀, 고구마, 근채류, 사일리지 등이 있다.
③ 광물질사료로 조개껍질, 골분, 소금 등이 대표적이며 닭 골격의 주성분 및 생리작용을 촉매하는 역할을 한다.
⑤ 과학사료로 분류되며 간유, 효모 등에 함유되어 있고 체내 대사작용에 필요한 조효소의 구성성분 및 각종 생리작용에 촉매제 역할을 한다.

38 ① 배합사료로 구성되며 에너지는 사료 1kg당 대사에너지는 2,850~2,900kcal이다.
② 산란용 닭의 전용사료로 산란율 및 달걀크기에 따라 산란기간을 조정하여 구분할 수 있으며 에너지는 사료 1kg당 2,900kcal이다.
④ 종란생산을 목적으로 산란종계와 육계종계의 사료로 구분하는 것으로 난용종, 육용종, 체중 및 산란율에 따라 영양수준에 차이가 나는 사료이다.

답 — 36.② 37.④ 38.③

39 다음 중 산란계의 영양소 요구량에 해당하지 않는 것은?

① 에너지 요구량　　　　　　　　② 비타민 요구량

③ 단백질 요구량　　　　　　　　④ 브로일러 요구량

⑤ 광물질 요구량

40 다음 중 부화관리에 해당하지 않는 것은?

① 부화온도　　　　　　　　　　② 환기

③ 난위위치　　　　　　　　　　④ 소독

⑤ 부화습도

41 닭의 필수아미노산 중 포유동물에 존재하지 않는 것은?

① 리신　　　　　　　　　　　　② 아르기닌

③ 메티오닌　　　　　　　　　　④ 트립토판

⑤ 글리신

 **ANSWER**

39 산란계의 영양소 요구량의 종류
　㉠ 에너지 요구량
　㉡ 단백질 요구량
　㉢ 비타민 요구량
　㉣ 광물질 요구량
　㉤ 칼로리 및 단백질의 비율

40 ④ 부화작업에서 행해져야 할 사항이다.
　※ 부화관리 … 온도, 습도, 환기, 전란, 난위

41 포유동물의 필수아미노산(10종) … 아르기닌, 이소류신, 류신, 리신, 페닐알라닌, 메티오닌, 트레오닌, 트립토판, 발린, 히스티딘
　※ 닭의 필수아미노산(11종) … 아르기닌, 이소류신, 류신, 페닐알라닌, 메티오닌, 트레오닌, 트립토판, 발린, 히스티딘, 글리신

　　　　　　　　　　　　　　　　　　　답— 39.④　40.④　41.⑤

42 닭의 단백질 요구량의 구성요소로 볼 수 없는 것은?

① 체유지에 필요한 단백질 요구량　　　② 산란계의 단백질 요구량

③ 칼로리에 필요한 단백질 요구량　　　④ 성장에 필요한 단백질 요구량

43 칼로리/단백질의 비율(C/P율)을 구하는 공식으로 옳은 것은?

① $\dfrac{\text{사료 10kg 중 대사 에너지}}{\text{조단백질의 양}}$

② $\dfrac{\text{사료 1kg 중 대사 에너지}}{\text{조섬유의 양}}$

③ $\dfrac{\text{사료 1kg 중 대사 에너지}}{\text{조단백질의 양}}$

④ 조단백질의 양 × 사료 1kg 중 대사 에너지

⑤ $\dfrac{\text{사료 10kg 중 대사 에너지}}{\text{조단백질 + 조지방의 양}}$

44 광물질 중 사료에 풍부하게 존재하며 별도의 공급이 필요없는 것은?

① 칼슘　　　　　　　　② 인

③ 염화나트륨　　　　　④ 구리

⑤ 망간

ANSWER

42 닭의 단백질 요구량은 체유지, 성장 및 산란을 위한 요구량으로 구성되어 있다.

43 C/P율(칼로리/단백질 비율) = $\dfrac{\text{사료 1kg 중 대사 에너지}}{\text{조단백질의 양}}$

44 광물질의 종류와 공급특성
ㄱ Ca, P, NaCl은 요구량에 맞게 적절하게 공급해야 한다.
ㄴ Mg, K, Fe, Cu, Mo은 사료에 풍부하게 존재하므로 공급하지 않아도 된다.
ㄷ Mn, Zn, Na, Cl는 결핍되지 않도록 주의해야 한다.

답— 42.③ 43.③ 44.④

45 일반 포유류보다 닭에서 비타민 요구량이 높고 결핍증도 잘 유발되는 이유로 옳지 않은 것은?

① 장내 미생물에 의해 합성된 비타민을 이용하지 못하기 때문이다.

② 대사작용이 활발하므로 대사작용의 촉매제로 사용하는 비타민 요구량이 높기 때문이다.

③ 전체 영양소 중 차지하는 비율은 매우 낮으나 생리작용 및 대사작용에 중요한 영양소이기 때문이다.

④ 밀집사육형태로 인한 많은 스트레스의 유발로 비타민 요구량이 증가되었기 때문이다.

46 육계에 비해 산란계에서 특별히 요구되는 광물질은?

① Mn　　　　　　　　　　　② Fe
③ Ca　　　　　　　　　　　④ Cu
⑤ Zn

47 다음 중 C/P율이 가장 높은 사료는?

① 산란용 대추사료　　　　　② 브로일러 중기사료
③ 산란계 사료(산란율 50%)　④ 산란용 초생추사료
⑤ 브로일러 후기사료

ANSWER

45 ③ 광물질 요구량에 대한 설명이다.

46 산란계는 육계에 비해 4배 높은 수준의 Ca 요구량이 권장되는데 이는 달걀의 11%인 난각의 주성분이 Ca이기 때문이다.

47 ① 242　② 160　③ 200　④ 161　⑤ 178

45.③　46.③　47.①

48 다음 중 백색란 산란계의 1일 사료 섭취량 중 100g을 기준으로 그 요구량이 가장 낮은 영양소는?

① 조단백질

② 트레오닌

③ 발린

④ 리놀산

⑤ 히스티딘

49 사료를 주성분에 따라 분류할 경우 그 종류에 해당하지 않는 것은?

① 섬유질사료

② 무기질사료

③ 육추사료

④ 단백질사료

⑤ 강피류사료

50 NRC 사양표준의 특징으로 옳지 않은 것은?

① 각 영양소 및 미량 영양소 요구량도 세부적으로 제시되어 있다.

② 비타민 요구량은 최저권장수준을 기준으로 하였기 때문에 실제 급여 시 약간 많은 양을 공급하여야 한다.

③ 배합사료 내 저장기간이 길거나 닭이 스트레스를 받을 경우에는 표준량보다 많은 영양소를 공급해야 한다.

④ 영양소 요구량은 최대권장수준을 기준으로 하고 있으므로 실제 급여 시에는 양을 줄여서 공급해야 한다.

ANSWER

48 ① 15% ② 0.47% ③ 0.70% ④ 1% ⑤ 0.17%

49 ③ 생육시기, 사용목적에 따른 분류에 해당한다.

50 ④ 영양소 요구량은 최저권장수준을 기준으로 제작되었으므로 실제 급여 시에는 양을 약간 늘려서 공급해야 한다.

답— 48.⑤ 49.③ 50.④

03 닭의 사양관리

1 다음 중 장일성 번식동물인 것은?

① 돼지   ② 소

③ 토끼   ④ 면양

⑤ 닭

2 닭의 질병 중 고열과 녹변의 증상을 보이는 전염병은?

① 계두   ② 뉴캐슬병

③ 백혈병   ④ CRD

⑤ IBD

3 양계경영을 안정시키고 수익의 증대를 창출하려고 할 경우 가장 큰 비중을 차지하는 것은?

① 사료비 절감   ② 인건비 절감

③ 상각비 절감   ④ 생산비 절감

⑤ 경영비 절감

 **ANSWER**

1 닭은 소화기관이 짧기 때문에 낮의 길이에 따라 활동기간 및 산란생리가 다르게 나타나는 대표적인 장일성 번식동물이다.

2 ① 볏, 얼굴, 눈꺼풀 등 털이 없는 부위에 검붉은 가피가 형성되며 식욕감퇴 및 호흡곤란이 나타난다.
③ 간, 신장, 난소 등에 종양을 형성하며 16주령 이후에는 쇠약증상이 나타나고 만성 폐사가 일어난다.
④ 수양성 콧물이 발생하며 눈물, 안검종창 등이 나타나고 성장지연, 산란률 및 부화율이 저하된다.
⑤ 급성 전염병으로 백색설사를 하며 식욕결핍, 침울 등의 증상이 나타난다.

3 양계경영을 안정시키고 수익을 증대시키기 위해서는 생산비의 절감이 가장 큰 요소로 작용한다.

답 — 1.⑤ 2.② 3.④

4 닭의 생리현상에 적합한 온도는?

① 10~15℃

② 13~24℃

③ 40~41℃

④ 25~35℃

⑤ 36~46℃

5 닭의 사육환경 중 온도에 대한 설명으로 옳지 않은 것은?

① 외부온도가 높을 경우 활력이 감소하여 사료효율이 저하된다.

② 고온환경에서는 난중 감소, 난각의 연화, 산란수의 감소를 초래한다.

③ 기온이 영하 9℃ 이하로 감소하면 활력 및 산란율은 증가하게 된다.

④ 닭의 체온은 포유동물보다 높고 변이의 폭도 크다.

⑤ 온도가 추울 경우 체온조절기능이 활발하나 온도가 높을 경우에는 조절기능이 떨어지거나 작용하지 못하게 된다.

6 계사 내 수분생성에 대한 설명으로 옳지 않은 것은?

① 과다한 습도는 더위와 추위의 영향을 가속화시킨다.

② 배출되는 계분에 의해 수분은 생성된다.

③ 유입되는 공기를 통하여 수분이 발생되기도 한다.

④ 습기를 제거하지 않으면 깔짚이나 계사의 벽 등이 응축된 습기로 젖으면서 계사 내부의 습도가 증가하게 된다.

⑤ 닭의 호흡활동은 계사 내 습도에 아무런 영향을 미치지 않는다.

 **ANSWER**

4 닭의 생리적인 최적온도는 13~24℃이다.

5 영하 9℃ 이하로 기온이 너무 떨어지면 닭은 활력 및 산란율의 심한 저하현상을 겪게 되며, 볏과 다리에 동상이 걸릴 확률이 높아진다.

6 계사 내 수분생성의 원인
　㉠ 배출되는 계분
　㉡ 닭의 호흡활동
　㉢ 유입되는 공기

답 4.② 5.③ 6.⑤

7 사육환경요소 중 환기에 대한 설명으로 옳지 않은 것은?

① 계사 내에 분포하는 주요 가스로는 이산화탄소, 메탄, 황화수소, 암모니아, 산소 등이 있다.

② 가스발생량은 이산화탄소가 가장 많으며 밀폐된 공간이 아닌 이상 위험하지는 않다.

③ 메탄가스는 퇴적 분뇨의 발효시 많이 발생을 한다.

④ 유해가스 중 가장 문제가 되는 것은 분뇨에서 발생하는 메탄가스이다.

⑤ 산란계에 있어 암모니아의 농도가 50ppm 정도가 되면 성장과 산란에 커다란 악영향을 미치게 된다.

8 환기의 효과에 대한 설명으로 옳지 않은 것은?

① 유해가스를 제거함으로써 산소의 공급에 중요한 역할을 한다.

② 계사 내 냄새를 제거할 수는 있지만 습기는 제거할 수 없다.

③ 환기는 계사의 종류, 닭의 사육밀도, 환경조건에 따라 달라진다.

④ 장마철의 고온다습한 지역에서는 계사를 개방형으로 지어야 하며 지붕의 구조, 창의 위치, 계사의 방향 등을 고려하여야 한다.

⑤ 적절한 환기가 되도록 시설을 잘 갖추어야 한다.

9 계사의 위치선정 시 고려해야 할 사항으로 옳지 않은 것은?

① 사료구입, 생산물의 운반, 판매 등에 유리한 소비도시의 근교로 부산물의 획득이 쉬워야 한다.

② 계사의 방향은 채광상태가 양호한 남향, 동남향이 좋으며 서향이나 북향은 피해야 한다.

③ 관리자의 거처와 인접한 곳을 선정하여 항상 관리할 수 있도록 해야 한다.

④ 계사의 위치는 알맞은 경사지로 환기와 배수가 잘 되어야 한다.

⑤ 운동장은 경사지고 알맞은 습도를 유지할 수 있어야 한다.

ANSWER

7 닭의 분뇨에서 발생하며 가장 유해한 가스는 암모니아이다.

8 ② 환기로 인하여 계사 내 냄새와 습기를 제거하고 파리의 유충서식을 예방할 수 있다.

9 ⑤ 운동장은 평평하고 건조한 곳이어야 한다.

답 7.④ 8.② 9.⑤

10 계사 설계 시 채광을 위하여 고려해야 할 사항은?

① 지붕의 구조 　　　　　　　② 계사의 방향
③ 창의 위치 　　　　　　　　④ 건물의 크기
⑤ 창의 높이

11 계사 설계 시 고려해야 할 사항으로 옳지 않은 것은?

① 바닥, 벽 등은 소독이 편리하도록 설계하여야 한다.
② 계분의 처리가 용이하도록 설계하여야 한다.
③ 관리자의 작업이 편하고 능률적이도록 설계하여야 한다.
④ 개방식으로 설계하여 외부와 잘 통하도록 하여야 한다.
⑤ 계사 내 시설은 조립식으로 하여야 한다.

12 성계사 설계 시 고려해야 할 사항으로 옳지 않은 것은?

① 사육규모 　　　　　　　　② 노동효율
③ 안전성 　　　　　　　　　④ 경제성
⑤ 채광

 **ANSWER**

10 채광을 고려한 계사 설계 시 고려해야 할 사항
　㉠ 창의 높이 및 넓이
　㉡ 인접 건물 사이의 거리

11 계사 설계 시 고려해야 할 사항
　㉠ 관리자가 작업하기 편리하고 능률적이게 설계하여야 한다.
　㉡ 외부와 차단역할을 할 수 있도록 설계하여야 한다.
　㉢ 계분처리에 용이하도록 설계하여야 한다.
　㉣ 바닥, 벽 등은 소독에 편리하도록 설계하여야 한다.
　㉤ 계사 내 시설은 조립식으로 설계하여야 한다.

12 ⑤ 육추 및 육성사 설계 시 고려해야 할 사항에 해당한다.

답— 10.⑤ 11.④ 12.⑤

13 계사의 바닥재의 종류로 볼 수 없는 것은?

① 콘크리트

② 삼화토

③ 벽돌

④ 나무판자

14 뉴캐슬병에 대한 설명으로 옳지 않은 것은?

① 폐사율이 아주 높은 급성 전염병으로 호흡기증상, 녹변 및 소화기 계통의 출혈을 나타내는 제1종 법정가축전염병이다.

② 파리믹소바이러스속에 속하는 뉴캐슬바이러스가 병원체이다.

③ 원기와 식욕을 상실하며 고열이 발생하고, 이상한 소리를 낸다.

④ 백신과 치료방법은 없으며 다른 조류와의 차단이 최고의 방역이다.

⑤ 산란율이 저하되고 기관, 선위, 심장 등 각종 장기에 출혈이 나타난다.

15 강제환우의 필요성에 대한 설명으로 옳은 것은?

① 교미시 암탉의 등 피부에 상처를 입히는 행위를 방지하기 위하여 실시한다.

② 조기 성 성숙 및 산란을 지속시켜 양계경영에 유리하도록 하기 위해 실시한다.

③ 산란능력이 우수한 닭을 확보하기 위한 대책으로 실시한다.

④ 산란후기의 산란능력, 난각질, 수정률, 부화율 등의 저하를 개선시키기 위해 실시한다.

⑤ 육성기간 중 인근 계사의 점등영향으로 초산일령이 단축되어 조기산란이 일어난 경우에 실시한다.

 **ANSWER**

13 계사의 바닥재의 종류 … 콘크리트, 삼화토, 나무판자

14 ④ 가금 인플루엔자에 대한 설명이다.
※ 뉴캐슬병은 출입제한 및 소독을 철저히 하여 예방하고, 생독 및 사독백신을 사용하여 치료한다.

15 ① 발가락 자르기의 필요성에 대한 설명이다.
② 점등관리의 필요성에 대한 설명이다.
③ 도태의 필요성에 대한 설명이다.
⑤ 탈항의 원인에 대한 설명이다.

답 — 13.③ 14.④ 15.④

16 지붕의 형태에 대한 설명으로 옳지 않은 것은?

① 한쪽지붕식 – 계사 내부의 폭이 좁은 단열 배치 건물에 적합한 지붕으로 건축비가 저렴하며, 채광효과가 뛰어나다.

② 콤비네이션식 – 환기 및 채광에 유리하도록 한 지붕으로 한쪽지붕식과 양쪽지붕식의 단점을 보완한 것이다.

③ 모니터식 – 계사의 용마루를 중심으로 지붕을 2단 형태로 구성하여 채광, 환기를 모든 방향에서 유리하도록 만든 지붕이다.

④ 세미모니터식 – 복열식 또는 폭이 넓은 대형 계사에 채광이 약한 안쪽 깊숙한 지역까지 햇빛이 투과할 수 있도록 2단 형태로 만든 지붕으로 한 쪽은 1단을 연장하여 만든 것이다.

⑤ 양쪽지붕식 – 채광, 통풍, 환기에 유리하도록 제작되었으며 대형 계사에 적합하다.

17 다음 중 슬레이트에 대한 설명으로 옳은 것은?

① 얇은 두께로 최대의 단열효과를 발휘할 수 있다.

② 방한, 방서 및 내구력이 강하지만 무게가 무겁다.

③ 부피단열재에 비해 단열효과가 좋고 표면반사율이 높다.

④ 가격이 저렴하며 내구성은 있으나 방한, 방서에는 약하다.

⑤ 가볍고 내구력이 좋으나 열전도율이 높아 여름에는 덥고, 겨울에는 춥다.

 **ANSWER**

16 양쪽지붕식 … 계사 내부의 폭이 넓을 경우 사용하는 지붕으로 지붕의 면적이 넓기 때문에 외부온도의 영향을 덜 받으나 채광효과는 약하고 한쪽지붕식에 비하여 건축비도 많이 든다. 대형 계사에 적합하며, 지붕 남쪽 일부에 천창을 만들어 채광을 보완하고 환기통을 각 방마다 설치하여 환기를 보완하여야 한다.

17 슬레이트(slate) … 가격이 저렴하고 내구력도 강하나 방한 및 방서에 대한 효과는 다른 재료에 비해 떨어진다.

답— 16.⑤ 17.④

18 계사 설계 시 창문의 크기 및 수를 결정하는 요인으로 옳지 않은 것은?

① 연중기온 ② 채광상태

③ 환기시설 ④ 바닥면적

⑤ 사육규모

19 부분 평상식 계사의 장점으로 옳지 않은 것은?

① 수정률이 전면 평상식 계사보다 높다.

② 전면 평상식 계사보다 바닥에 산란하는 달걀 수가 적다.

③ 폐사율, 파란율, 부화율이 전면 평상식 계사보다 높다.

④ 평사보다 바닥면적당 산란수가 높고 1수당 바닥면적이 적어 효율적이다.

⑤ 전면 평상식 계사보다 시설비가 저렴하며 산란율이 높다.

ANSWER

18 창문의 크기 및 수 결정 시 고려해야 할 사항
㉠ 계사 바닥의 면적
㉡ 건축할 계사 지방의 연중기온
㉢ 건습 및 채광상태
㉣ 환기시설

19 부분 평상식 계사의 특징
㉠ 장점
• 평사에 비해 바닥면적당 산란수가 많고, 1수당 바닥면적이 적어 효율적이다.
• 1수당 관리노력이 적다.
• 전면 평상식 계사보다 바닥에 산란하는 달걀 수가 적다.
• 폐사율, 파란율, 부화율이 전면 평상식 계사보다 높다.
• 전면 평상식 계사보다 수정률이 높다.
㉡ 단점
• 전면 평상식 계사보다 시설비가 비싸다.
• 전면 평상식 계사보다 산란율이 낮다.

답 18.⑤ 19.⑤

20 닭을 좁은 우리에 넣어 여러 개의 층으로 포개놓은 형태를 띠는 입체사육인 배터리사의 설계 시 고려해야 할 사항으로 옳지 않은 것은?

① 실내가 어두워지기 쉬우므로 천창을 만들어 채광효과를 높여야 한다.

② 평사에 비하여 사육수수가 증가하므로 계사 내 환기장치를 설치해야 한다.

③ 상·하단의 온도조절이 어려우므로 열은 위에서부터 발생하도록 하여야 한다.

④ 닭을 수용하는 설비가 내부에 존재하므로 건물은 간편한 형태이여야 한다.

21 계사의 종류에 대한 설명으로 옳지 않은 것은?

① 조립식 계사 – 조립식 파이프 하우스를 이용한 계사로 파이프의 형태에 따라 각형과 아치형으로 제작할 수 있다.

② 무창계사 – 외부환경과 단절시킨 계사로 창이 없고 출입문도 단열처리하여 사육환경을 인공적으로 조절하도록 한 것이다.

③ 고상식 계사 – 계사 안에 케이지를 사육용도에 맞게 배열하여 이용하는 것으로 산란용과 육추용으로 구분할 수 있다.

④ 평면식 계사 – 계사의 바닥을 그대로 이용하는 것으로 부속 운동장을 설치하면 운동과 일광욕을 시킬 수 있어 위생적 관리에 효율적이다.

⑤ 부분 평상식 계사 – 바닥면적의 1/3에 해당하는 평상 2개를 계사 내 양쪽에 각각 설치하고 중앙 면적의 1/3을 자리깃 바닥 형태로 설계한 것이다.

ANSWER

20 ③ 배터리사는 상·하단의 온도조절이 어려우므로 열은 밑에서부터 발생하도록 조절하여야 한다.

21 ③ 케이지사에 대한 설명이다.
　※ 고상식 계사 … 계분의 청소관리를 효율적으로 할 수 있고 겨울에는 따뜻하고 여름에는 시원하여 산란율과 사료이용효율을 향상시킬 목적으로 계사의 내부 공간을 2단으로 하여 사육공간과 계분의 처리공간을 넓게 만든 것이다.

답— 20.③ 21.③

22 산란용 케이지사의 특징으로 옳지 않은 것은?

① 평사에 비하여 사료이용률이 높다.

② 압사할 염려가 없고 사회적 서열을 제거할 수 있다.

③ 단사케이지의 개체별 산란 및 건강상태를 알 수 있어 불량계 및 병든 닭의 도태에 용이하다.

④ 통풍, 건조, 채광에 유리하며 위생적이다.

⑤ 단위면적당 사육수수가 적고 사양관리노력이 많이 든다.

23 다음에서 설명하고 있는 질병은?

> • 종양성 전염병으로 전염력이 강하다.
> • 장기 및 신경에 림프구성 종양과 침윤을 보인다.
> • 제2종 법정가축전염병으로 헤르페스바이러스가 원인균이다.
> • 지역이나 계절에 관계없이 발생되며, 공기에 의해 전염된다.

① 백혈병   ② 마렉병

③ 뉴캐슬병   ④ 전염성 기관지염

⑤ 가금 인플루엔자

ANSWER

22 ⑤ 단위면적당 사육수수가 많고 사양관리노력이 적다.

23 ① 닭 백혈병 육종 바이러스에 의한 종양성 전염병으로 쇠약증상을 보이면서 만성 폐사가 일어난다. 간, 신장, 난소 및 파브리치우스낭에 종양을 형성시킨다.

③ 파라믹소바이러스에 해당하는 뉴캐슬바이러스가 원인균이며 폐사율이 아주 높은 급성 전염병이다. 각종 장기에 출혈이 나타나며, 산란율이 저하된다. 급성형의 폐사율은 100%이다.

④ 코로나바이러스가 원인균이며 제2종 법정가축전염병이다. 전염성이 강하고 급성의 경과를 나타내지만 복합 감염이 없어 폐사율은 극히 적다.

⑤ 야생조류와 접촉, 수송상자, 신발 등에 의해 전파되며 모든 조류의 호흡기, 소화기 및 신경계에 영향을 미치는 바이러스성 질병이다.

답— 22.⑤ 23.②

24 다음 중 계사 내 설치하는 시설로 볼 수 없는 것은?

① 육추기　　　　　　　　　② 산란상
③ 모이통　　　　　　　　　④ 천창
⑤ 홰

25 산란상에 대한 설명으로 옳지 않은 것은?

① 평사사육을 하는 산란계의 집란관리에 필요한 기구이다.
② 닭이 임의로 출입할 수 있도록 하며 개체기록을 위해 출입을 제한하기도 한다.
③ 산란상은 칸막이를 하여 막아주고 자리깃을 깔아주어야 한다.
④ 닭 3~4마리당 한 개의 비율로 하며, 밝고 따뜻한 장소에 설치한다.
⑤ 산란상의 크기는 너비 30cm, 깊이 30cm, 높이 33cm로 하며, 전방 출입구에 약 7.5cm정
　도의 송판을 대어 넘나들 수 있도록 한다.

26 육용종계의 산란기 사양관리에서 사료급여량 조절에 대한 설명으로 옳지 않은 것은?

① 산란 직전까지는 계군의 평균체중에 기초를 하고, 산란기에는 산란율과 계사온도를 기초로
　하여 급여량을 조절한다.
② 계군의 산란율이 증가하여 정점에 도달할 시기까지 예상되는 산란율을 책정하여 유도사양을
　시행한다.
③ 산란 초기 3~4주인 산란율 증가시기에는 사료급여량을 산란율에 맞추어 증가시킨다.
④ 산란 정점 도달 후 사료급여량 증가상태에서 10일 정도 경과하여도 산란율에 변화가 없다
　면 사료급여량을 2배로 증가시킨다.
⑤ 최고 산란기 급여량이 결정되면 최고 산란기 이후 약 8주간은 산란율이 감소하여도 난중이
　증대하므로 동일한 양의 사료를 공급하도록 한다.

ANSWER

24 ④ 채광을 고려하여 지붕에 내는 창문을 말한다.
　　※ 계사 내부시설의 종류 … 육추기, 홰, 산란상, 모이통, 물통, 계분받이판, 사료자동급이기, 자동급수기 등

25 ④ 산란상은 닭 3~4마리당 한 개의 비율로 하며, 어둡고 조용한 장소에 설치하여야 한다.

26 ④ 산란 정점 도달 후 사료급여량을 증가시켜도 산란율에 변화가 없을시에는 사료급여량을 증가시키지 않는다.

답 – 24.④　25.④　26.④

27 배터리식 육추기의 단점에 대한 설명으로 옳은 것은?

① 계분받이의 설치로 인하여 위생적 사육이 가능하다.
② 경구감염질병의 발생이 적다.
③ 상·하단의 온도차로 인하여 병아리의 성장이 고르지 못하다.
④ 밀집에 의한 압사비율이 적다.
⑤ 여러 종류의 닭을 나누어 사육할 수 있다.

28 계사의 크기와 수용수수에 대한 설명으로 옳지 않은 것은?

① 사양환경 및 관리조건과 깊은 연관성을 지니며, 생산성에 관여한다.
② 계사의 사용공간이 넓을 경우 환기불량, 식욕감퇴, 호흡기병 유발 등의 문제가 발생하기 쉽다.
③ 브로일러 사육의 경우 성장속도가 빠르기 때문에 사육밀도에 신중을 기해야 하며, 육추시 밀집에 의한 압사방지 및 식우성 예방 등에 주의하여야 한다.
④ 적정 사육수수는 계사의 형태 및 특징, 품종과 목적, 환경조건에 따라 달라진다.
⑤ 평사에서 품종이 동일한 경우 소형종이 가장 작은 면적을 차지하게 된다.

ANSWER

27 배터리식 육추기의 특징
  ㉠ 장점
   • 계분받이 설치로 인한 위생적 사육이 가능하다.
   • 일정면적당 많은 수수를 기를 수 있다.
   • 여러 계통의 닭을 나누어 사육할 수 있다.
   • 경구감염질병의 발생률이 적다.
   • 압사확률이 적으며, 연료비의 절감을 가져온다.
  ㉡ 단점
   • 제작비와 노력이 많이 요구된다.
   • 상·하단의 온도차로 인하여 고른 성장이 저해된다.
   • 적기에 이동하지 않으면 압사의 우려가 있다.
   • 깃털발생이 늦고 환기불량을 초래한다.

28 ② 수용수수에 비해 계사의 공간이 좁은 경우에 해당한다.
  ※ 수용수수에 비해 계사의 공간이 넓을 경우에는 시설의 비효율적인 이용과 사양관리의 부실 등을 초래하게 되므로 경영에 불리하게 작용한다.

답— 27.③ 28.②

29 모이통 제작시 고려해야 할 사항으로 옳지 않은 것은?

① 자동급이기는 급이기 한 대당 적정 수수를 맞추어 설치해야 한다.

② 녹사료는 자동급이기를 사용하지 않는 것이 좋다.

③ 모이가 밖으로 흘러나오지 않도록 깊이와 넓이를 고려해야 한다.

④ 품종 및 발육정도에 따라 필요한 먹이를 먹을 수 있도록 크기가 충분해야 한다.

⑤ 닭의 80% 이상이 동시에 먹을 수 있는 공간에 설치하여야 한다.

30 계사 내에 설치하는 기구로 닭의 개체관리에 사용하는 기구가 아닌 것은?

① 그물　　　　　　　　　　　② 저울

③ 청소도구　　　　　　　　　　④ 사료혼합기

⑤ 닭 잡는 갈고리

31 계사 내 물통 설치 시 주의해야 할 사항이 아닌 것은?

① 니플급수기 및 워터컵을 설치해야 한다.

② 맑고 위생적인 물을 충분히 섭취할 수 있는 공간에 설치해야 한다.

③ 물통 위로 올라가거나 오물이 들어가지 않도록 위쪽을 가려야 한다.

④ 물 이용시 낭비나 오염을 방지할 수 있도록 적절한 조치를 취해야 한다.

⑤ 물통의 재료는 가볍고 경제적인 플라스틱으로 하여야 한다.

ANSWER

29 ② 녹사료는 자동급이기를 설치하여 급여해야 한다.

30 ④ 계사 내에 설치하며 노동효율을 높이는 기구에 속한다.

31 ⑤ 물통의 재료는 약품이나 첨가제 혼입 시 아무 이상이 없는 것이어야 한다.

답— 29.② 30.④ 31.⑤

32 병아리 선별 시 주의해야 할 사항에 속하지 않는 것은?

① 몸이 충실하고 탄력이 있어야 한다.

② 발생이 일찍된 것이어야 한다.

③ 우는 소리가 우렁차고 체중은 35g 이상 되어야 한다.

④ 깃털, 난각, 항문 등에 분비물이 묻어 있지 않아야 한다.

⑤ 깃털이 두텁고 부리는 촉촉해야 한다.

33 병아리의 육추준비과정에 대한 설명으로 옳지 않은 것은?

① 실내 습도를 60~70%로 유지하도록 해야 한다.

② 병아리 숫자를 확인하고 불량개체를 선별한 후 바로 실내로 옮겨놓아야 한다.

③ 습도, 물통, 모이통, 전등의 위치를 확인해야 한다.

④ 실온과 유사한 16~20℃의 물을 공급하며, 물 1ℓ당 설탕 50g, 비타민 C 1g을 첨가하여 피로를 회복시켜야 한다.

⑤ 입추실 온도는 케이지 육추시 35℃, 평사 육추시 삿갓 내 온도는 32℃가 되도록 미리 올려놓아야 한다.

ANSWER

32 병아리 선별 시 주의사항
㉠ 깃털에 광택이 나며, 눈은 총명해야 한다.
㉡ 우는 소리가 우렁차고 체중은 35g 이상이 되어야 한다.
㉢ 발생이 일찍 이루어진 것이여야 한다.
㉣ 깃털, 항문, 난각 등에 분비물이 묻어있지 않아야 한다.
㉤ 몸이 충실하고 탄력이 있어야 한다.

33 ⑤ 입추실의 온도는 케이지 육추시 32℃, 평사 육추시 삿갓 내 온도가 35℃가 되도록 미리 올려놓아야 한다.

답— 32.⑤ 33.⑤

34 병아리 사육 시 계사 내 습도가 높을 경우 나타나는 현상으로 옳은 것은?

① 온원부에서 멀리 떨어지거나 부리를 벌리고 헐떡거리게 된다.

② 콕시듐병 및 기타 질병이 유발되기 쉽다.

③ 활력 및 식욕감퇴로 인하여 발육이 불량해지며, 호흡기 질환에 걸릴 확률이 증가한다.

④ 기생충에 의한 기력쇠약 및 전염병이 발생되기 쉽다.

35 초생추 사육 시 알맞은 환경조성을 위해 고려해야 할 사항이 아닌 것은?

① 육추온도　　　　　　　　　② 습도

③ 환기　　　　　　　　　　　④ 사료

⑤ 위생

36 초생추의 사양에 대한 설명으로 옳지 않은 것은?

① 첫 모이부터 시작하여 5~6주령의 폐온까지의 사양을 의미한다.

② 첫 모이를 너무 빨리 급여하면 탈수 및 예방접종효과의 감소를 야기시키게 된다.

③ 입추 1주일이 경과하면 실내온도를 낮추고 습도조절 및 규칙적인 환기를 실시한다.

④ 봄·가을 육추는 4~5주령, 겨울에는 6~7주령에 폐온을 실시한다.

⑤ 폐온 후 밀집으로 인한 압사를 예방할 수 있도록 실내온도는 최저 20℃로 유지시킨다.

ANSWER

34 ① 실내온도가 너무 높을 경우에 나타나는 현상이다.
　　③ 계사 내 환기가 제대로 이루어지지 않을 경우에 나타나는 현상이다.
　　④ 위생관리의 불량으로 인하여 기생충에 감염되었을 때 나타나는 현상이다.

35 초생추의 사육환경
　　㉠ 표준육추온도 유지
　　㉡ 습도 및 환기
　　㉢ 철저한 위생관리

36 ② 첫 모이를 너무 늦게 공급하게 되면 탈수 및 예방접종효과의 감소를 야기시켜 병아리를 약하게 만들 수 있다.

답— 34.② 35.④ 36.②

37 겨울 육추시 폐온에 적합한 병아리의 일령은?

① 25~35일령　　　　　　　　② 25~30일령

③ 30~40일령　　　　　　　　④ 40~50일령

38 브로일러 종계의 사양관리에서 육성계의 체중조절에 대한 설명으로 옳지 않은 것은?

① 육용종계들은 성장이 아주 빠르므로 과도한 비만방지 및 산란율 향상을 위하여 사료급여량 제한과 사료의 질을 낮추어 관리한다.

② 평균 체중을 중심으로 한 체중분포도계수를 체중의 균일성이라 한다.

③ 체중의 분포가 평균체중을 중심으로 많이 집중되어 있을 경우 균일성이 높으므로 좋은 계군이 된다.

④ 균일성이 좋은 계군은 최고산란도달기간이 짧고 산란율도 높다.

⑤ 변이계수가 8% 이상일 경우 균일성이 좋은 계군이라 한다.

ANSWER

37 폐온에 적합한 병아리의 일령

시기	병아리의 일령
이른 봄	35~40일령
봄	25~35일령
늦은 봄	25~30일령
가을	30~40일령
겨울	40~50일령

38 변이계수가 8% 이하일 경우를 균일성이 좋은 계군이라 하며, 균일성이 나쁜 계군은 개체별 체성숙이 다르며 무거운 개체순으로 산란이 시작된다.

답— 37.④ 38.⑤

39 계군의 균일성 유지를 위한 대책으로 옳지 않은 것은?

① 케이지 사육 시 케이지별 사료분배를 고르게 한다.
② 평사의 경우 모든 개체에 대한 사료급여는 4분안에 이루어져야 한다.
③ 각 개체에 맞는 환경조건을 조성해 주어야 한다.
④ 사료를 섭취할 수 있는 공간이 충분해야 한다.
⑤ 체중의 측정 후 가벼운 개체는 분리사육을 하여야 한다.

40 계분받이판 설치 시 주의해야 할 사항으로 옳지 않은 것은?

① 홰 아래쪽에 철망을 대어 닭이 계분받이판을 밟지 않도록 해야 한다.
② 높이는 바닥으로부터 1m 이하, 홰 상단과의 간격은 15cm 이상 떨어뜨려야 한다.
③ 계분의 처리방향을 고려하여 넓고 두꺼운 바닥판을 설치해야 한다.
④ 청소 및 소독 시 분리할 수 있도록 설치해야 하며, 깊이 1m 이상일 경우에는 수평으로 설치해야 한다.
⑤ 여름철 통풍에 유리한 장소로 이동이 가능하도록 조립식으로 설치해야 한다.

41 대추의 사양관리에 대한 설명으로 옳지 않은 것은?

① 3개월령부터 초산에 이르기까지의 큰 병아리를 일컫는 말이다.
② 기본적인 관리체계는 적기에 산란을 유도시키는 것이다.
③ 발육속도는 중추보다 빠르므로 사료단백질의 양을 증가시켜야 한다.
④ 산란기에 사료단백질을 과량 공급하면 산란시기를 과도하게 촉진하며, 미량 공급할 경우 영양 및 건강에 악영향을 미친다.
⑤ 산란용 사료의 변경은 평균산란율이 5~10%에 도달했을 경우에 변경하여야 한다.

ANSWER

39 ③ 각 개체들은 모두 동일한 환경조건을 조성해 주어야 한다.

40 ④ 청소 및 소독 시 분리할 수 있도록 해야 하며, 깊이가 1m 이상일 경우에는 긁어내기가 불편하므로 경사지게 설치해야 한다.

41 ③ 대추의 발육속도는 중추에 비해 둔화되므로 13~15%로 사료단백질을 낮추어 공급해야 한다.

39.③　40.④　41.③

42 산란계의 사양관리 중 산란 2기에 해당하는 설명으로 옳은 것은?

① 산란 초기 22주령부터 최고 산란기와 체성숙이 끝나는 42주령까지를 말한다.

② 산란율, 난중, 증체를 고려하여 사료량을 증가시켜야 한다.

③ 정상적인 산란과 성숙이 이루어지도록 균형있는 사료의 공급이 필요하다.

④ 산란양의 감소폭이 크면 정상 산란율이 될 때까지 사료급여량을 유지시킨다.

⑤ 이 시기에는 산란율이 85~90%, 체중이 1,350~1,800g, 달걀의 크기와 난중은 40~56g 이상 증가하게 된다.

43 산란계의 사료급여방법에 대한 설명으로 옳지 않은 것은?

① 사료급여방법은 제한급여와 자유급식으로 분류할 수 있다.

② 사료섭취능력을 기초로 균형된 사료를 급여하는 것을 자유급식이라 한다.

③ 사료의 양과 질, 급여횟수를 제한하는 것을 제한급여라 한다.

④ 제한급여는 시간 및 노력은 경감되나 사료의 과다섭취로 인한 체지방의 과다축적을 유발시키기 쉽다.

⑤ 사료제한방법에는 사료량 및 횟수제한과 사료의 질을 낮추는 방법 등이 있다.

44 산란계의 체중이 5lb이고 연간 산란수가 210개라면 산란계 1마리의 연간 사료급여량은?

① 25kg

② 30kg

③ 46.8kg

④ 48kg

⑤ 103kg

 **ANSWER**

42 ①②③⑤ 산란 1기에 대한 설명이다.

43 ④ 자유급식에 대한 설명이다.
※ 자유급식 … 사료섭취능력을 기초로 균형된 사료를 급여하는 방식으로 제한급여보다 시간 및 노력은 절감되나 사료의 과량 섭취 시 체지방의 과다축적을 야기시킬 위험이 있다.

44 연간 사료급여량
$$FY = 25 + 8W + \frac{E}{7} = 25 + 8 \times 6 + \frac{210}{7} = 25 + 48 + 30 = 103\text{Ib} = 46.8\text{kg}$$

답 42.④ 43.④ 44.③

45 산란계의 평균체중이 5lb, 산란율이 60%일 때 1마리당 1일 사료급여량은?

① 12g
② 12Ib
③ 12kg
④ 120g

46 산란계 사육방식의 종류에 해당하지 않는 것은?

① 케이지사에 의한 사육
② 평상식 계사에 의한 사육
③ 평사에 의한 사육
④ 무창계사에 의한 사육

47 산란계의 케이지사 사육에 대한 설명으로 옳지 않은 것은?

① 단위면적당 사육수수의 증가, 사료이용효율의 증가, 개체점검의 용이 등의 장점이 있다.
② 단사케이지, 중케이지, 배터리식 케이지 등으로 분류할 수 있다.
③ 닭을 입체적으로 수용하므로 환기에 주의해야 한다.
④ 수용수수면에서는 평사보다 유리하며 수정률은 높으나 산란율은 낮다.

ANSWER

45 산란계의 1일 사료급여량

$$FD = 6.85 + 2.2W + \frac{E}{7} = 6.85 + 2.2 \times 5 + \frac{60}{7} = 26.42\text{Ib} = 12\text{kg}$$

1일 1마리당 사료급여량은 12kg ÷ 100 = 0.12kg = 120g

46 산란계의 사육방식
㉠ 케이지사에 의한 사육
㉡ 평사에 의한 사육
㉢ 평상식 계사에 의한 사육

47 ④ 평상식 계사에 대한 설명이다.

48 산란계의 일상관리에 대한 설명이 옳지 않은 것은?

① 오전관리 – 계사의 문을 여는 것에서부터 시작하며 아침사료급여 및 물통갈기 등을 실시한다.

② 집란관리 – 오전 8시부터 오후 2시 사이 3회에 걸쳐 집란을 실시하는 것이다.

③ 오후관리 – 오후 2시 이후 계사의 기구수리 및 닭을 이동시키는 등의 일을 하는 것이다.

④ 저녁관리 – 달걀의 등급판정을 하면서 파란, 불량난각란, 오염란 등을 제거하는 것이다.

49 다음 중 산란계에게 균형된 영양소를 공급하고 질병예방, 구충, 방역관리 등을 실시해야 하는 계절은?

① 봄　　　　　　　　　　　　　② 여름

③ 가을　　　　　　　　　　　　④ 겨울

50 다음 중 도태의 대상이 되는 닭이 아닌 것은?

① 병에 걸려 회복가능성이 없는 닭

② 산란능력이 평균 이하로 저하된 닭

③ 산란계로 이용이 불가능한 닭

④ 발육이 불량하여 산란계로 불충분한 닭

⑤ 스트레스로 인해 산란율이 저하된 닭

 **ANSWER**

48 ④ 집란관리에 대한 설명이다.
※ 저녁관리 … 해가 지기 1시간 전에 모이를 주며 해가 지고 닭이 홰에 오르면 문단속을 실시하는 것이다.

49 산란계의 계절별 관리사항
㉠ 봄 : 산란을 오랫동안 지속할 수 있도록 사료의 품질 및 섭취량을 고려해야 한다.
㉡ 여름 : 균형된 영양소를 공급하고 각종 질병예방 및 구충, 방역관리, 스트레스 제거를 실시해야 한다.
㉢ 가을 : 기온차이로 인한 질병발생의 대비 및 추위에 대한 방한대책을 마련해야 한다.
㉣ 겨울 : 기온변화 및 강추위에 대한 산란저하를 방지하기 위해 방한 및 보온대책을 강구해야 한다.

50 도태의 대상
㉠ 산란능력이 평균 이하로 저하된 닭
㉡ 산란계로 이용이 불가능한 닭
㉢ 병에 걸려 회복이 불가능한 닭
㉣ 발육불량으로 인하여 산란계로 충분하지 못한 닭

답 — 48.④ 49.② 50.⑤

51 볏 자르기의 장점에 대한 설명으로 옳지 않은 것은?

① 싸움으로 인한 볏의 상처를 예방할 수 있으며, 서열형성의 가능성이 저하되어 관리가 용이해진다.

② 겨울철 동상의 피해를 방지할 수 있다.

③ 밀집된 개체의 지나친 사료섭취경쟁을 억제시켜 비정상적인 개체의 발생을 방지할 수 있다.

④ 더운 지방에서 볏을 제거할 경우 체온조절기능이 저하될 가능성이 있다.

⑤ 큰 볏으로 인한 한쪽 눈가림을 막아 사료섭취의 장애현상을 방지할 수 있다.

52 점등관리 시 주의사항으로 옳지 않은 것은?

① 계군의 50%가 산란을 할 경우 최소 14시간 이상 점등하여야 한다.

② 점등시간의 연장은 아침과 저녁 두 번으로 나누어 실시한다.

③ 무창계사의 경우 낮은 촉광으로 전환시킨 후 점등한다.

④ 일령이 다른 인근 계사의 점등에 영향을 받지 않도록 한다.

⑤ 산란기에 접어들었을 경우 한번 연장한 점등시간을 줄여서는 안 된다.

53 부리 다듬기의 특징으로 옳지 않은 것은?

① 전체 계군의 활력이 증진되어 균일성 있는 계군의 유지가 가능하다.

② 신경질적인 행동이 제거되어 예방접종 및 사양관리에 유리하다.

③ 사료의 편식과 허실을 줄여 사료효율을 개선시킬 수 있다.

④ 탈항증과 식우성을 유발할 가능성이 증가한다.

⑤ 발가락을 쪼는 습관을 방지할 수 있다.

 **ANSWER**

---

51 ④ 볏 자르기의 단점에 대한 설명이다.

52 ③ 무창계사의 경우 어떠한 빛이라도 들어오게 해서는 안 된다.

53 부리 끝을 잘라 다듬어 주면 다른 닭의 깃털을 뽑거나 혹은 싸우거나 항문을 쪼는 식우성 및 탈항증을 방지할 수 있다.

답— 51.④ 52.③ 53.④

54 다음 중 닭의 특수관리에 해당하지 않는 것은?

① 점등관리
② 볏 자르기
③ 집란관리
④ 부리 다듬기
⑤ 강제환우

55 방한, 방서를 예방하기 위해 설치하는 지붕의 재료로 적합하지 않은 것은?

① 기와
② 양철
③ 열반사단열재
④ 콘크리트
⑤ 알루미늄

56 점등관리의 목적에 대한 설명으로 옳지 않은 것은?

① 생육시기에 따라 목적은 달라진다.
② 육성계의 경우 조기 성 성숙을 목적으로 한다.
③ 산란계의 경우 가을 환우의 억제 및 산란지속을 목적으로 한다.
④ 닭은 일조시간이 성숙 및 산란에 관여하는 장일성 번식동물이기에 점등관리가 중요하다.
⑤ 일조시간을 인위적으로 조절할 수는 없다.

ANSWER

54 ③ 닭의 일반관리에 해당한다.

55 지붕의 재료 … 기와, 양철, 알루미늄, 열반사단열재, 슬레이트

56 점등관리 … 닭은 일조시간에 따라 성 성숙 및 산란에 영향을 받는 장일성 번식동물로 일조시간을 인위적으로 조절하여 양계경영에 유리하게 하려는 목적으로 실시하는 것이다.

답 — 54.③ 55.④ 56.⑤

57 강제환우의 방법에 해당하지 않는 것은?

① 절식　　　　　　　　　　　② 절수
③ 점등　　　　　　　　　　　④ 환기

58 환우를 하고 있는 닭의 영양소 급여요령으로 옳지 않은 것은?

① 콜린, 비타민 B_{12} 등이 결핍되지 않도록 주의한다.
② 건강상태에 따른 종합비타민 및 항생물질의 투여 등을 실시한다.
③ 발병이 우려되는 기관지염 및 뉴케슬병 등의 질병은 미리 예방하는 것이 좋다.
④ 에너지는 사료 1kg당 대사 에너지가 2,800kcal 이상이 되도록 한다.
⑤ 탄수화물은 17% 정도 높여주고 메티오닌, 시스틴의 결핍에 주의한다.

59 다음 중 탈항의 원인으로 볼 수 없는 것은?

① 탈항의 발생률과 연관되어 있는 유전적인 요소
② 육성기간 중 영양의 과다 및 운동 부족으로 인한 지방층 형성
③ 육성기간 중 인접한 계사의 점등영향으로 인한 조기산란
④ 초산시기 체구에 비해 작은 알 생산
⑤ 알 생산 시 분비되는 난관의 신축성 결여

ANSWER

57 강제환우방법 … 환우를 하지 않는 닭을 모아놓고 절수, 절식, 점등제한을 하여 최소한의 스트레스를 유발시켜
실시한다.

58 ⑤ 단백질을 17% 정도 높여주어야 한다.

59 ④ 초산시기 체구에 비해 큰 알을 생산하였을 때 탈항의 원인이 된다.

답— 57.④　58.⑤　59.④

60 다음 중 탈항의 예방방법으로 옳지 않은 것은?

① 일령이 다른 산란계사의 점등의 영향을 받지 않도록 해야한다.

② 닭의 식혈성 유발에 주의하여 제한급여를 실시해야 한다.

③ 육추육성기간 및 산란기 때에는 계사 안의 조명을 밝게 유지해야 한다.

④ 탈항을 유발시키는 설사병, 콕시듐병, 회충병의 감염에 대비하여 예방접종을 실시해야 한다.

⑤ 탈항 및 식혈성이 나타나면 조명의 밝기를 줄이고 식혈성이 나타난 닭은 단독사육하거나 도태시켜야 한다.

61 계두에 대한 설명으로 옳지 않은 것은?

① 아비포바이러스에 속하는 계두바이러스가 원인균이다.

② 모기, 닭겨모기 등의 흡혈 곤충에 의해 전파된다.

③ 백신접종을 통하여 예방할 수 있으며 호흡곤란을 야기시킨다.

④ 직접 또는 간접 접촉에 의해 감염되며 3~6주령 병아리에서 발병률이 높다.

⑤ 볏, 얼굴, 눈꺼풀 등에 검붉은 색의 가피를 형성한다.

62 닭의 질병을 예방하기 위해 주의해야 할 위생사항으로 볼 수 없는 것은?

① 계사 간의 거리, 육추사와의 거리는 멀리 위치하도록 한다.

② 병계는 수시로 도태하고 소각 및 삶아서 처리하도록 한다.

③ 각종 질병에 대한 예방접종을 적정 시기에 맞추어 실시하도록 한다.

④ 양계장은 사람의 통행이 적고 다른 양계장이 없는 지역에 건축하도록 한다.

⑤ 자가진단이 어려운 경우에는 개괄적인 지식에 따라 처리하도록 한다.

ANSWER

60 ③ 육추육성기간 및 산란기 때에는 계사 안 조명의 밝기를 낮추어야 한다.

61 ④ 전염성 낭병에 대한 설명이다.

62 ⑤ 자가진단이 어려운 경우에는 가축위생기관을 찾아가 진단을 받도록 한다.

답— 60.③ 61.④ 62.⑤

63 다음에서 설명하고 있는 것은?

> • 가족의 생계비를 양계의 경영 수입에 의존하는 유형이다.
> • 양계 사육수수는 특별한 기준이 없고 양계수입에 의존하는 정도의 사양수수가 된다.

① 농업양계
② 기업양계
③ 종계양계
④ 브로일러양계
⑤ 전업양계

64 다음 중 세균성 질병에 속하는 것은?

① 계두
② 콕시듐증
③ 전염성 기관지염
④ 전염성 코라이자
⑤ 마렉병

 **ANSWER**

63 ① 농가에서 20~30 수 정도 방사하여 사육하는 유형으로 자급사료나 자연산재자원을 이용한다.
　② 대규모의 채란양계를 주축으로 이루어지며 종계, 육계 및 부화장까지 겸업하는 것을 말한다.
　③ 고유 품종을 대상으로 품종의 특성 및 산란율이 높은 종계를 생산하는 양계를 말하며, 규모, 사양기술, 생산시설 등 채란양계와는 다른 구조를 가지고 있다.
　④ 육계를 중심으로 이루어지는 경영으로 자본회전이 빠르고 대량생산이 가능하며, 위험부담이 적다.

64 닭병의 종류
　㉠ 전염성 질병
　• 세균성 질병 : 추백리, 파라티푸스 감염증, 전염성 코라이자, 클로스트리듐 장염, 괴저성 피부염, 가금 티푸스 등
　• 바이러스성 질병 : 닭 백혈병, 전염성 빈혈, 산란저하증후군 '76, 계두, 뉴캐슬병, 가금 인플루엔자, 전염성 기관지염, 세망내피증, 마렉병, 전염성 후두기관지염 등
　• 원충성 질병 : 콕시듐증, 류코사이토준병
　• 곰팡이성 질병 : 곰팡이성 폐렴
　• 기생충병 : 내부 및 외부 기생충병
　㉡ 비전염성 질병 : 중독증, 환경성 질병, 영양성 질병

답— 63.⑤　64.④

65 성계에게 식욕감퇴, 회백색의 설사, 산란율의 감소 등을 나타내는 살모넬라병의 일종으로 병아리의 흰설사병이라고도 하며 살모넬라 풀로룸이 원인이 되는 병은?

① 가금 티푸스
② 전염성 코라이자
③ 미코플라즈마병
④ 추백리
⑤ 가금 콜레라

ANSWER

65 ① 살모넬라 갈리나룸이 원인이 되며 발병 일령이 어린 병아리부터 노계가 될 때까지 지속적으로 발병된다. 여름철에 발병빈도가 높으며 추백리와 유사한 증상이 나타난다.
② 헤모필러스 파라갈리나룸의 감염에 의해 유발되는 호흡기병으로 공기전염을 통해 전파되며 기도와 눈에 염증을 일으키고, 호흡곤란 및 녹변을 배설한다.
③ 만성 호흡기병의 증상이 유발되며 가을부터 겨울에 많이 발생한다. 성장지체, 산란계의 산란율 및 부화율 저하가 나타난다.
⑤ 대추 이상의 성계에서 나타나며 치사율이 높은 제1종 법정가축전염병이다. 별다른 증상은 나타나지 않으며 식욕결핍, 침울, 입과 코에서 점액성 침출물이 분비되고 백색의 수양성 설사를 유발시킨다.

답— 65.④

6

돼지의 사양

돼지의 품종 및 육종

1 3원 교잡종 돼지의 생산을 위한 아비품종으로 널리 사용되는 것은?

① 랜드레이스종
② 중요크셔종
③ 체스터화이트종
④ 버크셔종
⑤ 두록종

2 다음에서 설명하고 있는 돼지의 품종은?

> • 영국에서 기원되었으며 몸은 흑색이고 얼굴 및 다리 끝, 꼬리는 백색이다.
> • 다리는 비교적 짧고 몸통은 그다지 크지 않다.
> • 산자수는 많지 않지만 육질이 우수하여 정육 및 가공에 적합하다.

① 대요크셔종
② 버크셔종
③ 웰시종
④ 대흑종
⑤ 브리티시 새들백종

 **ANSWER**

1 **두록종** … 원산지는 미국이고 피모는 담홍색에서 농적색까지 농담이 차이가 있으며 방목에 적합하고 기후풍토 및 피부병에 저항성이 강하다. 일당 증체량과 사료이용성이 양호하여 1대잡종, 3원 교잡종 및 비육돈 생산을 위한 아비품종으로 널리 사용되고 있다.

2 ① 영국에서 기원되었으며 대형 백색종으로 베이컨형에서 육용형으로 개량되었고, 육질은 양호하다. 번식능력이 우수하고 포유능력도 양호하며 사료효율이 우수하다.
③ 영국에서 기원되었으며 백색종으로 머리가 작고 귀가 하수되어 랜드레이스종과 유사하다. 후구가 발달되었고 네 다리는 짧다.
④ 영국에서 기원되었으며 흑색 대형종으로 체질이 강건하고 거친 사양관리에도 잘 견딘다. 지방이 두터워지고 만숙성이라는 단점이 있다.
⑤ 영국에서 기원되었으며 체질이 강건하고 방목에 적합하다. 피모는 흑색이고 어깨에서 앞다리까지 흰 띠가 있으며 두부는 길고 귀는 앞으로 늘어져 있다.

답— 1.⑤ 2.②

3 다음 중 두록종의 원산지는?

① 벨기에 ② 덴마크

③ 영국 ④ 미국

⑤ 중국

4 미국이 원산지이고 흰 띠가 몸을 한바퀴 감고 있으며, 체질이 강건하고 기후풍토에 대한 적응성이 뛰어나 방목에 적합한 품종은?

① 두록종 ② 폴란드차이나종

③ 스포티드종 ④ 체스터화이트종

⑤ 햄프셔종

 **ANSWER**

3 돼지의 원산지
ㄱ 영국종 : 대요크셔종, 중요크셔종, 버크셔종, 탬워스종, 대흑종, 브리티시 새들백종 등
ㄴ 유럽대륙종
  • 덴마크 : 랜드레이스종
  • 독일 : 독일개량종
  • 벨기에 : 피어트레인종
ㄷ 러시아종 : 러시아대백종
ㄹ 북미대륙종
  • 미국 : 두록종, 햄프셔종, 폴란드차이나종, 스포티드종, 체스터화이트종 등
  • 캐나다 : 라콤종
ㅁ 아시아종 : 한국종, 민돈, 태호돈, 상해백돈, 북경흑돈

4 ① 원산지는 미국으로 피모는 담홍색에서 농적색까지 농담의 차이를 보이며 체질이 강건하고 피부병에 대한 저항성이 강하다. 번식능력 및 포유능력은 대요크셔종에 비해 떨어지나 일당 증체량과 사료이용성은 양호하다.
② 원산지는 미국으로 라드형과 베이컨형의 중간종으로 개량되었다. 흑색바탕의 육백을 띠고 있으며 버크셔종과 유사한 외형을 지녔으나 등선이 활모양으로 더 굽어 있다.
③ 원산지는 미국으로 피모는 백색바탕에 흑반이 있고 다리를 제외한 체구의 80% 미만이 백색 또는 흑색 털로 덮여있다. 산자수와 비유능력이 양호하고 성질이 온순하다.
④ 미국에서 가장 오래된 품종으로 몸은 백색, 귀는 약간 밑으로 드리워져 요크셔종과는 상이하다. 성질은 온순하고 비유능력도 양호하다. 타 품종에 비하여 조숙성 및 사료이용성은 높지만 성장률이 낮다.

답— 3.④ 4.⑤

5 아시아 품종 중 한국종에 대한 설명으로 옳지 않은 것은?

① 모색은 흑색이고 주둥이가 길며 귀는 직립해 있다.

② 체질이 강하고 질병에 대한 저항성도 뛰어나며 조사료 이용성도 양호하다.

③ 성장률과 도체율이 낮아 경제성은 저하되나 고기맛은 좋다.

④ 만주종에서 유래된 것으로 체구는 작으며 허리, 배가 아래로 처져 있고 전구의 발달은 불량하다.

⑤ 산자수는 14~17두이고 증체량과 사료효율은 불량하다.

6 다음 중 조숙성이고 복당 산자수가 가장 많아 세계적으로 관심을 모으고 있는 품종은?

① 버크셔종   ② 햄프셔종

③ 랜드레이스종   ④ 매산돈

⑤ 라콤종

7 다음 중 원산지의 연결이 잘못 짝지어진 것은?

① 영국 – 요크셔종   ② 영국 – 버크셔종

③ 벨기에 – 두록종   ④ 중국 – 매산돈

⑤ 덴마크 – 랜드레이스종

ANSWER

5 ⑤ 매산돈에 대한 설명이다.

6 매산돈…중국의 재래종으로 머리가 크고 귀는 아래로 늘어져 있으며 피모는 흑색 또는 청회색이다. 번식능력이 우수하고 조숙성이라 세계적으로 관심을 끌고 있는 품종이다. 복당 산자수가 14~17두로 생후 4~6개월이면 번식이 가능하다. 일당 증체량과 사료효율이 불량하고 지방층이 두터워 정육률이 낮은 것이 단점이다.

7 ③ 두록종은 미국이 원산지이다.
 ※ 벨기에가 원산지인 품종은 피어트레인종이다.

답 5.⑤ 6.④ 7.③

8 다음 중 종모돈의 선발방법으로 이용할 수 없는 것은?

① 능력검정　　　　　　　　　　② 후대검정

③ SPI　　　　　　　　　　　　④ 형매검정

9 돼지의 품종에 대한 설명으로 옳지 않은 것은?

① 버크셔종은 산자수, 포유능력 및 비유능력이 불량하다.

② 햄프셔종은 산자수가 불량하고 지방층이 얇다.

③ 대요크셔종은 산자수 및 비유능력이 우수하고 사료효율이 좋다.

④ 랜드레이스종은 산자수가 적고 포유능력 및 비유능력이 낮다.

⑤ 체스터화이트종은 성장률이 낮고 체장이 짧다.

10 돼지의 심사를 위한 몸의 각 부위별 명칭과 측정방법의 연결이 잘못 짝지어진 것은?

① 흉위 – 주절 직후에서의 가슴둘레 측정

② 후폭 – 후구의 가장 넓은 부위의 폭 측정

③ 전폭 – 전구의 가장 넓은 부위의 폭 측정

④ 체고 – 좌전지 관부의 가장 가는 부위의 둘레 측정

⑤ 흉폭 – 주절 직후에서의 가슴 폭 측정

 **ANSWER**

8 종모돈의 선발방법 … 능력검정, 후대검정, 형매검정

9 ④ 랜드레이스종은 산자수가 많고 포유능력 및 비유능력이 우수하며 체장의 길이가 길다.

10 ④ 체고는 어깨에서 발끝까지의 거리를 측정하는 것이다.

답 8.③　9.④　10.④

11 돼지의 연령을 감정하는 방법에 대한 설명으로 옳지 않은 것은?

① 다른 가축과 동일하게 유치와 영구치의 발생상태로 연령을 감정한다.

② 유치가 모두 나오면 18개월령이다.

③ 치아의 발생상태는 성숙, 품종, 개체 등에 따라 차이가 나타난다.

④ 치아의 발생과 갱신에 의한 연령감정은 1개월 내외의 오차가 발생할 수 있다.

⑤ 분만기록부나 등록증으로 확인할 수 있다.

12 돼지의 연령을 확인할 수 있는 방법으로 적당한 것은?

① 체장   ② 다리 모양

③ 체중   ④ 치아

⑤ 지방축적량

13 돼지를 체형별로 분류한 형태가 아닌 것은?

① 베이컨형   ② 육용형

③ 개량형   ④ 라드형

14 다음 중 육용형으로 사용되는 품종이 아닌 것은?

① 두록종   ② 스포티드종

③ 햄프셔종   ④ 소요크셔종

⑤ 버크셔종

 **ANSWER**

11 ② 유치가 모두 나오는 시기는 생후 90일이며, 영구치가 모두 나오는 시기가 보통 18개월령이 된다.

12 돼지의 연령은 분만기록부 및 등록증을 보면 정확히 알 수 있으나 기록이 없을 경우 치아로도 감정이 가능하다.

13 돼지의 체형별 분류 … 베이컨형, 육용형, 라드형

14 육용형으로 사용되는 품종은 두록종, 햄프셔종, 스포티드종이 있으며 최근 개량된 것으로는 버크셔종, 랜드레이스종, 대요크셔종, 탬워스종이 있다.

                    답 — 11.② 12.④ 13.③ 14.④

15 다음 중 돼지의 외모심사기준시 배점으로 옳지 않은 것은?

① 일반적인 외모 – 20점
② 체구성 – 40점
③ 지제 – 15점
④ 생식기 – 10점
⑤ 머리와 목 – 10점

16 형매검정에 대한 설명으로 옳은 것은?

① 종돈으로 사용할 돼지의 능력을 동일한 사양하에서 비교하여 선별하는 방법을 말한다.
② 특정한 수퇘지의 종축가치를 판별하기 위해 수퇘지가 생산한 새끼돼지의 능력을 조사하여 종돈이용유지 및 도태여부를 결정하는 방법이다.
③ 한 개체의 종돈으로서의 가치를 그 개체의 형제 및 자매의 능력에 기초하여 판별하는 방법을 말한다.
④ 종돈능력검정소에서 실시하고 있는 능력검정을 말한다.
⑤ 돼지가 도살장으로 수송되는 도중 갑자기 폐사하는 것을 말한다.

17 다음 중 종빈돈으로 사용할 암퇘지의 심사에서 가장 중요한 것은?

① 귀의 모양
② 생식기 모양
③ 유두수
④ 치아수
⑤ 피부반점

ANSWER

15 외모심사기준의 배점
㉠ 일반적인 외모 : 20점
㉡ 생식기 : 15점
㉢ 체구성 : 40점
㉣ 지제 : 15점
㉤ 머리와 목 : 10점

16 ① 능력검정에 대한 설명이다.
② 후대검정에 대한 설명이다.
④ 검정소검정에 대한 설명이다.
⑤ 스트레스 감수성에 대한 설명이다.

17 종빈돈으로 사용할 암퇘지에게는 정상적인 유두가 12개 이상이고 배열상태가 좋은 지가 가장 중요하다. 유두의 개수가 6쌍 미만이거나 형질이 불량해서는 안 된다.

답— 15.④ 16.③ 17.③

18 두록종의 외모심사기준에 대한 설명으로 옳지 않은 것은?

① 모색은 적갈색이고 반점이 없어야 한다.

② 귀는 앞으로 늘어져 있고 양 귀 사이의 간격은 넓어야 한다.

③ 갈비는 잘 개장되어 있고 주름살이 없어야 한다.

④ 유두가 정상적으로 6쌍 배열되어 있으며 부유두가 없어야 한다.

⑤ 피부에 검은 점이나 흰 점이 있어야 한다.

19 다음 중 이상적인 육용형 돼지의 체형에 해당하지 않는 것은?

① 체장이 길다.　　　　　　　　② 퇴부가 두텁고 깊다.

③ 다리가 길고 탄력적이다.　　　④ 어깨가 평활하다.

⑤ 턱이 바르고 충실하다.

20 다음 중 돼지심사의 감점률 범위가 잘못 짝지어진 것은?

① 특별히 우수한 것 – 0~5%　　　② 결점이 눈에 띄는 것 – 21~30%

③ 경미한 결점이 있는 것 – 6~10%　　④ 결점이 많은 것 – 31~40%

 **ANSWER**

18 ⑤ 실격조건에 해당한다.

19 이상적인 육용형 돼지의 체형
　㉠ 다리는 짧고 탄력적이다.
　㉡ 퇴부는 깊고 두텁다.
　㉢ 등선의 모양은 활 모양이다.
　㉣ 엉덩이는 적당히 경사져 있다.
　㉤ 어깨는 평활하다.
　㉥ 체장은 길다.
　㉦ 턱은 바르고 충실하다.
　㉧ 네 다리는 길이가 적당하고 튼실하다.

20 돼지심사의 감점률 범위
　㉠ 특별히 우수한 것 : 0~5%
　㉡ 극히 경미한 결점이 있는 것 : 6~10%
　㉢ 경미한 결점이 있는 것 : 11~20%
　㉣ 결점이 눈에 띄는 것 : 21~30%
　㉤ 결점이 많은 것 : 31~40%

18.⑤　19.③　20.③

21 돼지의 외모심사방법에 대한 설명으로 옳지 않은 것은?

① 외모심사기준을 이해하고 기준에 맞춰 공정하고 정확하게 평가하여야 한다.

② 심사자의 기호성 및 편견, 감정에 따라 심사하면 안 된다.

③ 자연스러운 자세에서 측면, 전방, 후방 등 적당한 거리에서 전체적으로 관찰을 해야 한다.

④ 채점은 부위별로 배정된 점수에서 감점해 나가는 방식으로 한다.

⑤ 50% 이상 감점된 항목이 하나 정도 있어도 합계점수에 미달되지 않는 이상 실격처리는 되지 않는다.

22 랜드레이스종의 외모심사기준시 실격사유에 해당하는 것은?

① 털은 백색이며 질이 좋고 주름살과 반점이 없어야 한다.

② 유두가 6쌍 정상 배열되어 있고 부유두가 없어야 한다.

③ 귀가 직립형이여야 하고 코는 곧고 코끝은 좁지 않아야 한다.

④ 등과 허리는 길고 후구로의 이행이 좋으며 등은 곧고 강하며 폭이 넓어야 한다.

⑤ 관골은 굵지 않고 단단하며 발목은 짧고 탄력적이여야 한다.

ANSWER

21 ⑤ 통상적으로 50% 이상 감점된 항목이 하나라도 있을 경우 합계점수에 관계없이 실격처리된다.

22 랜드레이스종의 실격조건
   ㉠ 피부에 반점이 있을 경우
   ㉡ 유두의 수가 정상적이지 않거나 형질이 불량한 경우
   ㉢ 귀가 곧게 서 있는 경우
   ㉣ 생식기가 비정상적이거나 형질이 불량한 경우

답 — 21.⑤ 22.③

23 다음과 같은 조건에서 실격으로 판정되는 돼지의 품종은?

> • 어깨 띠의 너비가 몸 길이의 70% 이상을 차지하고 있다.
> • 뒷다리의 하얀 털이 비절 이상 올라가 있다.
> • 수컷의 생식기가 비정상적이거나 형질이 불량하다.

① 버크셔종 　　　　　　　　② 햄프셔종
③ 두록종 　　　　　　　　　④ 랜드레이스종
⑤ 대요크셔종

24 인접한 미추골이 융합되어 꼬리가 굽는 현상으로 꼬리의 끝부분에서 주로 나타나며 성장함에 따라 더욱 심화되는 기형은?

① 음고 　　　　　　　　　　② 단제
③ 선모 　　　　　　　　　　④ 사미

ANSWER

23 ① 몸에 흰 점 또는 흰 털 및 곱슬털이 심할 때, 귀가 심하게 늘어져있거나 유두의 개수미만 및 형질불량, 생식기불량 등이 실격조건이 된다.
③ 귀의 직립, 피부 흰 점 또는 검은 점, 유두 개수미만 및 형질불량, 생식기불량 등이 실격조건이 된다.
④ 귀의 직립, 피부반점, 유두의 개수미만 및 형질불량, 생식기불량 등이 실격조건이 된다.
⑤ 귀가 전방으로 심하게 늘어지거나 피부반점, 유두의 개수미만 및 형질불량, 생식기불량 등이 실격조건이 된다.

24 ① 고환의 한쪽 또는 양쪽 모두가 음낭으로 내려오지 못하고 복강 내에 머물러 있는 현상을 말한다.
② 발굽이 하나가 되는 현상으로 우성유전자에 의해 발현된다.
③ 한 개체에 여러 개의 선모가 나타나는 것으로 두 쌍의 우성유전자에 의해 발현된다.

답 ― 23.② 24.④

25 모색유전에 대한 설명으로 옳지 않은 것은?

① 햄프셔종의 흑색은 적색에 대하여 완전우성이므로 햄프셔종과 두록종을 교배시키면 자손 1세대는 모두 흑색으로 나타난다.

② 체스터화이트종의 백색은 두록종의 적색에 대하여 우성이므로 둘을 교배시키면 자손 1세대는 모두 백색으로 나타난다.

③ 백대가 있는 형질은 백대가 없는 형질에 대하여 우성이므로 햄프셔종을 버크셔종과 교배시키면 자손 1세대의 모색은 백대를 가진 흑색으로 나타난다.

④ 햄프셔종의 흑색과 버크셔종의 흑색은 각각 다른 유전자로부터 발현된 것이다.

⑤ 체스터화이트종과 햄프셔종을 서로 교배시키면 백대 이외의 부분이 흑색인 자손 1세대가 나타난다.

26 버크셔종과 체스터화이트종을 교배시킬 경우 나타나는 자손 1세대의 외형적 특징으로 옳은 것은?

① 피모는 백색이고 귀는 경사형이다.

② 피모는 적색이고 귀는 직립형이다.

③ 피모는 백색이고 귀는 완전하수형이다.

④ 피모는 적색이고 귀는 경사형이다.

⑤ 피모는 백색이고 귀는 직립형이다.

ANSWER

25 ② 체스터화이트종의 백색은 두록종의 적색에 대하여 우성이지만 둘을 교배시키면 자손 1세대는 소량의 사색모가 혼재하는 백색이 나타나므로 체스터화이트종의 백색유전자는 두록종의 적색유전자를 완전히 억제시키지 못함을 알 수 있다.

26 체스터화이트종의 백색은 모든 색에 대하여 우성이며 버크셔종의 귀 모양은 경사형에 우성이고 완전하수형에는 불완전우성을 나타낸다.

답— 25.② 26.⑤

27 돼지에서 나타나는 유전현상의 종류에 해당하지 않는 것은?

① 모색유전　　　　　　　　　　② 형질유전

③ 기형유전　　　　　　　　　　④ 치사유전

⑤ 반성유전

28 다음 중 유전적인 원인에 의해서 나타나는 기형으로 볼 수 없는 것은?

① 음고　　　　　　　　　　　　② 무지

③ 사미　　　　　　　　　　　　④ 단제

⑤ 선모

29 다음 중 귀의 모양이 경사형인 것은?

① 버크셔종　　　　　　　　　　② 랜드레이스종

③ 두록종　　　　　　　　　　　④ 햄프셔종

30 음고에 대한 설명으로 옳지 않은 것은?

① 양쪽 고환이 모두 복강 내에 잠식해 있으므로 번식능력이 없다.

② 유전적 원인에 의하여 발현되는 기형의 종류이다.

③ 고환의 한쪽 또는 양쪽 모두가 음낭으로 내려오지 않고 복강 내 머물러 있는 것을 말한다.

④ 염색체를 조사해 보면 성염색체가 XX형으로 되어 있다.

⑤ 잠복정소라고도 한다.

ANSWER

27 돼지의 유전현상의 종류 ··· 모색유전, 형질유전, 치사유전, 기형유전

28 ② 치사 및 반치사형질에 의해 발현된다.

29 ①④ 직립형　② 완전하수형

30 ④ 간성에 대한 설명이다.

답 — 27.⑤　28.②　29.③　30.④

31 다음 중 치사 및 반치사형질에 의해 발현되는 현상은?

① 음고
② 열이
③ 사미
④ 단제
⑤ 간성

32 미경산돈의 선발과정으로 옳지 않은 것은?

① 종돈으로 선발할 돼지는 출생 직후 귀 자르기를 이용하여 개체표지를 실시한다.
② 자돈의 이유시에는 각 개체의 유두 수를 조사하여 12개 이상이고 배열상태가 양호한 것을 선발한다.
③ 암퇘지의 체중이 90kg 정도 될 경우 등지방 두께를 측정하고 일당 증체량 및 체중을 측정하여 체형을 평가한다.
④ 선발된 암퇘지가 번식정력기에 도달하면 수태성적 등을 고려하여 불량 개체는 도태시킨다.
⑤ 암퇘지의 두수는 종빈돈과 동일하게 확보하도록 한다.

33 돼지의 개량시 고려해야 할 경제적 형질에 해당하지 않는 것은?

① 복당 산자수
② 이유 후의 성장률
③ 사료의 효율
④ 연령
⑤ 도체의 품질

ANSWER

31 ①③④⑤ 기형형질에 의한 현상에 해당한다.

32 ⑤ 암퇘지의 두수는 종빈돈보다 20~30% 정도 더 많게 확보해야 한다.

33 돼지의 경제적 형질의 종류
　㉠ 이유 시의 체중
　㉡ 사료의 효율
　㉢ 이유 후의 성장률
　㉣ 도체의 품질 및 육질
　㉤ 복당 산자수

답 — 31.② 32.⑤ 33.④

34 다음 중 육질에 영향을 주는 요인에 해당하는 것은?

① 햄과 로인의 비율   ② 도체율

③ 배장근 단면적   ④ 근내 지방함량

⑤ 등지방 두께

35 돼지의 육종목표 설정방법에 대한 설명으로 옳지 않은 것은?

① 육돈의 성장률이 빠르도록 개량하여 시장출하체중 도달시기를 앞당기도록 해야 한다.

② 체형이 우수한 형질로 개량시켜야 한다.

③ 복당 산자수를 많게 하고 육성률을 향상시켜 한 배 새끼수를 10두 이상 되도록 해야 한다.

④ 사료의 효율을 개선하여 사료비를 절감시켜야 한다.

⑤ 도체율과 정육률이 낮고 육질이 우수한 개체로 개량시켜야 한다.

36 다음 중 SPI(모돈 생산능력지수)를 구하는 공식에 해당하는 것은?

① $6.5\text{NBA} + 2.2\text{ALW}$

② $6.5\text{NBA} - 2.2\text{ALW}$

③ $\dfrac{\text{해당 모돈의 SPIA}}{\text{동거군의 평균 SPIA}}$

④ $\dfrac{\text{해당 모돈의 SPIA}}{\text{동거군의 평균 SPIA}} \times 100$

⑤ $100 + \dfrac{0.2\text{N}}{1 + (\text{N} - 1)(0.25)}\left(\dfrac{\text{SPIRS} - 100\text{N}}{\text{N}}\right)$

ANSWER

34 육질에 영향을 주는 요인 … 육색, 근내 지방함량

35 ⑤ 도체율과 정육률이 높고 육질이 우수한 육용형 개체로 개량시켜야 한다.

36 $\text{SPI} = 6.5\text{NBA} + 2.2\text{ALW}$
(NBA : 모돈의 생존 산자수, ALW : 한 배에서 나온 새끼의 전체체중)

답 — 34.④ 35.⑤ 36.①

37 종돈으로 사용될 돼지 자체의 능력을 동일한 사양하에서 비교하여 선발하는 방법은?

① 형매검정

② 후대검정

③ 능력검정

④ 선발강도

38 사료효율에 대한 설명으로 옳지 않은 것은?

① 양돈 수익의 증대를 위하여 사료효율의 개선은 중요하다.

② 사료효율은 증체량과 사료소비량의 곱으로 계산한다.

③ 사료효율은 사료소비량을 증체량으로 나누어 계산한다.

④ 사료효율을 구하는 공식은 두 종류가 있다.

39 랜드레이스종과 대요크셔종 간 교배에 의해 생산된 1대 잡종 중 암퇘지를 모돈으로 하여 대요크셔종 수퇘지와 교배시키는 방법은?

① 상호역교배

② 종료윤환교배

③ 근친교배

④ 퇴교배

⑤ 순종교배

ANSWER

37 능력검정 … 종돈으로 사용할 돼지 자체의 능력을 동일한 사양하에서 비교하여 선별하는 방법으로 후대검정에 비해 비용이 적게 들고 실시하기도 용이하다. 종돈장에서 실시되는 능력검정을 농장검정, 자가검정이라고 한다.

38 사료효율 구하는 공식

   ⊙ 사료효율 $= \dfrac{\text{사료소비량}}{\text{증체량}}$ (사료효율수치가 낮을수록 좋다)

   ⓛ 사료효율 $= \dfrac{\text{증체량}}{\text{사료소비량}}$ (사료효율수치가 높을수록 좋다)

39 ① 1대 잡종의 암퇘지를 그 양친 품종 중 한 품종과 교배시키고 여기서 생산된 자손 중 암퇘지를 모돈으로 하여 다른 양친의 품종인 순종의 수퇘지와 교배시키는 것이다.

   ② 2~3품종 윤환교배를 실시하여 종빈돈을 생산하고 여기서 생산된 종빈돈을 제3 또는 4품종의 수퇘지와 교배시켜 교잡종의 비육돈을 생산하는 것을 말한다.

   ③ 혈연관계가 근접한 개체끼리 교배시키는 것으로 번식능력과 생산능력을 저하시킨다.

   ⑤ 동일한 품종에 해당하는 개체끼리 교배시키는 것이다.

답 37.③ 38.② 39.④

40 다음에서 나타내고 있는 교배방법은?

랜드레이스종(우) × 대요크셔종(♂)
↓
잡종자손(우) × 랜드레이스종(♂)
↓
잡종자손(우) × 대요크셔종(♂)
↓
잡종자손(우) × 랜드레이스종(♂)

① 퇴교배 　　　　　　　　　　② 상호역교배
③ 윤환교배 　　　　　　　　　　④ 종료윤환교배

41 다음 중 경산돈을 선발하기 위하여 SPI를 계산하고자 할 때 필요한 것은?

① 성장률과 이유 시 체중 　　　　② 복당 산자수와 사료효율
③ 증지방 두께와 등심 단면적 　　④ 생존 자돈수와 21일령 새끼 전체체중
⑤ 산자수 유전력과 복당 체중

42 퇴교배법을 사용하여 생산되는 돼지에게 기대할 수 있는 효과로 옳은 것은?

① 잡종강세 　　　　　　　　　　② 치사형질
③ 열성형질 　　　　　　　　　　④ 동형접합성

ANSWER

40 ① 두 품종 또는 두 계통간의 1대 잡종에 양친 중 어느 한쪽의 품종이나 계통을 교배시키는 방법이다.
　③ 서로 다른 3~4품종의 수퇘지를 매 세대 교대로 이용하는 방법이다.
　④ 2품종 또는 3품종 윤환교배를 실시하여 종빈돈을 생산하고 생산된 종빈돈을 제3 또는 4품종의 수퇘지와 교배시켜 교잡종의 비육돈을 생산하는 방법이다.

41 SPI 측정시 해당 모돈의 복당 산자수와 보정된 21일령 한배의 새끼 전체의 체중이 필요하다.

42 퇴교배법 … 두 품종 또는 두 계통 사이의 1대 잡종과 양친 중 한쪽의 품종 및 계통과 교배시키는 방법으로 1대 잡종의 암퇘지를 번식에 이용하므로써 모체에 나타나는 잡종강세를 자돈의 생산 및 육성에 이용할 수 있다.

답— 40.② 41.④ 42.①

43 다음에서 나타내고 있는 교배방법은?

대요크셔종(우) × 랜드레이스종(♂)
↓
제1대 잡종(우) × 두록종(♂)
↓
잡종자손(우) × 대요크셔종(♂)
↓
잡종자손(우) × 랜드레이스종(♂)
↓
잡종자손(우) × 두록종(♂)

① 종료윤환교배　　　　　　② 근친교배
③ 3품종 윤환교배　　　　　④ 순종교배

44 근친교배에 의한 번식능력저하의 원인으로 옳지 않은 것은?

① 초기 배자의 사망률 증가　　　② 수퇘지의 성욕감퇴
③ 생식기의 발육부진　　　　　　④ 성 성숙의 지연
⑤ 성장률 증가

ANSWER

43 3품종 윤환교배 … 서로 다른 3품종의 순종 수퇘지를 이용하여 매 세대 교대로 이용하는 교배방법이다.

44 근친교배시 나타나는 번식능력저하의 원인
　　㉠ 수퇘지의 성욕감소
　　㉡ 고환의 발육부진 및 난자수 감소
　　㉢ 성 성숙의 지연
　　㉣ 초기 배자 사망률 증가

답— 43.③ 44.⑤

45 대요크셔종 암퇘지와 랜드레이스종 수퇘지 사이의 잡종1세대 암퇘지와 두룩종 수퇘지의 교배를 3품종 교잡종이라 한다. 여기서 잡종1세대를 모돈으로 하여 교배에 이용할 경우 얻을 수 있는 효과로 옳지 않은 것은?

① 산자수의 증가　　　　　　　② 자돈의 포유능력 향상
③ 도체의 중량 증가　　　　　　④ 잡종강세
⑤ 성장률 저하

46 종료윤환교배에서 생산되는 교잡종 암컷 중 자질면에서 하위 20%에 해당하는 개체를 이용하는 방법으로 옳은 것은?

① 비육돈 생산을 위한 모돈　　　② 윤환교배용 종빈돈
③ 퇴교배용 모돈　　　　　　　　④ 번식에 사용하지 않음

ANSWER

45 ⑤ 근친교배시 나타나는 효과에 대한 설명이다.

46 종료윤환교배시 생산되는 교잡종 암컷의 이용방법(자질측면)
　　㉠ 상위 20% : 윤환교배용 종빈돈
　　㉡ 하위 20% : 번식에 사용하지 않음
　　㉢ 60% : 비육돈생산용 모돈

답— 45.⑤　46.④

1 뚜렷한 발정의 징후를 보이지 않으나 배란을 수반하는 발정은?

① 불규칙한 발정　　　　　　　② 사모광

③ 지속성 발정　　　　　　　　④ 둔성발정

⑤ 무배란성 발정

2 수퇘지에서 정자가 형성되는 시기는 언제인가?

① 3개월령　　　　　　　　　　② 4~5개월령

③ 5~6개월령　　　　　　　　④ 8개월령

ANSWER

1　② 난소난중에 기인하여 발생하는 증상으로 21일 이상의 장기적인 발정증상과 과도한 성욕을 표현한다.
　　③ 지속시간은 20시간 전후이나 한도를 넘어서 발정이 지속되는 것을 말한다.
　　⑤ 발정은 정상이나 배란이 일어나지 않는 것을 의미하며 뇌하수체 전엽의 LH의 부족으로 발생한다.

2　수퇘지의 성 성숙
　　㉠ 3개월령 : 정모세포의 형성
　　㉡ 4~5개월령 : 정세포의 형성
　　㉢ 5~6개월령 : 정자의 형성

답 1.④　2.③

3 돼지의 번식에 이용하는 연중번식법의 장점으로 옳지 않은 것은?

① 연중 일정한 노동력을 요구하므로 노동력 이용에 효율적이다.

② 돈사와 시설의 최대한 이용이 가능하다.

③ 양돈업의 투기성과 수익성의 증가를 가져온다.

④ 돈육의 생산과 공급을 원활히 함으로 돈육의 가격안정 및 소비를 촉진시킬 수 있다.

⑤ 연중 지속적인 비육돈을 생산할 수 있으므로 돈육의 시장공급원활 및 지속적인 수입을 창출할 수 있다.

4 다음 중 암퇘지의 번식적령기로 옳지 않은 것은?

① 생후 120~160일인 경우

② 8개월령 이상일 경우

③ 체중이 110~120kg일 경우

④ 2~3회의 규칙적인 발정이 일어난 경우

5 다음 중 발정의 징후로 볼 수 없는 것은?

① 외음부의 종대
② 음문에서 유백색 점액 방출
③ 허리 압박시 도주
④ 심리적 불안감 표출

ANSWER

3 ③ 양돈업의 투기성을 저하시키고 전문성 및 수익성의 증가를 가져온다.

4 ① 생후 120~160일경 불규칙적으로 1~8일간 외음부가 부어오르는데 마치 발정시기인 것처럼 보이나 배란은 일어나지 않으므로 번식적령기로 볼 수 없다.

5 돼지 발정의 징후
　㉠ 허리는 누르거나 올라타면 고정자세
　㉡ 음문으로부터 유백색 점액 방출
　㉢ 외음부 붉게 종대
　㉣ 심리적 불안감 표출

답─ 3.③ 4.① 5.③

6 돼지의 발정주기에 대한 설명으로 옳지 않은 것은?

① 발정주기는 품종에 따라 차이가 나타난다.

② 경산돈은 평균적으로 22.2일 정도의 주기를 갖는다.

③ 미경산돈은 경산돈에 비하여 주기가 길다.

④ 미경산돈은 평균적으로 20.4일 정도의 주기를 갖는다.

7 다음 중 미경산돈의 발정지속시간으로 옳은 것은?

① 평균 58시간

② 평균 54.7시간

③ 평균 70시간

④ 평균 85.5시간

8 돼지의 교미 후 배란에 대한 설명으로 옳지 않은 것은?

① 수컷과 교미 후 평균 31시간 후 배란이 시작된다.

② 난자를 배출하는 데 약 120분 정도가 소요된다.

③ 배란된 난자의 수와 태아수는 일치한다.

④ 실제 수정에 소요되는 시간은 25~30시간 정도이다.

⑤ 종부는 발정개시 후 30시간 내에 실시하여야 한다.

ANSWER

6 ③ 경산돈은 미경산돈보다 주기가 더 길다.

7 돼지의 발정지속시간
　㉠ 일반적인 발정지속시간 : 평균 58시간
　㉡ 경산돈의 발정지속시간 : 평균 70시간
　㉢ 미경산돈의 발정지속시간 : 평균 54.7시간

8 임신초기 수정란이 사멸되어 흡수되는 경우가 있으므로 배란된 난자수와 태아수는 일치하지 않으며 배란수에 대한 산자수의 비율은 평균 76%이다.

답 6.③ 7.② 8.③

9 다음 중 종부적기에 해당되는 시기는?

① 10시간 이내

② 10~26시간

③ 26~37시간

④ 37~48시간

⑤ 48~72시간

10 암퇘지와 수퇘지의 체격적인 차이로 인하여 자연교배가 불가능하거나 암퇘지의 뒷다리가 너무 부실한 경우 사용하는 교배방법은?

① 선택교배

② 자연교배

③ 보조교배

④ 예비교배

11 종부횟수에 대한 설명으로 옳지 않은 것은?

① 종부횟수는 해당 개체의 연령 및 건강상태에 따라 다르며 하루 1회, 1주일에 3~4회 정도가 적당하다.

② 한 발정기에 2회의 종부를 하면 수태율이 10% 향상되고 산자수도 1두 정도 증가하게 된다.

③ 대규모 양돈장의 경우 아침과 저녁 2회에 걸쳐 발정한 암퇘지를 선별하여 교배시킨다.

④ 만 1년 미만의 어린 수퇘지를 번식에 이용하려면 종부횟수를 늘려야 한다.

⑤ 수퇘지는 1년에 50~80회 정도가 종부횟수로 적당하다.

ANSWER

9 종부적기 … 난자의 수정능력시간은 약 10~21시간 정도이고 생식기 내 정자의 생존기간은 약 40시간이 된다. 정자가 암컷의 생식기 내에 주입되면 평균 1.5시간 지나면 난관에 도달하고 15~17시간 후엔 수란관에 도달하게 되므로 발정개시 후 10~30시간 사이가 종부적기에 해당한다.

10 보조교배 … 암퇘지와 수퇘지의 체격차이 및 암퇘지의 허약으로 인하여 자연교배가 불가능할 경우 사용하는 교배방법이다. 종부틀을 사용하거나 암퇘지의 위턱을 고정시키고 복부를 가마니로 받쳐 교배가 가능하도록 한다.

11 ④ 만 1년 미만의 어린 수퇘지를 번식에 이용하려면 종부횟수를 낮추어야 한다.

답 — 9.② 10.③ 11.④

12 인공수정을 실시하려고 할 경우 정액채취에 대한 설명으로 옳지 않은 것은?

① 수압법과 인공질법으로 분류할 수 있으며 수압법이 널리 이용된다.

② 수퇘지를 의빈대나 보정된 암퇘지 근처에 두면 예비동작 후 교미동작을 취하게 된다.

③ 수압법은 교미동작을 시작하는 수퇘지의 음경의 선단부분을 쥐면서 율동을 주어 정액을 채취하는 방법이다.

④ 돼지의 사정시간은 1~5분이다.

13 다음 중 정액보관시 정자의 생존에 유리한 적정온도는?

① 10~15℃   ② 15~20℃

③ 20~25℃   ④ 25~30℃

⑤ 30~35℃

14 돼지의 정액에 대한 설명으로 옳은 것은?

① 액상부는 유백색을 띠며 정자의 농도가 높다.

② 정액의 화학적 조성 중 당류의 함량은 타 가축에 비하여 현저히 낮다.

③ 교양물은 정액의 80%를 차지하고 있다.

④ 교양물은 하루정도 경과하면 2배 이상 팽대되어 자궁에 주입된 정액의 질내 역류를 방지시킨다.

⑤ 정액은 액상부와 교양물로 구성되어 있다.

 **ANSWER**

12 ④ 돼지의 사정시간은 3~15분 정도로 타 가축보다 길다.

13 정액을 보존할 때에는 15~20℃의 실온에 보관하는 것이 정자의 생존에 가장 유리하다.

14 교양물 … 정액의 20% 정도를 차지하고 있으며 하루정도 경과하면 액상부를 흡수하여 2~3배로 팽대되어 자궁경부를 막음으로 자궁에 주입된 정액의 질내 역류를 방지한다.

답— 12.④ 13.② 14.③

15 인공수정시 정액주입량으로 옳은 것은?

① 10~15ml

② 25~30ml

③ 50~100ml

④ 100~150ml

⑤ 150~250ml

16 돼지의 임신기간과 진단에 대한 설명으로 옳은 것은?

① 임신기간은 품종 및 산차에 따라 소정의 차이를 나타내나 평균적으로 114~115일 정도 이다.

② 임신을 하게되면 체중이 점진적으로 증가하게 된다.

③ 21일마다 반복되는 발정의 유무를 판단하여 임신여부를 알 수 있다.

④ 임신중기가 되면 복부가 팽대해지고 유두가 커진다.

⑤ 임신초기에 복부에 손을 대보면 태동의 기미를 느낄 수 있다.

17 다음 중 이유시기에 해당하는 포유의 횟수로 옳은 것은?

① 1일 11회

② 1일 17회

③ 1일 22회

④ 1일 24회

⑤ 1일 26회

ANSWER

15 돼지는 타 가축에 비하여 배란 수가 많고 자궁각이 길며 정자농도가 희박하기 때문에 많은 양의 정액을 필요로 한다. 정액주입 권장량은 50~100ml이다.

16 임신진단
ㄱ 초기 : 21일마다 반복되는 발정이 일어나지 않는다.
ㄴ 중기 : 유두크기 증가 및 복부의 팽대가 나타난다.
ㄷ 후기 : 복부의 태동을 감지할 수 있다.

17 포유횟수
ㄱ 생후 3일 : 1일 24회
ㄴ 생후 1주일 : 1일 26회
ㄷ 이유 시 : 1일 17회

답 — 15.③ 16.⑤ 17.②

18 임신돈의 에너지 요구량에 대한 설명으로 옳지 않은 것은?

① 임신기간 중의 체유지, 증체, 태아발육 등에 필요한 에너지를 고려하여야 한다.
② 임신 전반기와 후반기의 체유지 요구량은 동일하다.
③ 자돈 생산에 따른 에너지 요구량은 모돈의 상태에 따라 다르다.
④ 임신돈의 체중이 140kg일 경우 체유지와 증체에 필요한 총에너지는 25MJ이다.

19 초유에 대한 설명으로 옳지 않은 것은?

① 분만 후 최초로 약 3일 정도까지 나오는 젖을 초유라 한다.
② 초유는 상유에 비해 수분 및 유당의 함량이 높다.
③ 모돈이 지닌 면역성을 새끼에게 부여해 주며 태분의 배설을 돕는다.
④ 초유는 반드시 자돈에게 먹여야 한다.

20 다음 중 분만의 징후로 볼 수 없는 것은?

① 오목하게 미근의 양쪽이 들어간다.
② 유두는 부드럽고 젖이 나온다.
③ 검붉게 음부가 종대된다.
④ 움직임이 불안해지며 식욕이 감퇴된다.
⑤ 음문에서 유백색의 점액이 흘러 나온다.

ANSWER

18 ② 임신 전반기는 1kg당 0.4MJ, 후반기는 0.55MJ의 가소화 에너지가 요구된다.

19 ② 초유는 상유에 비하여 고형물 및 단백질 함량이 높으며 수분, 유당, 지방의 함량은 적다.

20 ⑤ 발정의 징후에 대한 설명이다.

답— 18.② 19.② 20.⑤

21 새끼돼지를 위탁포유시킬 경우 주의해야 할 사항으로 옳지 않은 것은?

① 분만일이 동일하거나 유사한 모돈에게 위탁시켜야 한다.

② 모돈의 오줌 및 젖을 묻혀 냄새가 구별되도록 해야 한다.

③ 어미의 초유가 끝난 후에 위탁시켜야 한다.

④ 모돈의 포유두수가 초과될 경우 실시하여야 한다.

22 환경에 따른 체온조절능력이 약한 포유자돈의 연령이 생후 3일인 경우 유지시켜 주어야 할 적정온도는?

① 20~22℃

② 22~25℃

③ 28~30℃

④ 30~32℃

23 새끼 돼지의 젖떼기에 대한 설명으로 옳지 않은 것은?

① 우리나라는 생후 30일경에 이유하는 것이 보통이다.

② 이유를 할 경우에는 분만돈방에서 자돈을 다른 곳으로 이동시켜야 한다.

③ 생후 21일령 이전 또는 체중이 4.5kg 이하일 경우에 이유를 하려면 고도의 사육기술과 영양소의 함량이 충분한 사료가 필요하다.

④ 생후 3주 이전의 이유를 조기이유라 하고 이유의 시기가 빠를수록 고도의 기술이 필요하다.

⑤ 사료를 변경할 경우에는 이유 며칠 전부터 점차적으로 이유사료로 변경하여야 한다.

☀ ANSWER

21 ② 위탁포유시 유모돈은 냄새로 자기새끼와 구별하며 위탁된 새끼를 물어죽이는 경우가 발생하므로 구별을 하지 못하도록 유모돈의 오줌, 젖 및 자리깃을 문질러야 한다.

22 포유자돈의 적정온도
　㉠ 생후 3일 : 30~32℃
　㉡ 4~7일 : 28~30℃
　㉢ 8~30일 : 22~25℃
　㉣ 31~45일 : 20~22℃

23 ② 이유를 할 경우 분만돈방에서 자돈을 다른 곳으로 이동시키는 방법보다는 모돈을 자돈으로부터 분리시켜 소리가 들리지 않는 장소로 이동시키는 것이 좋다.

탑— 21.② 22.④ 23.②

24 자돈의 육성에 대한 설명으로 옳지 않은 것은?

① 사료를 1일 3회의 정량급여시에는 사료급여 후 5분 내에 섭취할 수 있는 양의 3배 정도를 급여해야 한다.

② 번식용 돼지는 육성시 일광욕 및 깨끗한 흙을 섭취할 수 있도록 해야 한다.

③ 종돈으로 사용할 돼지는 좁은 돈방에 1두씩 사육하는 것이 좋다.

④ 이유 후 10~15일경에는 구충약을 투여해야 한다.

⑤ 성력관리를 위해서 자유급식을 이용하는 것이 좋다.

25 자돈의 포유량의 감소 및 영양소의 충분한 공급을 위하여 실시하는 새끼 따로 먹이기의 적정 시기는?

① 생후 1~2주경   ② 생후 2~3주경

③ 생후 1~2일경   ④ 생후 2~3일경

26 다음 중 포유자돈의 관리사항에 해당하지 않는 것은?

① 침치의 절단   ② 꼬리의 절단

③ 적정온도 유지   ④ 태반의 제거

⑤ 빈혈증 예방

ANSWER

24 ③ 종돈으로 사용할 돼지는 돈방에 1두씩 사육하는 것보다 군사를 하는 것이 좋다.

25 생후 3주가 지나면 포유량은 계속 감소하고 발육에 필요한 영양소를 공급받을 수가 없으므로 생후 1~2주경부터 자돈전용사료를 공급하여야 한다.

26 포유자돈 관리사항
   ㉠ 적정온도 유지
   ㉡ 침치의 절단
   ㉢ 꼬리의 절단
   ㉣ 빈혈증 예방

답 24.③ 25.① 26.④

27 초산돈이거나 비유능력이 불량한 모돈의 포유두수는?

① 3~4두

② 5~7두

③ 8~9두

④ 10~12두

28 번식용으로 사용할 돼지를 육성기간 동안 운동시키는 이유로 옳지 않은 것은?

① 다리와 발굽을 튼튼하게 할 수 있기 때문이다.

② 몸의 균형있는 발육을 촉진시키기 때문이다.

③ 음수량을 줄일 수 있기 때문이다.

④ 강건한 체질로 육성시킬 수 있기 때문이다.

29 돼지사료에 0.06% 이하의 지방이 함유되어 있을 경우 나타나는 증상으로 볼 수 없는 것은?

① 피부의 괴사현상

② 성 성숙의 지연

③ 소하기 발육불량

④ 설사 유발

⑤ 증체율의 저하

30 돼지의 몸을 구성하는 근육, 내장, 혈액 등의 주성분으로 결핍시 체중감소, 성장저해 등을 일으키는 영양소는?

① 탄수화물

② 지방

③ 단백질

④ 무기질

ANSWER

27 모체의 발육이 완성되고 비유능력이 우수한 경우에는 10~12두까지 증가시킬 수 있으나 초산돈이거나 비유능력이 불량한 경우에는 8~9두로 제한하여야 한다.

28 번식용 돼지를 운동시키므로써 다리와 발굽의 튼실화, 균형있는 몸의 발육 및 강건한 체질로 육성시킬 수 있다.

29 ④ 지방의 과다 섭취 시 나타나는 현상이다.

30 단백질
　㉠ 근육, 내장, 혈액, 피모 등의 주성분이다.
　㉡ 아미노산으로 분해 및 흡수되어 각종 생리작용에 관여한다.
　㉢ 결핍 시 식욕감퇴, 성장저해, 체중감소 및 항병성 저하 등을 나타낸다.

답 27.③ 28.③ 29.④ 30.③

31 체중이 50kg인 육성돈이 단백질 15%가 함유된 사료를 하루에 2kg 섭취할 경우에 대한 설명으로 옳지 않은 것은?   (단, 사료단백질의 생물가＝65%, 소화율＝80%, 살코기 중 단백질＝25%)

① 체유지를 위한 단백질의 양은 54g이다.

② 살코기 형성에 사용이 가능한 유용 단백질량은 102g이다.

③ 총 유용 단백질의 양은 100g이다.

④ 102g의 단백질로 생산이 가능한 살코기의 양은 408g이다.

32 사료의 가공 중 단백질의 열처리로 인하여 나타나는 부작용으로 옳은 것은?

① 소화율의 저하   ② 증체율의 저하

③ 성 성숙 지연   ④ 무모증 유발

⑤ 피부괴사 발생

33 광물질 중 결핍시 피부부전각화증을 유발시키는 것은?

① 칼슘   ② 옥도

③ 아연   ④ 인

⑤ 철분

 **ANSWER**

31 ③ 총 유용 단백질의 양은 156g이다.
  ※ 총 유용 단백질량 = 사료 내 단백질 함유량 × 일일 사료 섭취량 × 사료단백질의 생물가 × 소화율

32 단백질은 가공 중의 열처리로 인하여 영양소를 소실하거나 소화율의 저하를 야기시킨다.

33 ①④ 결핍시 후구마비 및 구루병을 유발시킨다.
  ② 결핍시 갑상선종을 유발시킨다.
  ⑤ 헤모글로빈의 구성성분이다.

답 ― 31.③ 32.① 33.③

34 다음 중 결핍 시 피모가 거칠어지고 성장저해, 설사, 조산, 사산 등을 일으키는 비타민은?

① 판토텐산

② 니아신

③ 비타민 D

④ 리보플라빈

⑤ 비타민 B_{12}

35 수분에 대한 설명으로 옳지 않은 것은?

① 동물체 내 50~75%를 차지하고 있으며 생리작용에 이용된다.

② 음수량은 섭취하는 건조사료 1kg당 1.9~2.5kg 정도에 해당한다.

③ 수분은 크게 부족하지 않은 이상 생명에는 아무런 영향을 미치지 않는다.

④ 근육조직이 많으면 수분함량이 많고 지방조직이 많으면 수분함량은 줄어든다.

⑤ 체내 영양소의 흡수 및 노폐물의 운반, 체온조절 등의 기능을 한다.

36 다음 중 다량 광물질에 속하지 않는 것은?

① 칼슘

② 나트륨

③ 염소

④ 코발트

⑤ 인

 **ANSWER**

34 리보플라빈 ··· 비타민 B_2라고도 하며 결핍되기 쉽다. 알팔파 분말, 어즙, 간, 효모 등에 함유되어 있으며 결핍 시 피모불량, 식욕감퇴, 성장지연, 조산, 설사 등을 유발한다.

35 수분은 세포 내·외액으로 생리작용에 관여하므로 타 조직 영양소와는 달리 미량 부족시에도 생명을 잃을 수 있다.

36 광물질의 종류
㉠ 다량 광물질 : 나트륨, 인, 염소, 칼슘 등
㉡ 미량 광물질 : 코발트, 옥도, 아연, 황, 마그네슘, 철, 망간, 구리 등

답— 34.④ 35.③ 36.④

37 비타민 A에 대한 설명으로 옳지 않은 것은?

① 결핍시 보행불량 및 전신에 갈색 삼출물이 나타난다.
② 임신돈에게 공급해 주는 물질로는 카로틴이 대표적이다.
③ 지용성 비타민에 해당한다.
④ 사료섭취만으로 부족되기 쉬우나 햇빛을 쬐면 체내 합성이 가능하다.

38 다음 중 결핍 시 구내염을 유발시키고 간, 효모, 우유 등에 많이 함유되어 있는 비타민은?

① 판토텐산   ② 니아신
③ 비타민 D   ④ 리보플라빈
⑤ 비오틴

39 체중이 80kg인 돼지의 1일 손실 단백질이 60g이고 단백질의 생물가가 65%, 단백질 소화율이 80%일 때 체유지 단백질 요구량은?

① 85g   ② 95g
③ 105g   ④ 115g

ANSWER

37 ④ 비타민 D에 대한 설명이다.

38 ① 어즙, 간, 밀기울 등에 다량 함유되어 있으며 결핍시 식욕감퇴, 보행불안, 성장저해 등을 유발시킨다.
 ② 밀기울, 효모, 낙화생박 등에 다량 함유되어 있으며 성장 중인 돼지에게는 결핍시 성장저해, 구토, 설사 등을 유발시킨다.
 ③ 일광으로 건조된 건초, 어유 등에 다량 함유되어 있으며 결핍시 골연화증, 구루병을 유발시킨다.
 ④ 효모, 육골분, 유가공 부산물에 함유되어 있으며 결핍시 식욕감퇴, 조산, 사산 및 성장지연 등을 유발시킨다.

39 체유지 단백질 요구량 = 손실 단백질 ÷ 단백질의 생물가 ÷ 단백질 소화율
$$= 60 \div 0.65 \div 0.8 = 115g$$

답— 37.④ 38.⑤ 39.④

40 전분의 함량이 풍부한 사료로 가소화 단백질 함량은 높고 단백질 및 광물질 함량은 낮은 것은?

① 타피오카 ② 고구마

③ 건조 고구마 ④ 사료용 무

41 절단분쇄한 고구마에 강피류를 섞어 자연광 및 인공으로 건조시켜 만든 사료로 저장기간이 길며 단백질 함량이 높은 사료는?

① 주정박 ② 고구마 전분박

③ 서강사료 ④ 근괴사료

⑤ 고구마 사일리지

42 다음 중 돼지의 대사체중($W^{0.75}$) 1kg당 체유지 에너지의 기준은 얼마인가?

① 0.1MJ ② 0.3MJ

③ 0.5MJ ④ 0.7MJ

⑤ 1MJ

 **ANSWER**

40 ① 열대지방의 근괴사료로 가용무질소 함량이 80% 이상이며 에너지사료로는 이용이 가능하나 단미사료로는 부적합하다.
③ 고구마를 건조하여 저장성을 높인 사료로 옥수수사료의 대체가 가능하다.
④ 특정 지역에서만 제한적으로 이용되는 사료이다.

41 ① 양조 부산물로 단백질 함량 및 비타민 B군의 함량이 높다.
② 고구마에서 전분을 추출한 부산물로 에너지 함량은 낮으나 가소화 영양소의 총량이 높아 사료적 가치가 풍부하다.
④ 고구마, 감자, 무 등이 있으며 대량생산되고 수분함량이 높아 저장이 어려운 사료이다.
⑤ 고구마의 사료이용성을 높이기 위한 가공저장사료로 사일리지 생산시 강피류를 혼합하여 만든다.

42 돼지의 대사체중 1kg당 체유지 에너지는 0.5MJ(백만 줄), 즉 500,000J이다.

답— 40.② 41.③ 42.③

43 비유돈이 지방 1kg을 생성하는 데 필요한 에너지는?

① 20MJ ② 30MJ

③ 40MJ ④ 50MJ

44 체중이 140kg인 육성 비육돈의 체단백질이 15%, 재순환 단백질 및 재순환 중 단백질 파괴손실률이 각각 5%일 경우 하루 손실 단백질량은?

① 52.5g ② 54.5g

③ 56.8g ④ 59.4g

45 다음 중 광물질의 역할로 옳지 않은 것은?

① 골격형성 ② 체액의 삼투압 유지

③ 산·염기의 평형 ④ 혈액 및 체지방조직의 주성분

⑤ 대사작용

ANSWER

43 비유돈이 지방 1kg을 형성하는 데 필요한 에너지는 50MJ이다.

44 육성 비육돈의 하루 손실 단백질량

1일 손실 단백질량 = 체중 × 체단백질 × 재순환 단백질 × 재순환시 파괴되는 단백질

$$= 140 \times 0.15 \times 0.05 \times 0.05 = 52.5g$$

45 광물질의 역할

㉠ 골격의 형성

㉡ 체액의 삼투압 유지

㉢ 산·염기의 평형

㉣ 단백질 및 체지방의 구성성분

㉤ 대사작용

답 43.④ 44.① 45.④

46 구리에 대한 설명으로 옳지 않은 것은?

① 체내 철분의 1/10 정도 분포되어 있다.

② 철분의 흡수 및 이용에 관여하고 있으며 산화 · 환원반응에 촉매역할을 한다.

③ 헤모글로빈의 형성에 간접적으로 관여한다.

④ 효소의 구성분으로 에너지대사의 산화 · 환원반응에 관여한다.

⑤ 어린 돼지의 경우 6mg이 요구되나 성장하면서 단계적으로 2mg까지 낮아진다.

47 골격과 치아의 구성성분으로 부갑상선호르몬, 칼시토닌, 비타민 D 등을 필요로 하는 무기질은?

① 인 ② 칼륨

③ 칼슘 ④ 옥도

⑤ 아연

ANSWER

46 ⑤ 구리의 요구량은 어린 돼지의 경우 6mg이고 성장하면서 3mg까지 낮아진다.

47 ① 골격의 구성성분으로 탄수화물대사에 중요한 역할을 한다.
② 세포질에 분포되어 있으며 체액의 산 · 염기 평형을 조절한다.
④ 갑상선호르몬의 구성분으로 체내 기초대사에 관여한다.
⑤ 대부분 적혈구에 분포되어 있으며 사료 중 십이지장을 통하여 흡수된다. 마그네슘, 칼슘 등의 흡수에 관여한다.

답— 46.⑤ 47.③

03 돼지의 사양관리

1 다음 중 돼지의 전염성 위장염을 나타내는 것은?

① SPF ② TGE

③ MEW ④ PED

⑤ AR

2 돈사의 위치선정시 고려해야 할 사항으로 옳지 않은 것은?

① 음수량과 배뇨량이 많으므로 배수가 잘 되는 경사진 곳이어야 한다.

② 교통과 작업이 용이한 장소이어야 한다.

③ 통풍이 잘 이루어져야 한다.

④ 양돈장이 밀집된 지역이어야 한다.

⑤ 햇빛이 잘 드는 곳이어야 한다.

ANSWER

1 전염성 위장염(TGE) … 병독성 위장염으로 제2종 법정가축전염병에 속한다. 포유중인 돼지에 폐사율이 높고 성장함에 따라 사망률은 낮아진다. 겨울철과 봄철에 주로 발생하며 빠른속도로 전파되고 치료방법은 없으며 탈수증을 방지하기 위해 전해질 용액을 투여한다. 예방백신으로는 사독백신, 생독백신이 있다.

2 ④ 양돈장이 많으면 다른 돈사의 돼지로부터 전염병을 옮을 수 있으므로 멀리 떨어진 곳이어야 한다.

답 1.② 2.④

3 다음 중 돈사의 구조에 대한 설명으로 옳지 않은 것은?

① 웅돈사 – 1.4m 정도의 칸막이를 설치하고 한 돈방에 한 마리씩 수용하는 곳이다.

② 비육돈사 – 시장에 출하될 때까지 비육돈을 수용하는 곳이다.

③ 스톨돈사 – 분만시기가 가까운 임신돈을 이유시까지 수용하는 곳이다.

④ 자돈사 – 비육돈사로 이동되기 전까지 자돈을 수용하는 곳이다.

4 다음 중 돈방 내에 자돈보온구역을 설치해야 하는 것은?

① 자돈사　　　　　　　　② 비육돈사

③ 분만돈사　　　　　　　④ 스톨돈사

⑤ 임신돈사

5 다음 중 임신돈의 제한급여에 유리한 돈사의 구조는?

① 분만돈사　　　　　　　② 스톨돈사

③ 자돈사　　　　　　　　④ 비육돈사

6 돼지의 분뇨처리방법의 종류에 해당하지 않는 것은?

① 활성오니법　　　　　　② 산화지법

③ 토양침투증산법　　　　④ 점감점증법

⑤ 화력건조법

ANSWER

3 ③ 분만돈사에 대한 설명이다.
※ **스톨돈사** … 임신돈을 분만 예정 1주전까지 수용하는 곳이다.

4 **분만돈사** … 분만돈사 내 자돈은 모돈에 비하여 고온이 요구되므로 돈방 내에 보온등, 보온매트 등을 설치하여 자돈보온구역을 구분하여야 한다.

5 **스톨돈사** … 대표적인 임신돈사로 임신돈에 대한 제한급여를 할 수 있다는 장점이 있다.

6 ④ 계사의 점등방법의 종류에 해당한다.

답— 3.③　4.③　5.②　6.④

7 양돈장 내 시설에 관한 설명으로 옳지 않은 것은?

① 음수량이 많기 때문에 충분한 물의 공급을 위하여 자동급수기를 설치해야 한다.

② 비육돈의 사료효율과 성장률 개선을 위하여 습식급이기를 사용해야 한다.

③ 물과 사료의 공급을 동시에 할 수 있도록 니플급수기를 설치해야 한다.

④ 양돈장 내 충분한 공간이 있을 경우 운동장을 설치해야 한다.

⑤ 비육돈방의 급수기는 휴식공간에서 멀리 떨어지고 배분장소에 근접해야 한다.

8 돈사의 배치에 대한 설명으로 옳지 않은 것은?

① 돈사간 돼지의 이동거리를 감안하여 관리에 용이하도록 배치하여야 한다.

② 임신돈사와 분만돈사와의 거리는 가까워야 한다.

③ 자돈사, 분만돈사, 비육돈사의 거리는 가까워야 한다.

④ 분만돈사와 출하대의 위치는 가까워야 한다.

⑤ 분만돈사는 양돈장 내 조용한 장소에 배치하여야 한다.

9 번식활동이 종료되고 나서 차후 번식개시일 전까지 영양소의 불균형 해소 및 보충을 실시하여야 하는 기간을 나타내는 것은?

① 임신 전반기 사양   ② 비유기 사양

③ 임신기 사양   ④ 강정기 사양

⑤ 종모돈 사양

ANSWER

7 ③ 니플급수기는 자동급수기의 종류에 해당한다.
※ 물과 사료의 공급을 동시에 할 수 있는 것은 습식급이기이다.

8 ④ 분만돈사와 출하대와의 거리는 상관관계가 없다.
※ 출하대는 비육돈사와 근접해야 하며 외부 병원체의 침입을 방지하도록 방역에 고려하여 배치하여야 한다.

9 강정기 사양 … 휴양기 사양이라고도 하며 번식시기가 종료된 후 모돈의 차후 발정시기가 단축되도록 다음 번식개시 전까지 쇠약해진 몸의 영양소 불균형의 보충 및 해소를 관리하는 시기의 사양을 말한다.

答—7.③ 8.④ 9.④

10 활성오니법에 대한 설명으로 옳지 않은 것은?

① 활성오니를 이용하여 분뇨를 유기물로 분해하여 고형물은 침전시키고 액체는 방류시키는 방법이다.

② 정화처리시 항상 공기를 공급하여 호기성 미생물을 증식시켜야 한다.

③ 높은 기술과 많은 경비가 소요된다.

④ 정화효과가 낮고 대규모 양돈장에는 부적합하다.

⑤ 많은 양의 물과 송풍에 필요한 동력비가 충분해야 정화처리를 할 수 있다.

11 강정사양에 대한 설명으로 옳지 않은 것은?

① 번식활동종료 후 차후 번식개시 전까지의 시기를 강정기라고 한다.

② 번식기의 과도한 영양소의 소모로 불량해진 개체에게 필요한 사양이다.

③ 종부 전 2~3주 정도 강정사양을 실시하면 복당 산자수를 증진시킬 수 있다.

④ 강정기간에 모돈의 체중증가는 사료의 종류와 건강상태에 따라 차이가 있으나 평균적으로 하루 1kg이 적당하다.

⑤ 모돈의 건강상태가 쇠약할 경우 임신돈사료에 곡류사료를 첨가하여 에너지 수준을 높여주어야 한다.

ANSWER

10 ④ 산포여상법에 대한 설명이다.
　　※ 활성오니법은 대규모 양돈장에 이용이 가능하지만 시설비 및 유지·관리비, 고도의 기술이 요구되는 단점이 있다.

11 ④ 강정기간 모돈의 적정 증체량은 하루 0.5kg이 적당하다.

답— 10.④　11.④

12 다음 중 처리용 연못에 오수를 흐르게 한 후 미생물과 조류의 공생관계를 이용하여 정화처리를 하는 분뇨처리방법은?

① 활성오니법
② 산포여상법
③ 산화지법
④ 화력건조법
⑤ 비닐하우스 건조법

13 임신돈의 과비를 방지하기 위한 임신전반기의 사료급여방법으로 옳지 않은 것은?

① 정량급식법
② 자유급식법
③ 제한급여법
④ 무제한급여법

14 임신돈의 초기관리에 대한 설명으로 옳지 않은 것은?

① 혼사 및 합사를 방지하여야 한다.
② 눈 또는 얼음의 섭취를 방지하여야 한다.
③ 부패한 사료의 공급 및 구충의 실시에 주의하여야 한다.
④ 각종 예방접종을 실시하여야 한다.

ANSWER

12 ① 호기성 미생물의 활성오니를 사용하여 분뇨 속의 유기물을 분해하여 고형물의 덩어리는 침전시키고 액체를 방류시키는 방법이다.
② 침전분리조에서 고형물과 액체를 분리시킨 후 고형물은 침전시키고 그 상동액은 희석시켜 방류하는 방법이다.
④ 화력을 이용하는 방법으로 취급의 용이, 저장법 양호 등의 장점이 있으나 많은 에너지를 소비하는 단점이 있다.
⑤ 비닐하우스를 이용하는 방법으로 넓은 면적의 토지가 필요하지만 경비가 저렴하고 조작이 간단한 장점이 있다.

13 임신돈의 과비를 방지하기 위한 급여방법
　㉠ 정량의 사료를 매일 급여하는 정량급식법
　㉡ 사료의 질을 제한하여 공급하는 자유급식법
　㉢ 3일 하루 2~8시간 급여하는 제한급여법

14 ④ 수정란의 착상이 일어나는 시기이므로 예방주사의 접종은 삼가하여야 한다.

답 12.③　13.④　14.④

15 임신돈 사양시 주의하여야 할 사항으로 옳지 않은 것은?

① 임신돈의 체조직 관리가 필요하다.

② 임신돈의 임의의 활동에 필요한 여분의 에너지 보충이 필요하다.

③ 초산돈의 성장에 필요한 영양소의 공급이 필요하다.

④ 복당 산자수의 증가를 위한 영양소의 보충이 필요하다.

⑤ 분만 후 젖의 생산을 위한 영양소의 축적이 필요하다.

16 비유기 모돈의 사양에 대한 설명으로 옳지 않은 것은?

① 영양관리를 소홀히 할 경우 무발정 및 발정지연을 초래하여 차후 번식시 수태율의 감소가 나타나게 된다.

② 비유모돈의 사료에는 젖 생산을 위한 영양소의 공급을 위하여 일반 종돈의 사료보다 단백질의 함량이 높아야 한다.

③ 사료 급여권장량은 체중이 무겁고 산자수가 많을수록 감소하게 된다.

④ 사료 급여권장량은 경산돈보다 자체발육을 위한 영양소의 공급이 필요한 초산돈에서 더 높다.

 **ANSWER**

15 ④ 강정기 사양에 대한 설명에 해당한다.

　※ 임신돈의 사양 시 주의해야 할 사항

　　㉠ 임신돈의 체조직 관리 및 임의의 활동에 필요한 여분의 에너지 보충

　　㉡ 초산돈의 성장을 위한 에너지 보충

　　㉢ 태아의 발육에 필요한 영양소 공급

　　㉣ 분만 후 젖 생산을 위한 영양소 축적

16 ③ 사료의 급여권장량은 모돈의 체중, 산차, 포유자돈의 수에 따라 결정되므로 체중이 무겁고 산자수가 많을수록 증가하게 된다.

답 — 15.④ 16.③

17 비유모돈의 사료급여요령에 대한 설명으로 옳지 않은 것은?

① 분만 후 29일이 경과한 후부터 이유시까지 젖 생산을 위한 사료의 양은 절감시켜야 한다.

② 분만 후 4일부터는 사료를 매일 300~400g씩 추가하여 최대급여량이 될 때까지 공급하여야 한다.

③ 분만 후 3일까지는 기초사료만 공급하도록 한다.

④ 모돈의 사료는 분만 후 30일까지 최대급여량으로 공급한다.

18 연지방과 경지방에 대한 설명으로 옳지 않은 것은?

① 융점이 낮아 잘 녹는 것을 연지방, 희고 단단하며 융점이 높은 것을 경지방이라 한다.

② 경지방은 1.1℃ 온도에 대한 형태변화가 거의 없고, 연지방은 늘어져 버린다.

③ 사료에 함유된 불포화지방산의 함량이 높을수록 경지방이 생성된다.

④ 연지방사료를 계속 공급한 돼지도 도살하기 4~8주전부터 경지방사료를 공급하면 연지방 생성을 방지할 수 있다.

⑤ 대두박 및 옥수수는 중간형태의 지방을 형성시킨다.

19 다음 중 포유자돈용 사료에 해당하는 것은?

① 펠릿사료 ② 액상사료

③ 프리스타터사료 ④ 사일리지

⑤ 근괴사료

ANSWER

17 모돈의 사료는 분만 후 28일까지 최대급여량으로 공급한 후 29일부터는 양을 절감시켜야 한다.

18 ③ 사료에 함유된 불포화지방산의 함량이 높을수록 연지방이 생성된다.

19 포유자돈용 사료

　㉠ 프리스타터사료 : 생후 7~21일령에 급여하는 사료로 모유에 가까운 영양적 가치가 있으며 단백질 함량이 21~23%, 사료요구율은 1.2이다.

　㉡ 스타터사료 : 생후 21~42일령에 급여하는 보충사료로 단백질 함량이 18~19%, 사료요구율은 1.2~1.6인 고급사료에 해당한다.

정답 — 17.④　18.③　19.③

20 다음 중 증체량이 15kg, 사료섭취량이 30kg인 돼지의 사료요구율은?

① 1

② 2

③ 3

④ 4

21 육성돈사료에 함유되어 있는 물질 중 그 양이 제일 적은 것은?

① 탄산칼슘

② 옥수수

③ 대두박

④ 비타민 프라믹스

⑤ 소금

22 사료섭취량이 25kg, 증체율이 10kg인 돼지의 사료효율은?

① 10%

② 20%

③ 30%

④ 40%

---

20 사료요구율 $= \dfrac{\text{사료섭취량}}{\text{증체량}} = \dfrac{30}{15} = 2$

21 사료함유량 중 소금의 비율은 약 0.5%로 다른 사료배합량에 비해 현저히 작다.

22 사료효율 $= \dfrac{\text{증체량}}{\text{사료섭취량}} \times 100 = \dfrac{10}{25} \times 100 = 40\%$

답 — 20.② 21.⑤ 22.④

23 다음에서 설명하고 있는 것은?

> • 소화율의 증진을 위하여 원물형태의 사료를 분쇄한 것을 말한다.
> • 거칠게 분쇄하여야 하며, 곱게 분쇄시 위궤양을 초래할 수 있다.
> • 분진을 일으키며 섭취과정에 허실이 많다.

① 액상사료   ② 가루사료

③ 펠릿사료   ④ 근괴사료

24 종모돈 사양시 사료권장량 중 사료 1kg을 기준으로 함유되여야 할 DE와 조단백질의 양은?

	DE	조단백질		DE	조단백질
①	1,250kcal	10%	②	1,850kcal	12%
③	2,500kcal	20%	④	3,340kcal	12%

25 다음 중 경지방을 생성하는 사료로 옳은 것은?

① 낙화생박   ② 아마인박

③ 옥수수   ④ 고구마

⑤ 대두박

ANSWER

23 가루사료 … 옥수수, 보리 등을 분쇄하여 만든 사료로 편식을 방지하며, 섭취 시 소화가 잘 된다. 분진의 발생 및 허실의 단점이 있으나 소화율을 향상시키는 기능을 한다. 분쇄정도에 따라 이용성이 다르게 나타나며 임신돈의 경우 가루사료를 이용할 경우 거친사료와 혼합하여 사용하여야 한다.

24 종모돈의 사료권장량은 1kg 중 DE 3,340kcal, 조단백질 12%를 기준으로 한다.

25 경지방을 생성하는 사료 … 보리, 밀, 감자, 고구마, 완두, 야자박, 사탕무, 탈지유 등
※ 연지방을 생성하는 사료 … 낙화생박, 아마인박, 고깃가루, 해바라기씨깻묵 등

답 — 23.② 24.④ 25.④

26 다음 중 사료의 형태로 볼 수 없는 것은?

① 가루사료

② 액상사료

③ 펠릿사료

④ 근괴사료

27 비육돈의 지방축적을 방지하기 위한 사료급여방법으로 옳은 것은?

① 제한급여법, 자유급식법

② 정량급여법, 무제한급여법

③ 무제한급여법, 자유급식법

④ 자유급식법, 정량급여법

28 이용하는 사료의 종류를 기초로 한 양돈경영의 발달순서로 옳은 것은?

① 부산물 양돈→보충물 양돈→배합사료 양돈→최저가격사료 양돈→컴퓨터제어 양돈

② 곡류 양돈→부산물 양돈→배합사료 양돈→보충물 양돈→컴퓨터제어 양돈

③ 뜨물 양돈→곡류 양돈→생활사적 양돈→보충물 양돈→컴퓨터제어 양돈

④ 배합사료 양돈→부산물 양돈→곡류 양돈→최소가격사료 양돈→컴퓨터제어 양돈

⑤ 부산물 양돈→최소가격사료 양돈→생활사적 양돈→컴퓨터제어 양돈→보충물 양돈

ANSWER

26 사료의 형태 … 가루사료, 액상사료, 펠릿사료

27 비육돈의 사양시 지방의 과다축적을 방지하기 위해서는 탄수화물사료의 제한급여 및 에너지 수준을 낮춘 사료의 자유급식을 실시해야 한다.

28 이용사료를 기초로 한 양돈경영의 발달순서 … 뜨물 양돈→부산물 양돈→곡류 양돈→보충물 양돈→배합사료 양돈→생활사적 양돈→최소가격사료 양돈→컴퓨터제어 양돈

답 26.④ 27.① 28.①

29 다음 중 양돈의 경영유형으로 볼 수 없는 것은?

① 비육돈전문경영　　　　　　　② 일관생산경영
③ 종돈전문경영　　　　　　　　④ 임신돈전문경영
⑤ 번식돈전문경영

30 비육용 자돈을 직접 생산하여 비육 후 출하시키는 형태로 많이 이용하고 있으며, 모돈의 사육비 부담이 큰 단점을 가진 경영방식은?

① 비육돈전문경영　　　　　　　② 번식돈전문경영
③ 일관생산경영　　　　　　　　④ 종돈전문경영
⑤ 기업체적 경영

31 다음 중 비육돈의 생산비 구성에서 가장 많은 비중을 차지하고 있는 것은?

① 가축비　　　　　　　　　　　② 자가노력비
③ 방역치료비　　　　　　　　　④ 사료비
⑤ 상각비

ANSWER

29 양돈의 경영형태
　㉠ 비육돈전문경영
　㉡ 일관생산경영
　㉢ 종돈전문경영
　㉣ 번식돈전문경영
　㉤ 기업체에 의한 경영

30 ① 비육용 새끼돼지를 구입하여 육성 및 비육을 하는 형태를 말한다.
　② 번식용 자돈을 전문적으로 생산·판매하는 형태를 말한다.
　④ 종돈의 생산·판매를 목적으로 하는 형태를 말한다.
　⑤ 대규모 기업양돈과 사료공장, 도축장 등을 계열화하여 운영하는 형태를 말한다.

31 생산비의 구성에서 가장 많은 비율을 차지하는 것은 사료비이다.

답— 29.④　30.③　31.④

32 양돈업 계열화의 조직유형에 대한 설명으로 옳지 않은 것은?

① 계열화의 주체와 사육자의 이익 · 손실을 공동으로 부담하는 것을 이윤배분형이라 한다.
② 사육자는 노동력만 제공하고 생산자재는 계열화 주체가 부담하며 두당 일정액을 할당하는 형태를 정액보장형이라 한다.
③ 사육자에게 주급 · 월급만을 제공하는 형태를 고정급형이라 한다.
④ 사육성과급과 두당 일정할당금액을 받는 형태를 고정보장형이라 한다.

33 돼지의 사육비 절감에 대한 설명으로 옳지 않은 것은?

① 지출비용 중 가장 큰 비율을 차지하는 사료비의 지출을 줄여야 한다.
② 영양소 요구량은 맞추고 동일한 질의 사료 중 저렴한 것을 선택하여야 한다.
③ 상각비의 절감을 위해서는 자돈생산 및 육성능력이 우수한 개체를 선별하여야 한다.
④ 노임의 절감을 위해 사육규모 및 관리의 효율화를 촉진하여야 한다.
⑤ 관리자동화와 관련하여 사육수수를 감소시켜야 한다.

34 돈육가격의 안정에 기여할 수 있는 대책으로 옳지 않은 것은?

① 자돈수급의 조절
② 비육돈 출하체중의 조정
③ 돼지고기 소비촉진
④ 정부의 가격에 따른 돈육의 비축 및 방출
⑤ 사료비와 상각비의 절감

ANSWER

32 ④ 능률급형에 대한 설명이다.
　　※ **능률급형** … 사육자는 노동력만을 제공하고 계열화 주체에서 생산자재를 부담하며 두당 일정할당액과 사육성과급을 받는 절충형 조직유형이다.

33 ⑤ 관리자동화와 관련한 사육수수를 증가시키는 것이 사육비의 절감에 효율적이다.

34 ⑤ 사육비의 절감 대책에 해당한다.

답 — 32.④ 33.⑤ 34.⑤

35 돼지고기의 유통과정으로 옳은 것은?

① 사육농가 → 도매시장 → 수집반출상 → 정육점 → 소비자
② 사육농가 → 도매시장 → 소매시장 → 수집반출상 → 소비자
③ 사육농가 → 수집반출상 → 도매시장 → 정육점 → 소비자
④ 사육농가 → 도매시장 → 정육점 → 소매시장 → 소비자
⑤ 사육농가 → 도매시장 → 정육점 → 축협 → 소비자

36 돼지고기의 유통경로에 해당하지 않는 것은?

① 축협을 이용한 계통적인 출하경로
② 지방 도축장의 상인에 의한 직접적인 반입경로
③ 사육농가의 직접적인 도매시장으로의 출하경로
④ 사육농가에서부터 도매, 정육점 등 단계적인 출하경로
⑤ 사육농가에서 소비자로의 출하경로

37 펠릿사료에 대한 설명으로 옳지 않은 것은?

① 열처리를 통한 가공과정을 거치므로 살모넬라균의 오염을 방지할 수 있다.
② 사료효율 및 일당 증체량의 증가를 가져온다.
③ 곡류사료 중 옥수수의 펠릿화가 보리보다 증체율 향상에 더 유리하다.
④ 제조시 비용이 고가인 단점이 있다.
⑤ 부피가 크거나 섬유질이 많은 사료의 펠릿화는 사료효율의 증가를 가져온다.

ANSWER

35 돼지고기의 유통과정 … 사육농가 → 수집반출상 → 도매시장 → 정육점 → 소비자

36 돼지고기 유통경로의 분류
　㉠ 사육농가의 직접적인 도매시장으로의 출하
　㉡ 축협을 이용한 계통적인 출하
　㉢ 도축장의 상인에 의한 반입
　㉣ 사육농가 → 수집반출상 → 도매시장 → 정육점 → 소비자 순으로의 단계적인 출하

37 ③ 곡류사료 중 보리의 펠릿화가 옥수수보다 증체율 향상에 더 유리하다.

35.③　36.⑤　37.③

38 돼지 콜레라의 증상으로 보기 어려운 것은?

① 고열 및 식욕과 원기의 부진을 가져온다.
② 눈이 충혈되며 변비와 설사를 유발한다.
③ 뒷다리의 마비증상이 나타난다.
④ 피부에 붉은 반점이 나타나게 된다.
⑤ 정자생산장애 및 교미의욕감퇴를 초래한다.

39 다음 중 돼지에 전염되는 질병의 종류가 아닌 것은?

① 콜레라　　　　　　　　　② 단독
③ 일본뇌염　　　　　　　　④ 구제역
⑤ 추백리

40 다음 중 백신을 접종하여 예방할 수 있는 질병이 아닌 것은?

① 위축성 비염　　　　　　② 일본뇌염
③ 적리　　　　　　　　　④ 구제역
⑤ 단독

 **ANSWER**

38 ⑤ 일본뇌염에 대한 설명이다.

39 ⑤ 가금류에 나타나는 전염병에 해당된다.

40 적리 … 돼지 적리균에 의한 소화기계 질병으로 출혈성 설사를 유발시킨다. 생후 8~12주령 때 가장 많이 발생하며 성돈에서도 나타난다. 예방백신은 없으며 cabadox, tylosin 등의 치료제가 있다.

답— 38.⑤　39.⑤　40.③

41 콜레라에 대한 설명으로 옳지 않은 것은?

① 돼지 콜레라 바이러스가 병원체이며 배설물 및 분비물에 의해 감염된다.

② 치료방법은 없으며 조직배양 순화생독 돼지 콜레라 백신으로 예방한다.

③ 90% 이상의 높은 폐사율을 보이며 5~7일의 잠복기가 있다.

④ 눈꼽이 끼고 코가 삐뚤어지며 코피가 발생한다.

⑤ 증상이 악화되면 피부의 붉은 반점의 영역이 확산되어 피부의 변색면적이 넓어지며 폐사에 이르게 된다.

42 다음 중 일본뇌염의 예방대책으로 가장 적절한 것은?

① 모기의 박멸　　　　　　　　　② 뇌염백신 접종

③ 항균제의 투여　　　　　　　　④ 병돈의 도태

⑤ 축사의 철저한 소독

43 대장균증에 대한 설명으로 옳지 않은 것은?

① 병원성 대장균의 감염에 의하여 나타나는 질병으로 패혈증 및 설사병으로 구분할 수 있다.

② 스트레스 및 위산분비기능의 발달미숙 등에 의해 전염되기 쉽다.

③ 폐사율이 높으며 환경의 불량, 관리상태의 소흘에 의해 악화될 수 있다.

④ 감수성 항균제의 투여로 인하여 치료할 수 있다.

⑤ 백신으로는 순화생독백신, 불활화백신 등이 있다.

 **ANSWER**

41 ④ 위축성 비염에 대한 설명이다.

42 일본뇌염의 가장 좋은 예방책은 뇌염모기의 완전한 박멸이지만 현실상 불가능하기 때문에 뇌염백신의 접종이 가장 효율적이다.

43 ⑤ 구제역에 대한 설명이다.

답 41.④　42.②　43.⑤

44 다음에서 설명하고 있는 질병은?

> • 제1종 법정가축전염병이다.
> • 발생범위가 매우 넓으며 구토, 설사, 식욕상실의 증상이 나타난다.
> • 비강흡입 및 구강을 통하여 전염된다.
> • 외부동물의 차단으로 예방이 가능하며 치료제는 없다.

① 구제역
② 유행성 설사
③ 전염성 위장염
④ 미코플라즈마 폐렴
⑤ 오제스키병

45 다음 중 기생충성 질병에 해당하지 않는 것은?

① 폐충증
② 편충증
③ 톡소플라즈마병
④ 열사병
⑤ 회충증

ANSWER

44 ① 구제역 바이러스에 의하여 호흡기, 경구, 접촉 등에 의해 전염되며 우제류에 주로 발생한다. 2~7일의 잠복기를 거치며 다리를 절거나 발굽 주변의 물집이 나타난다. 순화생독백신 및 불활화백신을 투여하여 예방한다.
② 돼지 유행성 설사 바이러스에 의하여 나타나며 제2종 법정가축전염병이다. 모든 연령에 다 발병이 가능하며 구토, 설사 등의 증상이 나타난다. 효과적인 치료방법은 없으며 돈사의 출입제한 및 소독, 검역 등 병원체의 침입방지로 예방할 수 있다.
③ 전염성 위장염 바이러스에 의한 제2종 법정가축전염병이다. 겨울 및 봄에 발병확률이 높으며 포유자돈에서의 폐사율이 높다. 복강 내 전해질 주사의 투여로 예방이 가능하며 백신으로는 사독백신, 생독백신 등이 있다.
④ 미코플라즈마 하이오뉴모니아 세균에 의하여 발병하며 높은 이환율을 가지고 있기 때문에 경제적 손실이 크다. 항균제의 투여로 사료효율 및 증체율을 개선시킬 수 있으며 SPF 돼지의 보급과 조기투약으로 만연에 방지할 수 있다.

45 기생충성 질병의 종류
㉠ 편충증
㉡ 회충증
㉢ 폐충증
㉣ 톡소플라즈마병

답 — 44.⑤ 45.④

46 소금기가 많이 함유된 사료의 섭취로 인하여 발생하는 질환으로 변비증을 유발하며 진정제와 이뇨제의 투여로 치료가 가능한 질병은?

① 단독증
② 톡소플라즈마병
③ 열사병
④ 식염중독

47 SPF돼지를 생산하는 이유로 옳은 것은?

① 복당 산자수의 증가과 성장이 빠른 돼지의 생산을 위하여
② 도체율과 정육률이 높은 돼지의 생산을 위하여
③ 생산성을 저해하는 만성 질병균을 배제한 돼지의 생산을 위하여
④ 체형과 육질이 우수한 돼지의 생산을 위하여
⑤ 우량 종모돈의 이용범위의 확대 및 종돈개량이 가능한 돼지의 생산을 위하여

48 다음 중 모기에 의해 전염되는 제2종 법정가축전염병에 해당하는 것은?

① 미코플라즈마 폐렴
② 구제역
③ 일본뇌염
④ 식염중독
⑤ 유행성 설사

ANSWER

46 ① 제2종 법정가축전염병으로 여름철에 발생확률이 높으며 감염되거나 보균된 돼지의 배설물에 의한 경구감염이 주된 요인이다. 심급성, 급성, 만성으로 분류할 수 있으며 생균백신의 투여로 예방이 가능하다.
② 인수공통전염병으로 호흡곤란 및 사산, 설사 등을 유발하며 설파메타진, 설파디미딘 등의 치료제가 있다.
③ 환기불량 및 돈사 내 고온으로 인하여 발병되며 충혈 및 동공확대, 경련과 갈증을 유발한다. 돈사 내 온도를 서늘하게 함으로써 예방이 가능하고 진정제, 생리식염수 및 링거액의 투여로 치료가 가능하다.

47 SPF돼지 … 특정 병원균 부재돈으로 임신말기의 모돈을 제왕절개하여 새끼를 무균적으로 들어내어 생산성을 저해하는 만성 병원균을 배제한 돼지를 말한다. 무균돈과는 다르며 원종돈을 SPF돈군으로 생산하면 종돈을 통한 전염병의 전파를 차단하는 효과를 얻을 수 있다.

48 ① 미코플라즈마 하이오뉴모니아 세균에 의해 발병된다.
② 구제역 바이러스에 의해 발병된다.
④ 소금기가 많이 함유된 사료의 섭취로 인하여 나타나는 질병이다.
⑤ PED 바이러스에 의해 발병된다.

答— 46.④ 47.③ 48.③

소 · 젖소의 사양

01 젖소의 사양관리

1 다음 중 젖소의 크기를 나타내는 것은?

① 체중, 십자부고
② 체고, 흉위
③ 체중, 체고
④ 체중, 흉위
⑤ 십자부고, 흉위

2 젖소에서 우유 1*l*를 생산하는 데 필요한 혈액의 양은 얼마인가?

① 100~200*l*
② 300~400*l*
③ 400~500*l*
④ 500~600*l*
⑤ 600~700*l*

3 젖소의 특성에 대한 설명으로 옳지 않은 것은?

① 대표적인 반추동물로 단위동물과는 소화생리적 특성이 다르다.
② 용적이 큰 복위를 가지고 있으며 농후사료와 보충사료를 급여하여 영양소를 공급해야 한다.
③ 충분한 양의 조사료를 공급하여 반추시간을 적정하게 유지시키며 침의 생성을 유도해야 한다.
④ 건초를 위주로 급여한 젖소의 반추시간은 2~3시간으로 농후사료를 급여한 젖소의 반추시간보다 짧다.
⑤ 젖소의 침은 위내의 산성화 방지를 위한 완충제의 역할을 한다.

 **ANSWER**

1 젖소의 크기는 체중과 체고로 나타내며, 체중은 흉위와 관계가 깊기 때문에 몸길이 · 가슴둘레 · 십자부고 등을 측정하여 발육과 체격의 정도를 나타낸다.

2 우유를 1*l* 생산하려면 젖소의 유선에는 500*l* 정도의 혈액순환이 필요하며 하루에 우유 50kg을 생산하는 경우 약 25ton에 해당하는 혈액을 유선에 운반하여야 하므로 심폐기능이 강해야 한다.

3 건초를 위주로 급여한 젖소의 반추시간은 11~13시간으로 농후사료를 급여한 젖소의 반추시간보다 2~3시간 길다.

답—1.③ 2.④ 3.④

4 젖생산량의 증가 및 사료섭취량의 감소로 인하여 체중이 현저히 감소하는 시기로 옳은 것은?

① 비유초기　　　　　　　　　　② 비유중기

③ 비유후기　　　　　　　　　　④ 건유기

5 착유우의 사료섭취량에 영향을 미치는 요인으로 볼 수 없는 것은?

① 젖의 생산량　　　　　　　　　② 사료의 종류와 질

③ 사료의 물리적 형태　　　　　　④ 반추위의 기능

⑤ 분만의 유무

6 TDN이 60%인 조사료와 TDN이 80%인 농후사료를 배합하여 TDN이 70%가 되도록 할 때 농후사료의 배합비율은 얼마인가?

① 25%　　　　　　　　　　　　② 50%

③ 75%　　　　　　　　　　　　④ 100%

⑤ 10%

ANSWER

4 비유초기
　㉠ 젖생산량의 증가 및 사료섭취량의 감소로 인하여 체중이 감소한다.
　㉡ 이 시기의 심한 체중감소는 전 비유기간의 생산량에 영향을 미친다.
　㉢ 고에너지·고단백질의 사료를 자유급식하여 사료섭취량을 증가시켜야 한다.

5 사료섭취량에 영향을 미치는 요인
　㉠ 반추위의 기능
　㉡ 사료의 물리적 형태
　㉢ 사료의 종류와 질
　㉣ 젖의 생산량 및 생산단계
　㉤ 체중 및 비만의 정도

6 조사료를 R이라 놓고 농후사료를 $1-R$이라 놓으면
　$0.6R+0.8(1-R)=0.7$
　$R=50\%$
　$100-50=50$
　농후사료의 비율은 50%이다.

답— 4.① 5.⑤ 6.②

7 다음 중 사료배합률을 구하고자 할 때 필요없는 것은?

① 조사료량
② 농후사료량
③ 배합표
④ 인산칼슘제 보충량
⑤ 젖소의 체중량

8 착유우의 사료 중 조사료의 급여율이 적거나 조사료의 입자가 작을 경우 초래하는 결과가 아닌 것은?

① 영양대사의 이상으로 인하여 대사성 질병을 유발하게 된다.
② 휘발성 지방산 중 초산의 생성비율이 감소한다.
③ 프로피온산의 생성비율이 증가한다.
④ 섬유질의 공급부족으로 인하여 유지율은 증가한다.
⑤ 제1위 내용물의 pH가 감소한다.

9 젖소의 사료급여방법의 종류에 해당하지 않는 것은?

① 자동제어장치에 의한 급여
② 군 단위로 나누어 급여
③ 착유실에서의 급여
④ 체중에 의한 제한급여
⑤ 개체별 급여

 **ANSWER**

7 사료배합율을 구하고자 할 경우 조사료량, 농후사료량, 인산칼슘 보충량, 무기물 및 비타민 함량, 배합표 등이 필요하다.

8 ④ 섬유질의 공급부족으로 인하여 휘발성 지방산 중 초산의 생성비율 감소와 프로피온산의 생성비율 증가로 인하여 유지율은 낮아지게 된다.

9 젖소의 사료급여방법의 종류
  ㉠ 자동제어장치에 의한 급여
  • 자석제어식
  • 전자제어식
  • 컴퓨터제어식
  ㉡ 착유실 급여
  ㉢ 군 단위로 나누어 급여
  ㉣ 개체별 급여

답 7.⑤ 8.④ 9.④

10 다음 중 젖소의 영양소 요구량에 영향을 미치는 요인으로 볼 수 없는 것은?

① 체중 및 비만의 정도

② 젖의 생산량

③ 유지율

④ 제1위의 pH 농도

⑤ 비유기

11 완전배합사료 이용시 장점으로 옳지 않은 것은?

① 선택적인 채식 없이 모든 사료의 취급 가능

② 젖소의 경제적 수명 유지

③ 반추위 내 pH의 급격한 저하 방지

④ 사료의 배합에 이용되는 기계의 비용 저렴

⑤ 조사료의 섭취량 증가로 인한 대사이상의 감소

ANSWER

10 젖소의 영양소 요구량에 영향을 미치는 요인
　㉠ 유지율
　㉡ 비유기
　㉢ 체중 및 비만의 정도
　㉣ 젖의 생산량

11 ④ 사료의 배합에 이용되는 기계의 비용은 고가이다.
　※ 완전배합사료 이용의 특징
　　㉠ 장점
　　　• 모든 사료의 섭취 가능
　　　• 기호성 증진 및 건물섭취량 증가
　　　• 경제적 수명 유지
　　　• 생력관리 가능
　　　• 낮은 기호성의 사료 및 첨가제의 이용 용이
　　　• 반추위 내 pH의 급격한 저하 방지
　　　• 조사료섭취량의 증가로 대사이상 감소
　　㉡ 단점
　　　• 건초배합 불가능
　　　• 사료배합시 기계의 비용 고가
　　　• 소규모 우군에는 적용 불가능
　　　• 사료의 입도차에 따른 분리섭취의 우려
　　　• 고능력우의 관리 어려움
　　　• 계류식 우사 적용 불가능

답— 10.④ 11.④

12 다음에서 설명하고 있는 사료급여방식은?

> • 우군을 몇 개의 군으로 나누어 급여하는 방식이다.
> • 완전사료, 농후사료 및 조사료의 분리 급여에도 가능하다.
> • 소의 연령, 젖의 생산량, 비만 정도를 기준으로 분류한다.

① 착유실에서의 급여
② 군으로 분류하여 급여
③ 자동제어장치에 의한 급여
④ 개체별 급여

13 다음 중 젖소를 건유시켜야 하는 기간으로 옳은 것은?

① 분만 전 60일
② 분만 전 30일
③ 분만 후 60일
④ 분만 후 30일
⑤ 분만 직후

14 건유의 필요성에 대한 설명으로 옳지 않은 것은?

① 영양소를 충분히 저장시켜 분만 후 증가하는 젖의 생산에 대비하기 위해서 실시한다.
② 피로해진 유선조직의 회복을 위해서 실시한다.
③ 태아는 분만 전 2개월에 많은 영양소를 필요로 하므로 이를 공급하기 위해서 실시한다.
④ 착유기간에 소모된 영양소를 보충하기 위해서 실시한다.
⑤ 복당 산자수를 증가시키기 위해서 실시한다.

ANSWER

12 ① 착유할 동안 사료를 급여하는 방법으로 자유채식 및 젖 생산량에 요구되는 영양소의 조절급여 등의 방법이 있다.
③ 전자장치를 이용하여 적정량의 농후사료를 급여하는 방법이다.
④ 계류식 우사에서 사용하는 방법으로 조사료는 자유급식을 시키고 농후사료는 개체별로 사내 급여를 실시한다.

13 젖소는 분만 전 60일 동안은 착유를 실시하지 않고 건유를 시켜야 한다.

14 건유의 필요성
㉠ 임신말기 태아의 요구 영양소의 충분한 공급
㉡ 분만 후 증가되는 젖 생산에 필요한 영양소 공급
㉢ 착유기간 소모된 영양소 보충
㉣ 피로해진 유선조직 회복

답 — 12.② 13.① 14.⑤

15 착유우의 사료섭취량을 향상시키고 제1위의 소화장애 등을 방지하기 위한 방법에 해당하지 않는 것은?

① 완전사료의 공급
② 가용성·불용성 단백질의 균형 공급
③ 사료의 잦은 변경
④ 잦은 소량의 사료급여

16 건유방법에 대한 설명으로 옳지 않은 것은?

① 건유 직전 착유를 실시한 젖소는 유방염 예방을 위하여 유두침지소독을 실시한다.
② 건유를 실시할 젖소는 농후사료 및 다즙사료의 급여를 중단한다.
③ 유량이 10kg 미만이 될 경우 착유를 중단한다.
④ 건유를 실시하기 전 저질사료 및 물의 공급을 중단한다.
⑤ 유방염에 감염된 젖소의 경우 착유횟수를 절감하면서 건유를 실시한다.

17 다음 중 비유촉진사양을 실시하는 이유로 옳은 것은?

① 건유후기에 실시하는 것으로 착유사료의 섭취량을 절감시키기 위해서 실시한다.
② 대사성 질병을 예방하기 위해서 실시한다.
③ 분만 후 농후사료의 증가에 대비하여 섭취에 적응하도록 실시한다.
④ 젖소의 비만방지 및 증체를 위해서 실시한다.
⑤ 조사료와 무기질의 섭취에 적응하도록 실시한다.

ANSWER

15 ③ 사료의 변경은 되도록 하지 않으며 필요할 경우 점차적으로 변경하여야 한다.

16 ④ 건유를 실시하고자 할 경우에는 농후사료 및 다즙사료의 공급을 중단하고 저질사료와 물만 공급하여야 한다.

17 비유촉진사양을 실시하는 이유
  ㉠ 분만 후 농후사료의 증가에 대비하여 섭취에 익숙하게 하기 위해
  ㉡ 반추위 내 미생물의 농후사료의 적응을 위해

답 — 15.③ 16.④ 17.③

18 다음 중 유열의 원인이 되는 물질은?

① 인 　　　　　　　　　　　② 칼륨

③ 나트륨 　　　　　　　　　④ 칼슘

⑤ 염분

19 완전사료의 급여로 인하여 나타나는 결과로 옳은 것은?

① 반추위 미생물의 활성화 촉진

② 소화장애 및 대사성 질병의 예방

③ 비만예방 및 증체의 효율화

④ 균형있는 영양상태 유지 및 경제성 향상

20 유지율이 5%인 우유 40kg을 4% FCM으로 보정할 경우 보정량은?

① 23kg 　　　　　　　　　　② 39kg

③ 46kg 　　　　　　　　　　④ 52kg

⑤ 61kg

21 젖소의 체내 기관 중 휘발성 지방산이 흡수되는 부위에 해당하는 것은?

① 십이지장 　　　　　　　　② 간장

③ 공장 　　　　　　　　　　④ 반추위

 **ANSWER**

18 건유후기 두과목초를 위주로 조사료를 공급했을 경우 칼슘의 섭취량이 과다하게 공급되므로 분만 후 유열이 발생한다. 유열을 방지하기 위해 칼슘의 함량은 낮추는 것이 중요하다.

19 완전사료의 급여는 인건비의 절약 및 젖소의 균형있는 영양상태 유지 등의 결과를 가져온다.

20 $4\%FCM = 0.4 \times 유량 + 15 \times (유량 \times 유지율)$
$$= 0.4 \times 40 + 15 \times \left(40 \times \frac{5}{100}\right) = 46\text{kg}$$

21 미생물에 의해 분해되는 물질인 휘발성 지방산은 미생물이 서식하는 반추위 내의 벽에서 흡수가 일어난다.

답— 18.④　19.④　20.③　21.④

22 다음 중 초유에 대한 설명으로 옳은 것은?

① 소량으로 고수익을 올릴 수 있다.

② 분만 후 7일 동안 착유하여 얻어진 젖을 말한다.

③ 영양소 함유량이 풍부하며 분만 후 3일까지 분비되는 젖을 말한다.

④ 송아지에게 급여하는 액상사료의 한 종류이다.

23 초유시기가 지난 송아지에게 공급하는 사료로 고형물의 사료를 섭취하기 전까지 급여하는 것은?

① 초유   ② 건유

③ 이유   ④ 전유

24 송아지에게 반드시 초유를 급여해야 하는 이유로 옳지 않은 것은?

① 송아지의 성장에 필요한 영양소가 충분히 함유되어 있기 때문이다.

② 태변의 배출을 촉진시켜 주기 때문이다.

③ 송아지를 걷게 할 수 있기 때문이다.

④ 면역글로불린성분이 함유되어 있어 질병에 대한 저항력이 발생하기 때문이다.

25 잉여 초유를 송아지에게 공급할 경우 초유와 물의 비율로 옳은 것은?

① 1 : 1   ② 1 : 2

③ 2 : 1   ④ 1 : 3

⑤ 3 : 1

ANSWER

22 초유 … 분만 후 3일까지 분비되는 젖으로 판매는 불가능하며 갓 태어난 송아지에게는 면역성 증진과 영양소의 공급을 위해 반드시 공급해야 하는 것이다.

23 전유 … 3~4일 정도 초유시기가 지난 송아지에게 공급하는 액상사료로 고형물사료의 섭취가 가능할 때까지 급여한다.

24 ③ 송아지는 출생 후 30분 이내에 스스로 일어설 수 있다.

25 저장된 잉여 초유의 공급시 초유와 물을 2 : 1의 비율로 희석해서 공급하는 것이 소화에 유리하다.

답— 22.③ 23.④ 24.③ 25.③

26 송아지에게 공급할 고형물사료에 대한 설명으로 옳지 않은 것은?

① 생후 1주일 정도 지난 송아지에게 공급하는 양질의 사료를 말한다.

② 기호성이 좋고 에너지 함량이 높은 것을 공급하여야 한다.

③ 고형물사료의 섭취량이 증가하면 액상사료의 양도 증가시켜야 한다.

④ 액상사료와 함께 공급하여야 한다.

27 다음 중 이유가 가능한 시기로 옳은 것은?

① 생후 2주   ② 생후 4주

③ 생후 6주   ④ 생후 8주

28 다음 중 어린 송아지의 이유시 급여하는 사료로 분쇄 및 압사하여 펠릿으로 만들어 공급하는 것은?

① 액상사료   ② 근괴사료

③ 가루사료   ④ 스타터

⑤ 프리스타터

 **ANSWER**

26 고형물사료는 액상사료와 함께 급여해야 하며 고형물사료의 섭취량이 증가하면 액상사료의 양은 줄여야 한다.

27 우량한 송아지를 제외하고는 대부분 생후 8주후부터 이유를 시작한다.

28 스타터(starter) ··· 곡류를 거칠게 분쇄하거나 압사하여 지름 5mm 정도의 펠릿으로 만들어 급여하는 이유용 사료를 말한다.

답 — 26.③ 27.④ 28.④

29 육성우의 사양에 대한 설명으로 옳지 않은 것은?

① 3개월령이 지난 후부터는 사일리지의 급여가 가능하다.

② 6개월령 이상의 송아지는 양질의 조사료 만으로도 성장이 가능하다.

③ 사료의 전환은 점진적으로 송아지용 사료에서 육성우 사료로 변환한다.

④ 농후사료의 급여량이 과다할 경우 비만의 원인이 될 수 있다.

⑤ 농후사료의 급여량은 송아지의 발달정도 및 사료섭취량에 따라 조절하여야 한다.

30 다음 중 종부적기에 해당하는 시기는?

① 생후 9~11개월령

② 생후 11~13개월령

③ 생후 13~15개월령

④ 생후 15~17개월령

⑤ 생후 17~18개월령

31 육성우의 번식적기에 대한 설명으로 옳지 않은 것은?

① 생후 24개월령에 초산이 되도록 사육하는 것이 가장 이상적인 사양방법이다.

② 생후 13~15개월령이 가장 좋은 종부적기이다.

③ 번식적기는 체중보다 생후 월령에 따라 결정한다.

④ 육성우의 일당 증체량이 0.8kg 이상이 되면 비만을 초래하여 수정률이 낮아지게 된다.

ANSWER

29 ⑤ 농후사료의 급여량은 조사료의 질과 송아지의 발달정도에 따라 조절해야 한다.

30 초산월령이 24개월이 되어야 이상적이기 때문에 생후 13~15개월령 정도가 종부적기에 해당한다.

31 ③ 번식적기는 생후 월령보다 체중에 따라 결정하도록 한다.

정답 — 29.⑤ 30.③ 31.③

32 다음 중 유성분에 해당하지 않는 것은?

① 단백질　　　　　　　② 수분
③ 지방　　　　　　　　④ 비타민
⑤ 회분

33 다음 중 젖에 함유된 탄수화물에 해당하는 것은?

① 글리세롤　　　　　　② 카세인
③ 아미노산　　　　　　④ 락토오스
⑤ 아세테이트

34 다음 중 유용형 종에 해당하지 않는 것은?

① 저지종　　　　　　　② 브라운 스위스종
③ 에어셔종　　　　　　④ 홀스타인종
⑤ 브라만종

 **ANSWER**

32 유성분 … 수분, 단백질, 지방, 비타민 등

33 유당(lactose) … 젖에 함유된 유일한 탄수화물로 혈당에서 나와 유방에서 합성된다. 젖소의 경우 제1위 내에서 생성된 프로피오네이트가 간에서 글루코오스로 합성된 후 유방으로 운반되어 락토오스를 합성하게 된다.

34 ⑤ 육용형 종에 해당한다.

답— 32.⑤　33.④　34.⑤

35 다음에서 설명하고 있는 젖소의 종으로 옳은 것은?

> • 원산지는 스위스이다.
> • 연간 젖 생산량은 3,000~4,000kg이다.
> • 스위스에서는 젖 · 고기 · 일 세가지 용도로 모두 사용된다.

① 홀스타인종　　　　　　　　② 저지종

③ 건지종　　　　　　　　　　④ 브라운 스위스종

⑤ 에어셔종

ANSWER

35 ① 원산지는 네덜란드이며 연간 젖 생산량은 5,000~6,000kg이고 유지율은 젖소 중 가장 낮다.
　　② 원산지는 영국이며 연간 젖 생산량은 3,000~4,000kg이고 유지율이 매우 높아 버터를 만드는 데 주로 사용한다.
　　③ 원산지는 영국이며 연간 젖 생산량은 2,300~2,700kg이고 유지율은 5% 정도이다.
　　⑤ 원산지는 영국이며 연간 젖 생산량은 3,000~4,000kg이고 고기맛이 뛰어나며 젖의 질은 홀스타인종과 유사하다.

답 35.④

한우 및 육우의 사양관리

1 소의 성주기 며칠째 다배란 처리를 실시하는 것이 좋은가?

① 1~2일째
② 9~10일째
③ 15~16일째
④ 20~21일째
⑤ 22일 이후

2 다음에서 설명하고 있는 소의 종류는?

> • 영국이 원산지이다.
> • 임신기간은 280~286일이다.
> • 성질은 온순하고 비육성이 좋다.
> • 얼굴과 배, 옆구리, 무릎아래 등이 흰색의 털로 되어 있다.
> • 육질이 우수하다.

① 에어셔종
② 샤롤레이종
③ 헤리퍼드종
④ 홀스타인종
⑤ 브라만종

ANSWER

1 다배란 처리 … FSH 또는 PMSG을 발정주기의 16일째에 투여하고, 이들 성선자극호르몬 투여 후 3일과 4일째 여포호르몬인 estraiol을 2회 주사한 후 발정이 발현된 당일 여포의 다배란을 촉진시키기 위해 LH 또는 hCG 을 정맥주사하는 방법을 말한다. 소의 개체에 따른 발정주기의 다양화로 발정발현에 1~2일 정도 차이가 나타나는 단점이 있다.

2 ① 영국이 원산지인 젖소로 붉은색과 흰색이 얼룩져 있으며 뿔이 위로 높이 나 있고 육질이 우수하며 체구가 튼튼하다.
② 프랑스가 원산지인 고기소로 크림색을 띠고 있으며 발육이 빠르나 육질은 좋지 못하다. 성질은 온순하고 한국 기후에 적응을 잘 한다.
④ 네덜란드가 원산지인 젖소로 검은색과 흰색이 얼룩을 이루고 있으며 젖 생산량은 많으나 유지율은 젖소 중 가장 낮다.
⑤ 인도가 원산지인 고기소로 견봉이 있는 것이 특징이며 더위에 잘 견딘다.

답—1.③ 2.③

3 소의 질병 중 발병하면 반드시 도살해야 하는 전염성 질병은?

① 유방염   ② 급성 고창증
③ 유열   ④ 결핵
⑤ 기종저

4 다음 중 송아지의 생산에 가장 큰 영향을 미치는 요인에 해당하는 것은?

① 계절   ② 온도
③ 스트레스   ④ 영양상태
⑤ 축사시설

5 송아지 생산을 주로 봄에 하는 이유로 타당한 것은?

① 분만 스트레스의 회복이 빨라지는 시기이기 때문이다.
② 재발정의 시기가 빨라지기 때문이다.
③ 새로 자라나는 신선한 풀을 급여할 수 있기 때문이다.
④ 사료섭취량이 가장 적은 시기이기 때문이다.

 **ANSWER**

---

3 ① 우유를 생산하는 유선조직에 염증이 발생하는 질병으로 병원균에 의한 감염으로 이환율이 높고 폐사율은 낮으나 유량감소 및 도태우 발생으로 피해가 큰 인수공통전염병이다. 유방조직에 열감, 적색발현, 부종, 젖 생산기능장애 및 체온상승, 식욕감퇴, 반추중지 등이 나타나며 증상의 정도에 따라 심급성형, 급성형 및 만성형으로 구분할 수 있다.

    ② 부패사료의 섭취 등으로 인하여 발병하며 소화기능장애를 가져오는 대사질병이다. 복부가 팽대해지고 호흡곤란이 나타나며 신음을 토하기도 한다. 카테테르의 주입으로 가스를 방출시키거나 소포제 투여 후 마사지로 치료가 가능하다.

    ③ 혈중 칼슘농도의 저하로 나타나는 대사성 질병으로 분만 후 잘 일어난다. 착유시 칼슘의 방출로 인하여 발생되는데 식욕이 저하되고 경련, 근육약화 및 뒷다리의 마비가 나타나며 심하면 폐사한다. 글루콘산칼슘 정맥주사로 치료가 가능하다.

    ⑤ 법정가축전염병으로 근육의 기종 및 장액출혈성 종창이 나타난다. 무릎, 어깨, 목 등에 부종이 생기고 피하에 가스가 발생하며 체온이 상승하고 식욕이 감퇴된다. 발병 후 12~15시간만에 폐사한다. 페니실린, 술파린 등으로 치료가 가능하다.

4 번식시기에 영양소 요구량의 증가로 인하여 체중의 증가가 나타나는 소는 분만 후 재발정시기가 빠르고 수정률도 증가하기 때문에 송아지 생산에 가장 큰 영향을 미치는 요인은 영양상태라는 것을 알 수 있다.

5 송아지의 생산은 주로 봄이나 가을철에 실시하는데 심한 더위와 추위를 피할 수 있고 봄철에 생산을 하면 새로이 자라나는 신선한 풀의 공급으로 인하여 축사시설이 유지비용이 적어지기 때문이다.

답 3.④ 4.④ 5.③

6 여름철 어미소에게 급여할 수 있는 사료의 종류에 해당하지 않는 것은?

① 산야초
② 혼합목초
③ 이탈리안 라이그라스 청초
④ 사일리지

7 성빈우의 겨울철 사양관리에 대한 설명으로 옳지 않은 것은?

① 볏짚 및 사일리지 등의 사료를 급여한다.
② 조사료와 배합사료를 섞어 완전배합사료의 형태로 공급한다.
③ 조사료와 배합사료는 하루 2번 급여한다.
④ 저질 조사료의 공급시 부족해지는 영양소는 반드시 보충하도록 한다.

8 건유 중인 암소의 겨울철 관리에서 상태가 야윈 경우 고형물사료의 급여량으로 옳은 것은?

① 체중의 1.5%
② 체중의 1.75%
③ 체중의 2.0%
④ 체중의 2.75%
⑤ 체중의 3.0%

ANSWER

6 ④ 겨울철에 공급하는 사료에 해당한다.

7 ③ 조사료는 하루 2번 급여하고 배합사료는 한 번만 급여하도록 한다.

8 건유 중인 암소의 건강상태에 따른 겨울철 고형물사료 급여량
ⓐ 양호한 상태 : 체중의 1.5%
ⓑ 평균 상태 : 체중의 1.75%
ⓒ 야윈 상태 : 체중의 2.0~2.5%

답 — 6.④ 7.③ 8.③

9 건유 중인 암소의 겨울철 사양에 대한 설명으로 옳지 않은 것은?

① 배합사료의 급여량은 조사료의 질 및 급여량에 따라 조절하도록 한다.
② 하한 임계온도 이하로 기온이 1℃씩 하강할 경우 공급사료량은 1%씩 늘린다.
③ 옥수수 사일리지의 급여시 요소의 첨가로 부족한 단백질을 보충하도록 한다.
④ 몸의 상태가 양호한 암소의 체중과 체고의 비율은 1 : 4이다.
⑤ 몸의 상태가 양호한 암소는 불량한 암소에 비해 스트레스에 견디는 능력이 우수하다.

10 다음 중 저질 조사료의 장기간 급여시 보충해 주어야 하는 영양소가 아닌 것은?

① 단백질   ② 비타민
③ 탄수화물   ④ 염분
⑤ 수분

11 다음 중 성우의 영구치의 개수는 모두 몇 개인가?

① 16개   ② 26개
③ 32개   ④ 36개
⑤ 40개

ANSWER

9 ④ 몸의 상태가 양호한 암소의 체중과 체고의 비율은 4 : 1이다.

10 건초 및 볏짚 등의 저질 조사료를 장기간에 걸쳐 공급하였을 경우에는 단백질, 탄수화물, 무기물, 비타민의 보충이 필요하다.

11 치아의 개수로 연령을 감정할 수 있으며 영구치수를 알아야 치식의 감정이 가능하다. 성우의 영구치 개수는 32개이다.

답 — 9.④   10.⑤   11.③

12 브라운 스위스종에 대한 설명으로 옳지 않은 것은?

① 원산지는 미국이다.

② 산악지대 및 고지대에 적응을 잘 한다.

③ 유육겸용종이다.

④ 유지율은 4% 정도이다.

13 다음 중 뼈의 구성에 가장 중요한 영양소는?

① 나트륨　　　　　　　　　② 코발트

③ 황　　　　　　　　　　　④ 염소

⑤ 칼슘

14 다음 중 꽃등심(상강육)에 대한 설명으로 옳지 않은 것은?

① 서리가 내린 고기란 의미로 붉은 근육 사이로 지방이 골고루 끼여 있는 고기이다.

② 색이 선명하고 신선한 느낌을 준다.

③ 보수성을 유지하므로 육질이 부드럽다.

④ 조사료의 공급만으로 생산이 가능하다.

ANSWER

12 ① 브라운 스위스종의 원산지는 유럽이다.

13 뼈의 형성요소에 해당하는 영양소로는 칼슘, 인, 비타민 D 등이 있다.

14 상강육을 생산하기 위해서는 사육초기에는 조사료를 급여하고, 사육후기에는 농후사료를 급여하여 조직 내 지방을 축적시켜야 한다.

답— 12.① 13.⑤ 14.④

15 한우 송아지의 사육 시 실시하는 새끼 따로 먹이기의 장점으로 옳지 않은 것은?

① 어미소의 체중손실을 감소시킨다.　　② 이유 시 송아지의 체구가 커진다.

③ 송아지의 비만을 초래하기 쉽다.　　④ 이유 시 송아지의 건강상태가 좋아진다.

16 비육개시 전 송아지의 예비조절에 대한 설명으로 옳지 않은 것은?

① 송아지 수송 1달 전부터 이유를 시키며 배합사료를 급여한다.

② 비육 3주 전에는 반드시 예방접종을 실시한다.

③ 비육장 이동시 3주 전에는 거세 및 제각을 실시한다.

④ 집단비육장에서 급여할 사료와 유사한 사료를 섭취시킨다.

⑤ 구충작업은 비육장에서 실시하도록 한다.

17 암송아지의 이유 시 사료급여에 대한 설명으로 옳지 않은 것은?

① 건초는 자유채식을 시킨다.

② 1.5~2.0kg 정도의 배합사료를 급여한다.

③ 체중은 250kg 이상이 되도록 한다.

④ 무기물 첨가제는 자유채식을 시키도록 한다.

ANSWER

15 새끼 따로 먹이기의 특징
- ㉠ 장점
  - 이유 시 송아지의 건강상태가 좋으며 체구가 비교적 크다.
  - 어미소의 체중손실이 적다.
- ㉡ 단점
  - 노동, 사료, 시설에 대한 추가비용이 들며 관리가 필요하다.
  - 사료비가 증가한다.
  - 송아지의 비만을 초래하기 쉽다.
  - 어미소의 송아지 포유능력판정에 혼동을 초래한다.

16 ⑤ 구충작업은 비육장으로 수송되기 전에 실시하여야 한다.

17 암송아지의 이유 시 체중은 200~220kg 정도로 유지시켜야 한다.

🔑— 15.③　16.⑤　17.③

18 어미소로 성장시킬 암송아지의 사양에 대한 설명으로 옳지 않은 것은?

① 사료급여량을 조절하여 24개월령에 분만이 가능해야 한다.

② 이유 후 6개월에서 15개월령까지 일당 증체량이 0.5~0.7kg을 유지해야 한다.

③ 성장지연이 초래될 경우 성 성숙이 지연되고 번식률이 저하되므로 주의해야 한다.

④ 성장이 너무 빠를 경우 유방조직의 발육불량으로 인하여 비유능력이 저하되므로 주의해야 한다.

19 다음 중 육용형으로 사용되는 종이 아닌 것은?

① 헤리퍼드종　　　　　　　　② 브라만종

③ 산타 거트루디스종　　　　　④ 한우

⑤ 샤롤레이종

20 숫송아지의 사양관리에 대한 설명으로 옳지 않은 것은?

① 새끼 따로 먹이기를 실시하여야 한다.

② 이유 후 15~18개월령 때에는 종부가 가능하도록 일당 증체량을 늘려야 한다.

③ 이유 후에는 성장에 충분하도록 고에너지사료를 급여하여야 한다.

④ 15개월령부터 3년까지는 일당 증체량이 0.8~1.2kg이 되도록 해야 한다.

⑤ 3년까지의 사료급여량은 체중의 1.1~1.8%를 급여하여야 한다.

ANSWER

18 ② 이유 후 6개월에서 15개월령까지는 일당 증체량이 0.3~0.5kg을 유지하도록 해야 한다.

19 ④ 한우는 종의 분류시 역용종에 해당한다.

20 ⑤ 3년까지의 사료급여량은 체중의 1.8~2.3%를 급여하여야 한다.

📖— 18.② 19.④ 20.⑤

21 종모우(씨황소)의 겨울철 사양관리에 대한 설명으로 옳지 않은 것은?

① 체중의 1.5% 정도의 배합사료와 조사료의 자유채식으로 충분히 영양소를 공급시켜야 한다.
② 저질 조사료의 공급으로 인하여 영양소의 공급이 부족할 경우 비타민 A를 20,000IU 정도 공급해야 한다.
③ 저질 조사료의 공급으로 무기물을 추가 공급해야 할 경우 무기물은 자유채식을 통하여 공급해야 한다.
④ 종모우를 강건한 상태로 유지시키려면 고에너지사료를 공급해야 한다.
⑤ 옥수수 사일리지는 종모우의 상태에 따라 급여량을 조절하면서 공급해야 한다.

22 육우의 성장 싸이클 중 몸 전체의 근육과 지방의 용적이 증가하는 시기를 나타내는 것은?

① 건유기 ② 비육기
③ 개화성기 ④ 유숙기
⑤ 성 성숙기

23 다음 중 육용형 종이 아닌 것은?

① 쇼트혼종 ② 헤리퍼드종
③ 브라만종 ④ 에어셔종
⑤ 샤롤레이종

ANSWER

21 ④ 숫송아지의 여름철 사양에 대한 설명이다.

22 ① 착유기간 동안 소모된 영양소 및 불균형 영양소의 보충을 위해 실시하는 젖소의 분만 전 60일 동안의 기간을 말한다.
③ $\frac{2}{3}$ 이상 개화한 식물의 성숙단계를 나타낸다.
④ 개화 후 종자가 형성되는 시기를 말한다.
⑤ 가축의 생식기관이 기능적 발달을 할 수 있는 시기를 나타내며 2차 성징이 발현된다.

23 ④ 유용형 종에 해당한다.

답 — 21.④ 22.② 23.④

24 다음 중의 비육의 목적으로 옳은 것은?

① 육우의 몸에 근육과 지방의 용적을 증가시키는 것이다.
② 단기간 내에 체중을 불려 출하시키는 것이다.
③ 영양소의 불균형을 방지하기 위한 것이다.
④ 젖 생산량을 증가시키기 위한 것이다.
⑤ 육량과 유즙이 풍부한 고기를 생산하기 위한 것이다.

25 집단비육시 요석증을 예방하기 위하여 사료에 첨가해야 할 칼슘과 인의 비율로 옳은 것은?

① 1 : 1 　　　　　　　② 1 : 2
③ 2 : 1 　　　　　　　④ 1 : 3

26 다음 중 사료섭취량과 일당 증체량에 영향을 미치는 요소가 아닌 것은?

① 소의 연령 　　　　　② 사료의 기호성
③ 기후조건 　　　　　④ 이유시기
⑤ 소의 건강상태

**ANSWER**

24 비육의 목적 … 육량이 많고 연하며 유즙이 풍부한 고기를 생산하는 것이다.

25 곡류사료 및 고단백질사료에는 인의 함량이 높으므로 요석증을 예방하기 위하여 칼슘의 비율은 인의 2배 이상 첨가하여야 한다.

26 사료섭취량 및 일당 증체량에 영향을 미치는 요인 … 소의 연령, 소의 건강상태, 급여사료의 기호성, 기후조건 등

답— 24.⑤　25.③　26.④

27 체중이 300kg인 송아지를 150일 동안 일당 증체량이 1.8kg이 되도록 사육하려면 총 사료소 요량은 얼마인가?

① 653.2kg

② 870.8kg

③ 1,306.3kg

④ 1,957.5kg

⑤ 2,315.4kg

28 비육장에서 송아지의 사료섭취를 유도시키는 방법으로 옳지 않은 것은?

① 송아지의 건강상태를 확인하여 빠른 시일 내에 치료하도록 해야 한다.

② 일당 요구량에 의한 방법과 완전배합사료에 의한 방법으로 분류할 수 있다.

③ 농후사료의 최대 급여량은 체중의 1.0~1.5%에 도달하도록 하루 0.4kg씩 점진적으로 증가 시켜야 한다.

④ 완전배합사료의 이용 시 영양소 요구량에 알맞게 비율을 조절하면서 급여하여야 한다.

⑤ 사일리지를 급여할 경우 항생제 투여 후 급여하여야 한다.

29 조사료와 농후사료의 비율에 따라 두 사료 모두를 효율적으로 이용할 수 없게 되는 부정적 상 호작용이 나타나는 원인으로 옳은 것은?

① 조사료의 비율이 30~60%일 경우

② 농후사료의 비율이 30~60%일 경우

③ 조사료의 비율이 60~75%일 경우

④ 농후사료의 비율이 60~75%일 경우

 **ANSWER**

27 총 사료소요량 = (시작체중 + 말기체중) ÷ 2 × 3% × 사육일수
= [300 + (300 + 1.8 × 150)] ÷ 2 × 0.03 × 150
= 1,957.5kg

28 ⑤ 사일리지의 급여시 건초의 충분한 공급 후 급여하여야 한다.

29 농후사료의 비율이 60~75%일 경우 부정적 상호작용이 나타나게 되는데 이는 농후사료가 조사료의 이용을 방 해하기 때문이다.

답 — 27.④ 28.⑤ 29.④

30 다음 중 NPN의 이용효율이 낮아지는 경우에 해당하는 것은?

① 심한 스트레스를 받거나 반추위 내 미생물의 발효가 약할 경우

② 분해되기 쉬운 탄수화물의 함량이 많은 사료를 섭취했을 경우

③ 사료에 함유된 가용성 질소 함량이 낮을 경우

④ 소의 단백질 요구량이 작아 사료의 단백질 함량을 줄일 경우

31 다음 중 비타민에 대한 설명으로 옳지 않은 것은?

① 고형물사료의 섭취시 비타민 B와 비타민 K를 합성할 수 있다.

② 비타민 A는 햇빛에 노출되었을 경우 체내에서 합성된다.

③ 양질의 조사료에는 비타민 A의 전구물질 및 비타민 E가 다량 함유되어 있다.

④ 배합사료를 급여할 경우 비육말기에는 하루 20,000~30,000 IU의 비타민 A를 공급해야
한다.

⑤ 조사료와 농후사료의 함량에 따라 공급해야 할 비타민의 함량은 차이가 있다.

32 비육 시 요구되는 칼륨의 양으로 옳은 것은?

① 0.25~0.5%   ② 0.5~0.6%

③ 0.6~0.8%   ④ 1.0~2.0%

⑤ 0.1% 미만

ANSWER

30 ②③④ NPN 이용효율이 높아지는 경우에 해당한다.
  ※ NPN 이용효율이 낮아지는 조건
    ㉠ 가용성 질소 함량이 많은 사료를 섭취한 경우
    ㉡ 분해되기 쉬운 탄수화물의 섭취가 적은 경우
    ㉢ 스트레스를 받거나 반추위 내 미생물의 발효가 약할 경우
    ㉣ 농후사료의 섭취가 많은 경우

31 ② 비타민 D에 대한 설명이다.

32 칼륨의 요구량은 0.6~0.8%로 조사료의 공급시에는 충족되나 고농후사료의 급여 및 스트레스를 받는 경우에는
추가 공급이 필요하다.

정답— 30.① 31.② 32.③

33 다음 중 반추위의 pH농도를 조절하기 위해 첨가하는 제품이 아닌 것은?

① 탄산칼슘 ② 벤토나이트
③ 마그네슘 옥사이드 ④ 시노벡스
⑤ 중조

34 소의 질병 중 소화기관계통의 장애를 유발시키는 것은?

① 구제역 ② 기종저
③ 브루셀라병 ④ 난소농증
⑤ 고창증

35 다음 중 경구 및 접촉으로 인하여 감염되며 브루셀라균에 의해 발병되는 인수공통전염병은?

① 창상성 위염 ② 케토시스
③ 유열 ④ 우역
⑤ 브루셀라병

**ANSWER**

33 ④ 이식제에 해당한다.

34 고창증 … 발효성 사료의 섭취로 인하여 제1위와 제2위가 팽창하여 소화기능의 장애를 유발하는 대사질병으로 부패사료, 깻묵류사료의 급여시 발생된다. 제1위에 카테테르를 주입하여 가스를 배출하거나 소포제를 투약한 후 복부 마사지를 실시하여 치료한다.

35 브루셀라병 … 브루셀라균에 의해 발병되는 인수공통전염병으로 가축의 생식기관 및 태막에 염증을 수반하여 유산과 불임을 나타내게 된다. 사람에게는 주로 경구 및 접촉으로 인하여 감염되고, 효과적인 치료법은 없으며 감염된 가축은 법에 의거하여 도살처리해야 한다.

답— 33.④ 34.⑤ 35.⑤

Best

가축의 유전공학

유전공학의 개념

1 다음 중 최초로 DNA의 화학적 구조를 밝혀내는 데 성공한 사람은?

① 크릭　　　　　　　　　　　② 체이스

③ 허쉬　　　　　　　　　　　④ 요한센

2 다음 중 유전자 조작을 위한 도구로 DNA의 절단이 가능한 물질은?

① 유전체　　　　　　　　　　② 유전자

③ 제한효소　　　　　　　　　④ 클론

⑤ 플라스미드

3 제한효소 중 평활말단을 형성시키는 것은?

① EcoR Ⅰ　　　　　　　　　② Hind Ⅲ

③ Dra Ⅰ　　　　　　　　　　④ BamH Ⅰ

ANSWER

1 ②③ DNA가 유전물질임을 증명　④ 유전자 명명

2 제한효소 … 세포 내에 존재하며 외래 유전자를 선택하여 분해하는 효소로 유전자 조작시 가장 중요한 도구로 이용되고 있다.

3 ①②④ 돌출말단을 형성하는 제한효소이다.

답—1.① 2.③ 3.③

4 사람의 유전자 수로 옳은 것은?

① 10,000~20,000개　　　　　② 20,000~30,000개

③ 30,000~40,000개　　　　　④ 40,000~50,000개

⑤ 60,000~70,000개

5 다음 중 닭의 유전체 크기로 옳은 것은?

① 3×10^9bp　　　　　② 2.5×10^9bp

③ 2×10^9bp　　　　　④ 1.5×10^9bp

⑤ 1×10^9bp

6 제한효소에 대한 설명으로 옳지 않은 것은?

① DNA를 원하는 크기로 절단할 수 있다.

② 박테리아에도 존재하며 외래 유전자를 선택적으로 분리한다.

③ 제한효소의 명명은 그 효소를 분리해 낸 사람의 이름을 따서 짓는다.

④ 제한효소 중에는 돌출말단과 평활말단을 형성하는 것으로 분류할 수 있다.

7 다음 중 유전자 재조합에 사용되는 도구로 볼 수 없는 것은?

① 역전사효소　　　　　② 제한효소

③ PCR　　　　　④ 플라스미드

⑤ 클로닝

ANSWER

4 사람의 유전자 수는 유전체 지도에 의해 밝혀진 바로 인하면 30,000~40,000개 정도이다.

5 닭은 13~15억개의 염기쌍으로 되어 있다.

6 ③ 제한효소의 명명은 그 효소를 분리해 낸 미생물의 이름을 따서 짓는다.

7 클로닝 … 동·식물의 한 개체를 수정과정 없이 양친과 동일한 유전자 조성을 가진 개체로 탄생시키는 기술이다.

答— 4.③　5.④　6.③　7.⑤

8 다음 중 다형성을 이용한 유전적 표지인자로 볼 수 없는 것은?

① 미토콘드리아 DNA ② RFLP

③ VNTR 마커 ④ SNPs

⑤ PCR

9 다음 중 유전자형 관찰에 사용되는 방법이 아닌 것은?

① 초위성체에 의한 다형관찰법 ② 임의증폭다형

③ 단일염기다형 ④ 미토콘드리아다형

⑤ 단일가닥입체다형

10 각 개인의 염기배열의 차이를 비교하는 방법으로 높은 정확도와 해상도로 유전체의 개체 차이를 해독할 수 있는 방법은?

① 임의증폭다형 ② 초위성체 다형관찰법

③ 단일염기다형 ④ 단일가닥입체다형

 **ANSWER**

---

8 다형성을 이용한 유전적 표지인자 … 제한효소절단 단편다형, 미토콘드리아 DNA, SNPs, VNTR 마커 등

9 유전자형 관찰법
　㉠ 임의증폭다형
　㉡ 단일염기다형
　㉢ 초위성체 다형관찰법
　㉣ 제한효소절단 단편다형법
　㉤ 단일가닥입체다형

10 ① 유전적 표지인자를 찾는 방법으로 전체의 DNA 부분을 증폭하여 종간 증폭된 밴드 차이에 의한 유전특성을 분석할 수 있다.
　② 초위성체는 유전체 전체에 걸쳐 존재하므로 유전분석 및 유전자 지도 작성에 중요한 DNA 표지인자로 평가되며 염기서열의 정보만으로도 쉽게 정보를 교환할 수 있다.
　④ 멘델법칙에 따라 유전되며 정상개체와 변이개체의 특정 DNA 부위를 PCR을 통해 증폭 및 변성시켜 단일가닥으로 분리시킨 후 중성의 폴리아크릴마이드 겔 전기영동을 실시하는 방법이다.

답— 8.⑤ 9.④ 10.③

11 유전자 지도를 작성하는 목적으로 옳은 것은?

① 염색체의 수를 정확히 파악하기 위해서이다.
② 유전자 조작기술을 개발하고 응용하기 위해서이다.
③ 분자유전학의 발달을 도모하여 클로닝의 기술을 향상시키기 위해서이다.
④ 유전자의 해부도와 각각의 위치에 존재하는 유전자의 기능을 파악하기 위해서이다.
⑤ 유전자 지문 및 유전적 표지인자를 파악하기 위해서이다.

12 생명체가 지니고 있는 염색체의 염기서열을 밝혀내어 유전자 지도를 작성하는 방법은?

① 클로닝   ② 유전자 재조합
③ 유전자 지문법   ④ 유전체 프로젝트

13 닭의 유전자 지도상에 밝혀진 표지인자의 수로 옳은 것은?

① 2,100개   ② 2,258개
③ 2,300개   ④ 2,358개
⑤ 2,500개

ANSWER

---

11 유전자 지도를 작성하는 목적
    ㉠ 유전자들의 공간적인 순서를 파악하여 해부도 작성
    ㉡ 각각의 위치에 존재하는 유전자의 기능 파악

12 유전체 프로젝트 … 생명체가 지닌 염색체의 염기서열을 밝혀내어 유전자 지도를 작성하는 것을 말하며 유전자
의 기능, 유전병의 원인 등 생명현상을 분자적 수준으로 이해할 수 있는 해부도를 완성하는 것을 말한다.

13 닭의 유전자 지도상에 밝혀진 표지인자의 수는 2,358개이고 이 중 유전자의 수는 612개이다.

답— 11.④ 12.④ 13.④

14 다음 중 최초로 유전자 지도 작성이 시도된 가축은?

① 돼지　　　　　　　　　　　② 젖소

③ 닭　　　　　　　　　　　　④ 산양

⑤ 칠면조

15 다음 중 사람의 질병에 대한 유전적 연구에 활용이 가능한 가축은?

① 닭　　　　　　　　　　　　② 젖소

③ 칠면조　　　　　　　　　　④ 돼지

16 다음 중 돼지의 DNA 염기서열의 차이에 의한 유전자 변이 검출에 사용하는 방법이 아닌 것은?

① RFLP　　　　　　　　　　② 미세위성체

③ VNTR　　　　　　　　　　④ 초위성체

⑤ SSCP

17 집단 내 DNA 다형현상은 개체간의 염기서열이 어느 정도 범위에서 차이가 나타났을 때를 말하는가?

① 1~3%　　　　　　　　　　② 2~4%

③ 5~7%　　　　　　　　　　④ 4~8%

ANSWER

14 가축 중 최초로 유전자 지도의 작성이 시도된 동물은 닭이다.

15 돼지는 사람과 유전체 크기가 유사하여 유전자 지도의 비교를 통하여 사람의 질병연구에 모델동물로 활용되고 있다.

16 돼지의 DNA 염기서열의 차이에 의한 유전자 변이 검출방법 … 초위성체, 미세위성체, RFLP, VNTR

17 집단 내 DNA의 다형현상은 1~3% 범위에서 개체간 염기서열이 다른 것을 말한다.

답— 14.③　15.④　16.⑤　17.①

18 SSCP에 대한 설명으로 옳지 않은 것은?

① 제한효소가 인지하는 부위 외에서는 변이를 발견할 수 없다.

② 멘델의 법칙에 의해 자손에게 유전된다.

③ 두 개의 단일가닥은 염기서열의 차이에 따라 입체구조의 차이를 갖게 되므로 전기영동 겔 내 이동속도의 차이가 나타나게 된다.

④ 기존의 RFLP의 변이관찰 및 유전병의 진단도 가능하다.

19 다음 중 미세위성체에 대한 설명으로 옳은 것은?

① 유전체 전체에 걸쳐 존재한다.

② 유전분석 및 유전자 지도 작성 시 중요한 표지인자로 작용한다.

③ 반복단위의 반복 수의 차이에 의해 대립형질의 수가 결정된다.

④ 염색체상 중심체 및 말단부위에 존재하므로 표지인자로 사용 시 여러 부위를 골고루 표지 할 수 없다.

⑤ 반복 수와 대립형질의 수는 비례한다.

20 유전체 프로젝트의 세부 분야에 해당하지 않는 것은?

① 자원관리 분야 ② 유전체 비교 분야

③ 유전체 연구 분야 ④ 생물정보학 분야

⑤ 염기서열 결정 분야

18 ① RFLP에 대한 설명이다.

19 미세위성체 … 반복 염기서열의 길이가 15~70bp이고 염색체상 말단이나 중심체에 존재하여 표지인자로 사용 시 유전체 전체를 골고루 표지할 수 없다.

20 ④ 자원관리 분야에서 담당해야 하는 업무에 해당한다.

답— 18.① 19.④ 20.④

유전공학의 응용

1 다음 중 형질전환 돼지의 생산시 이용하는 미세주입방법에서 재조합유전자를 삽입하는 장소는?

① 체세포　　　　　　　　　　② 모세혈관
③ 세포질　　　　　　　　　　④ 수정란

2 수정란 발생초기 다양한 조직으로 분화가 가능한 세포를 분리한 후 체외배양을 통하여 정립시킨 세포를 가리키는 것은?

① 체세포　　　　　　　　　　② 미세포
③ 식세포　　　　　　　　　　④ 배아줄기세포
⑤ 배반엽세포

3 다음 중 원하는 특정 유전자를 파괴하거나 다른 유전자로 교환시키는 방법을 의미하는 것은?

① 유전자 지도　　　　　　　　② 유전자 표적
③ 유전체 프로젝트　　　　　　④ 결실유전도표분석

 **ANSWER**

1 미세주입방법 … 원하는 특정형질을 발현시킬 수 있는 재조합유전자가 수정 직후 하나의 세포로 존재할 경우 미세주입 피펫을 사용하여 수정란의 핵 내에 주입시키는 방법이다.

2 배아줄기세포 … 수정란 발생초기 다양한 조직으로 분화가능한 세포를 분리한 후 체외배양을 통하여 정립한 세포를 말하며 특정 유전자를 전이시킨 후 안정적으로 전이된 세포만을 선별하여 발생초기 수용체 배자에 재주입하여 형질전환개체를 탄생시킬 수 있다.

3 ① 조환율을 기초로 하여 유전자의 상대적인 위치를 표시한 것이다.
③ 생명현상을 분자적 수준으로 이해가능한 해부도를 완성시키는 것 작업이다.
④ 연쇄된 유전자 내부의 변이위치의 배열순서를 결정할 경우 결실변이체의 재조합에 의하여 야생형의 출현빈도를 조사하는 것이다.

답— 1.④　2.④　3.②

4 형질전환 돼지의 생산방법에 해당하지 않는 것은?

① 체세포 복제방법　　　　　　　　② 미세주입방법

③ 배아줄기세포 이용법　　　　　　④ 배반엽세포 이용법

5 형질전환동물을 이용하여 생리활성물질을 생산할 경우에 대한 설명으로 옳지 않은 것은?

① 단백질의 대량생산이 가능하다.

② 생산비의 절감을 가져온다.

③ 형질전환동물의 지속적인 공급이 가능하다.

④ 생산되는 단백질의 품질향상을 가져온다.

⑤ 질병저항성이 높은 유전자를 발견할 수 있다.

6 형질전환 돼지를 이용하여 할 수 있는 일이 아닌 것은?

① 인간장기의 생산이 가능하다.

② 개발된 질병치료제의 안정성을 검정할 수 있다.

③ 성장속도가 빠른 개체의 생산이 가능하다.

④ 멸종 위기에 처한 조류의 생산이 가능하다.

⑤ 생리활성을 돕는 단백질의 대량생산이 가능하다.

ANSWER

4　④ 닭의 형질전환방법에 해당한다.

5　⑤ 우수능력 유전자를 이용한 형질전환동물의 생산에 대한 설명이다.

6　④ 닭에 대한 설명이다.

답— 4.④　5.⑤　6.④

7 외래유전자를 삽입하여 형질전환 닭을 생산하는 방법으로 옳지 않은 것은?

    ① 원시생식세포이용법　　　　　　② 레트로바이러스 벡터 이용법

    ③ 재조합 DNA의 미세주입법　　　④ 배반엽세포 이용법

    ⑤ 정자세포 이용법

8 다음 중 가금류의 전구세포를 나타내는 것은?

    ① 식세포　　　　　　　　　　　② 배반엽세포

    ③ 난모세포　　　　　　　　　　④ 원시생식세포

    ⑤ 정모세포

9 레트로바이러스 벡터를 이용한 형질전환방법에 대한 설명으로 옳지 않은 것은?

    ① 배아의 생식세포 내에 외래유전자를 주입시키는 방법 중 하나이다.

    ② 자연상태에서 고등 진핵세포의 유전체 내에 DNA를 안정하게 주입시킬 수 있다.

    ③ 크기가 작아 복제된 DNA의 조작이 용이하다.

    ④ 레트로바이러스는 병원성이라는 인식으로 인하여 상업적 측면에서는 신뢰도가 저하된다.

    ⑤ 레트로바이러스를 이용한 형질전환 닭의 생산은 불가능하다.

ANSWER

7 닭의 난자는 깨지기 쉽고 수정 시 다수의 정자가 수정되어 다수 개의 전핵이 존재하기 때문에 수정란을 체외에 서 다루기가 어렵다. 그러므로 재조합 DNA의 미세주입법은 사용이 불가능하다.

8 원시생식세포 … 생물의 발생초기 점차적으로 생식소로 분화될 예정인 미분화 생식세포를 말하며 발생이 진행 되면 난원세포 및 정원세포로 분화한다.

9 ⑤ 레트로바이러스 벡터 이용법은 형질전환 닭의 생산방법 중 하나이다.

답— 7.③ 8.④ 9.⑤

10 가금류 초기배아의 형태적·발생학적 특이성으로 인하여 배아생식세포의 직접적인 미세주입은 불가능하다. 이로 인한 문제점을 해결하는 방안으로 제시된 형질전환동물의 생산방법은?

① 원시생식세포 이용법

② 대리난각배양수정란 이용법

③ 정자세포 이용법

④ 배반엽세포 이용법

⑤ 레트로바이러스 벡터 이용법

11 형질전환시킨 조류의 이용목적으로 볼 수 없는 것은?

① 많은 양의 유용 단백질 생산

② 인류의 건강 및 질병에 대한 항체 생산

③ 조류 복제

④ 인공장기의 생산

⑤ 성장인자의 조절로 인한 거대 조류의 생산

12 다음 중 DNA 분석기술로 가능한 일이 아닌 것은?

① 유전병의 종축 진단

② 착상 전의 수정란 성감별

③ 개체에 대한 육종가 추정

④ 개체간의 혈연관계 확인

⑤ 개체의 서식지 온도 확인

ANSWER

10 배반엽세포 이용법 … 배반엽세포를 이용하여 키메라를 생산하는 방법으로 다음 세대에서의 외래유전자 발현여부를 확인할 수 있으며, 가금류 배아의 특이성으로 인한 직접적인 생식세포로의 미세주입이 불가능한 문제점을 해결한 것이다.

11 ④ 형질전환 돼지의 이용목적에 대한 설명이다.

12 ⑤ DNA 분석기술로는 환경요인에 대한 확인은 불가능하다.

답 — 10.④ 11.④ 12.⑤

13 다음 중 후보 유전자를 이용한 유전적 표지인자 개발방법의 순서에 해당하지 않는 사항은?

① 후보 유전자의 다형성 구명

② 형질의 표현형 및 후보 유전자와의 연관성 연구

③ 유전자의 증폭을 위한 프라이머 구축

④ 다형성에 따른 유전자형 분석방법 선택

⑤ 후보 유전자와 연관 유전자의 선택

14 다음 중 질병치료 및 유전질환의 모델로 사용하는 동물은?

① 돼지   ② 닭

③ 소   ④ 개

15 다음 중 형질전환동물을 생산하기 위해 도입하는 유전자에 해당하지 않는 것은?

① 질병 저항성 유전자   ② 피모색 조절 유전자

③ 식육생산 증가 유전자   ④ 조기성장 유도 유전자

⑤ 돌연변이 유전자

ANSWER

---

13 후보 유전자를 이용한 유전적 표지인자의 개발방법
ㄱ 후보 유전자 선별
ㄴ 유전자 증폭을 위한 프라이머 구축
ㄷ 후보 유전자의 다형성 구명
ㄹ 다형성에 따른 유전자형 분석방법 선택
ㅁ 연관성 분석을 위한 개체집단의 형질에 의한 표현형 정보와 DNA 시료의 확보
ㅂ 형질의 표현형과 후보 유전자의 연관성 연구
ㅅ 연구결과 확인된 연관성의 증명

14 돼지는 대체장기의 부족으로 인한 인간의 장기생성 및 질병치료, 유전질환의 연구를 위한 모델로 이용되고 있다.

15 형질전환시 도입시키는 유전자의 종류
ㄱ 질병 저항성 유전자
ㄴ 식육생산 증가 유전자
ㄷ 조기성장 유도 유전자
ㄹ 피모색 조절 유전자
ㅁ 질병치료 유전자

답— 13.⑤ 14.① 15.⑤

16 형질전환동물에 대한 설명으로 옳은 것은?

① 유전자 자체의 변화 및 염색체 일부의 소실로 인하여 발생되는 유전적 변환동물을 말한다.

② 동일한 종의 동물 중 유전적인 요인에 의하여 개체마다 차이를 보이는 동물을 말한다.

③ 인간의 질병과 유사한 상태의 질병에 걸리거나 선천적으로 그 질병이 유발되도록 만든 동물을 말한다.

④ 실험동물로 사육하며 무균동물과는 다른 특정 병원체를 보유하지 않은 동물을 말한다.

⑤ 특정 유전자를 수정란에 삽입하여 생산한 유전적 변환동물을 말한다.

17 후보 유전자 분석방법의 장점에 대한 설명으로 옳지 않은 것은?

① 집단을 대상으로 하기 때문에 통계적 분석이 가능하다.

② 조작이 편리하고 비용이 저렴하다.

③ 이용가능한 유전자의 수가 적다.

④ 다수 집단에 이용이 가능하다.

ANSWER

16 ① 돌연변이동물 ② 개체변이동물 ③ 질환모델동물 ④ SPF동물

17 ③ 후보 유전자 분석방법의 단점에 대한 설명이다.
　※ 후보 유전자 분석방법의 특징
　　㉠ 장점
　　　• 집단을 대상으로 하므로 통계적 분석이 가능하다.
　　　• 다수 집단에 응용이 가능하다.
　　　• 조작이 간편하고 비용이 저렴하다.
　　　• 상업용 육종집단 내에서의 적용이 용이하다.
　　㉡ 단점
　　　• 이용가능한 유전자의 수가 적다.
　　　• 형질 유전자외의 비형질 유전자가 경제형질에 영향을 미칠 수 있다.
　　　• 초기 비용이 고가이며 효과에 대한 확신이 불확실하다.

답— 16.⑤ 17.③

Best

실력평가모의고사

정답 및 해설 P. 341

1 다음 중 간에서 담즙산염을 생성시키는 역할을 하는 효소는?

① 트립신

② 아밀라아제

③ 리파아제

④ 말타아제

2 다음 중 가금류의 소화기관에 대한 설명으로 옳지 않은 것은?

① 다른 단위동물의 소화기관과 해부학적으로 구조가 상이하다.

② 치아가 없으며 아밀라아제를 함유하고 있다.

③ 소낭이라고 하는 기관에 의해 발효기능을 한다.

④ 선위라고 하는 기관에 의해 섭취한 물질을 저장한다.

3 단위동물의 입에서의 소화작용에 대한 설명으로 옳지 않은 것은?

① 이빨로 사료를 잘게 부수는 기계적 소화가 나타난다.

② 아밀라아제에 의해 전분을 덱스트린 혹은 말토오스로 분해시킨다.

③ 타액선에 의해 분비되는 타액은 90%가 수분이다.

④ 입에서 저작운동에 의해 혼합된 사료는 식도를 통해 위로 내려간다.

4 다당류에 대한 설명으로 옳지 않은 것은?

① 단당류의 저장물질로 존재한다.

② 세포벽, 결합조직 등 구조적 요소의 기능을 한다.

③ 동일한 단당류 단위만으로 구성된 것을 동질 다당류라 한다.

④ 다당류를 단당류 유도체라고도 한다.

5 포화지방산에 대한 설명으로 옳지 않은 것은?

① 이중결합이 없는 지방산을 말한다.
② 동일한 탄소수를 가진 불포화지방산보다 비점 및 융점이 높다.
③ 탄소수가 증가할수록 상온에서 액체로 존재한다.
④ 종류로는 휘발성 지방산, 팔미틴산, 스테아린산 등이 있다.

6 지방의 합성에 대한 설명으로 옳지 않은 것은?

① 지방산의 합성은 malonyl–CoA에 의한 반응으로 β–산화의 역반응이 아니다.
② 동물체 내 축적된 지방은 중성지방으로 간, 지방조직 등에서 합성된다.
③ 해당과정에 의해 생성된 dihydroxy-acetone phosphate에 의해 지방의 합성이 이루어지기도 한다.
④ 인지질의 분해로 형성된 지방산은 해당과정을 거쳐 중성지방의 합성에 이용된다.

7 아미노산의 특징으로 옳지 않은 것은?

① 물에 잘 용해되며 탄소수가 적은 지방산의 유도체이다.
② 자연계에는 L형으로 존재하며 D형보다 흡수가 잘 된다.
③ 자기 고유의 등전점을 지니고 있다.
④ 많은 에너지를 공급할 수 있는 고열량 영양소이다.

8 비타민 A에 대한 설명으로 옳지 않은 것은?

① 동물체에만 존재하며 식물체에는 전구물질인 Carotene이 존재한다.
② 간장에 많이 함유되어 있으며 지방이나 지방용매에 용해된다.
③ 비타민 A의 산화는 비타민 D보다 강하므로 쉽게 파괴될 수 있다.
④ 반추동물은 체내 비타민 A의 합성이 불가능하므로 결핍에 주의해야 한다.

9 목화씨박(CP 41%), 수수(CP 11%)를 사용하여 CP 18% 사료 1,000kg을 만들려고 할 때 혼합량으로 옳은 것은?

	목화씨박	수수		목화씨박	수수
①	23.3kg	766kg	②	233kg	76.6kg
③	233kg	766kg	④	2,330kg	7,660kg

10 호르몬에 대한 설명으로 옳지 않은 것은?

① 생세포에서 생성되는 특이한 구조를 지닌 화학물질로 혈액을 통해서 표적기관 및 조직 내로 들어가 특유의 생화학적 기능을 나타낸다.
② 호르몬은 스테로이드계 호르몬과 단백질계 호르몬으로 분류할 수 있다.
③ 스테로이드계 호르몬에는 갑상선호르몬, 여성호르몬, 남성호르몬, 황체호르몬 등이 있다.
④ 호르몬의 사용효과는 호르몬의 종류와 가축에 관계없이 일정하다.

11 펠릿사료에 대한 설명으로 옳은 것은?

① 원료사료의 입자를 일정 크기로 분쇄하여 배합한 사료이다.
② 목건초 분말과 당밀을 섞어 고온고압에서 성형시킨 사료이다.
③ 식욕을 돋우기 위해 배합사료를 찬물과 반죽하여 급여하는 사료이다.
④ 배합사료를 고온고압하에서 단단한 알갱이 형태로 만든 사료로 부피를 감소시킬 수 있다.

12 알팔파에 대한 설명으로 옳지 않은 것은?

① 다년생 두과목초로 식물 개체당 줄기수가 많은 편이다.
② 단백질, 칼슘, 비타민 함량이 높고 수량도 많다.
③ 방목에 견디는 힘이 강해 주로 방목용으로 사용한다.
④ 잎에 영양분이 높아 수확과 저장시 잎의 손실에 주의하여야 한다.

13 건초의 장점에 대한 설명으로 옳지 않은 것은?

① 특수한 기계 및 시설 없이도 건초를 제조할 수 있다.
② 정장제의 효과가 있어 청초급여 및 방목시 소량 급여할 경우 가축에게 좋다.
③ 햇볕에 말린 건초는 비타민 D의 함유량이 높다.
④ 건초는 부피가 크며 사일리지에 비해 저장공간이 크게 요구된다.

14 다음 중 닭 가운데 가장 긴 꼬리를 가지고 있는 것은?

① 오골계
② 햄버그종
③ 코니시종
④ 장미계

15 다음 중 염색체 수가 다른 것은?

① 칠면조
② 물오리
③ 거위
④ 닭

16 대요크셔종의 외모심사기준시 실격조건에 해당하지 않는 것은?

① 귀가 전방으로 심하게 늘어져 있는 것
② 정상적인 유두가 12개 미만 혹은 형질이 불량한 것
③ 수컷의 생식기가 정상이 아니거나 형질이 불량한 것
④ 체형은 대형으로 발육상태가 양호하고 전체적으로 정방형으로 이루어져 있는 것

17 점등관리의 목적에 대한 설명으로 옳지 않은 것은?

① 생육시기별 목적은 각각 다르다.
② 육성계의 경우 조기 성 성숙을 목적으로 한다.
③ 산란계의 경우 가을 환우의 억제 및 산란지속을 목적으로 한다.
④ 일조시간을 인위적으로 조절할 수는 없다.

18 다음에서 설명하고 있는 돼지의 체형은?

> • 두록종, 햄프셔종, 스포티드종이 해당된다.
> • 체장이 길고 체심이 깊으며 체폭 및 다리 길이는 중등이다.
> • 미트형 또는 포크형이라고도 한다.
> • 생육용으로도 적합하며 산자수도 많다.

① 베이컨형　　　　　　　　② 라드형
③ 육용형　　　　　　　　　④ 개량형

19 다음 중 돼지에게 전염되는 질병의 종류가 아닌 것은?

① 콜레라　　　　　　　　　② 단독
③ 일본뇌염　　　　　　　　④ 추백리

20 다음 중 원산지가 다른 종은?

① 저지종　　　　　　　　　② 에어셔종
③ 홀스타인종　　　　　　　④ 건지종

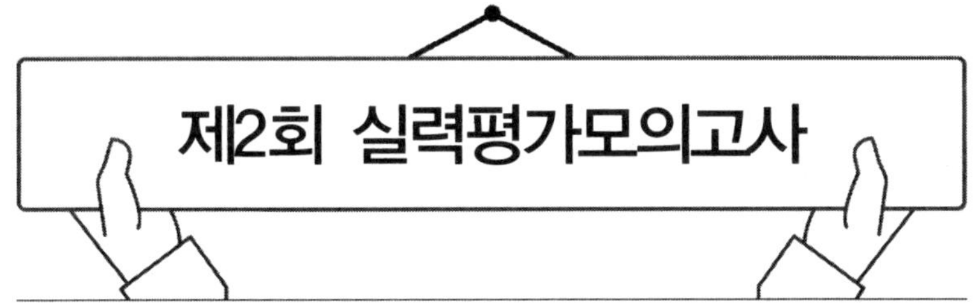

— 정답 및 해설 P. 343

1 다음 중 식물체에는 주성분으로 저장되어 있지만 동물체에는 축적되지 않는 물질은?

① 단백질   ② 탄수화물

③ 지방   ④ 수분

2 소의 위는 4부위로 구분할 수 있는데 다음 중 위의 종류에 해당하지 않는 것은?

① 혹위   ② 벌집위

③ 근위   ④ 선위

3 다음 중 위에서 부분적 소화과정을 거친 영양소들의 분해 및 흡수가 일어나는 곳은?

① 위   ② 입

③ 간   ④ 소장

4 탄수화물이 동물체 내에서 작용하는 기능에 대한 설명으로 옳지 않은 것은?

① 에너지 공급   ② 다른 영양소와의 합성

③ 지방으로 축적   ④ 열 방출

5 중성지방에 대한 설명으로 옳지 않은 것은?

① 지방산과 글리세롤의 결합체로 유지라고도 한다.

② 알칼리에 의한 가수분해는 불가역반응이므로 비누화를 일으킨다.

③ 불포화지방산의 비율이 높은 올레인산은 상온에서 액체상태로 존재한다.

④ 탄소수가 많고 포화지방산의 비율이 높은 팔미틴산은 상온에서 액체상태로 존재한다.

6 다음 물질들이 속하는 단당류의 종류는?

㉠ 글루코오스	㉡ 프록토오스
㉢ 갈락토오스	㉣ 만노오스

① 5탄당

② 6탄당

③ 7탄당

④ 인산유도체

7 단백질의 체내 대사에 대한 설명으로 옳지 않은 것은?

① 체단백질, 생산물단백질 및 질소화합물의 합성에 이용된다.

② 암모니아는 요소회로를 거쳐 소변으로 배설되거나 비필수아미노산 합성에 사용된다.

③ 체내 단백질은 합성과 분해가 반복되어 불평형상태를 이루게 된다.

④ 탄소골격은 글리코겐, 포도당, 체지방을 합성하거나 TCA회로에서 에너지를 발생시켜 H_2O 와 CO_2로 분해된다.

8 수용성 비타민에 대한 설명으로 옳지 않은 것은?

① 체내 축적률이 지용성 비타민보다 낮다.

② 비타민 B군과 C로 분류할 수 있으며, 대부분 소변으로 배설된다.

③ 비타민 B군은 자연에 존재하므로 한 가지 비타민 B가 풍부한 곳에는 다른 비타민 B군들도 함께 존재한다.

④ 동물들은 쉽게 한 가지 비타민 B 결핍에 걸리기 쉽다.

9 반추위 내 미생물의 활력을 증진시키며 장내 미생물에 의한 Vit B_{12}의 합성을 촉진시키는 무기물은?

① Zn

② Co

③ Cu

④ Mn

10 유산생성균의 작용기작에 대한 설명으로 옳지 않은 것은?

① 병원균에 의해 생성되는 유독한 amine의 합성을 저해시킨다.

② 유산을 생성하여 pH를 저하시키고 유해세균의 증식을 억제시킨다.

③ 장점막 표면에 조밀하게 군집하여 다른 유해세균의 침입을 방지한다.

④ 유산생성균에 의해 생성되는 생균제와 Lactobacilli에 의해 생성되는 과산화수소는 세균의 증식을 향상시킨다.

11 곡류사료의 영양적 특성에 대한 설명으로 옳지 않은 것은?

① 단백질 함량이 적고 아미노산 조성도 좋지 않다.

② 칼슘과 인의 함량이 적다.

③ 에너지 함량은 낮고 조섬유 함량은 높다.

④ 소화율과 기호성이 높다.

12 젖소의 사료급여량 계산순서로 옳은 것은?

① 영양소 요구량 결정 – 농후사료 급여량 결정 – FCM 환산법 – 조사료 공급량에 의한 영양소 섭취량 계산

② 조사료 공급량에 의한 영양소 섭취량 계산 – 영양소 요구량 결정 – 농후사료 급여량 결정 – FCM 환산법

③ 영양소 요구량 결정 – 조사료 공급량에 의한 영양소 섭취량 계산 – 농후사료 급여량 결정 – FCM 환산법

④ 농후사료 급여량 결정 – 영양소 요구량 결정 – 조사료 공급량에 의한 영양소 섭취량 계산 – FCM 환산법

13 건초 조제시 발생하는 영양소의 손실에 대한 설명으로 옳지 않은 것은?

① 식물세포가 살아있을 경우 식물자체효소에 의한 호흡작용으로 산화가 일어나 영양소 손실이 발생하므로 가능한 빨리 건조시켜야 한다.

② 기계적 손실이란 건초를 제조하는 과정에서 뒤짚기, 모우기, 동묶기 등으로 인하여 부드러운 잎, 줄기 등이 손실되는 것을 의미한다.

③ 강우에 가용성 탄수화물, 단백질이 용해되어 발생하는 손실은 건초 사양가치를 25~30% 이상 감소시킨다.

④ 알팔파는 식물 전체 중량의 50%가 잎이며 영양적으로 단백질의 70%와 카로틴의 50%를 잎이 함유하고 있으므로 잎의 손실방지는 대단히 중요하다.

14 다음 중 소장 바로 밑 식도의 팽창부분으로 방추형을 이루고 있는 것은?

① 근위   ② 담낭

③ 선위   ④ 소낭

15 볏 모양 유전에 대한 설명 중 옳지 않은 것은?

① 털볏 – 폴리시종, 후단종, 실키종 등에서 나타나는 특징으로 정상 볏에 대하여 불완전우성이다.

② 완두볏 – 홑볏에 대하여 단순우성이다.

③ 호두볏 – 장미볏과 완두볏을 교배하였을 경우 인자들의 보족작용에 의하여 자손1세대에 나타난다.

④ 장미볏 – 호두볏에 대하여 단순우성이다.

16 다음 중 C/P율이 가장 높은 사료는?

① 산란용 대추사료   ② 브로일러 중기사료

③ 산란계사료(산란율 50%)   ④ 산란용 초생추사료

17 다음 중 닭에 발생하는 세균성 질병에 속하는 것은?

① 계두　　　　　　　　　　　② 콕시듐증
③ 전염성 기관지염　　　　　　④ 전염성 코라이자

18 다음에서 설명하고 있는 것은?

> • 검정소 설치 후 검정을 실시하는 데 많은 시설과 비용이 소비된다.
> • 세대간격을 길게 하여야 한다.
> • 특정 수돼지의 종족가치를 판별하기 위해 생산된 새끼돼지의 능력을 조사하고 자식의 능력에 근거
> 　하여 종돈사용유지 및 도태여부를 결정하는 것이다.

① 형매검정　　　　　　　　　　② 후대검정
③ 능력검정　　　　　　　　　　④ 자가검정

19 대장균증에 대한 설명으로 옳지 않은 것은?

① 병원성 대장균의 감염에 의하여 나타나는 질병으로 패혈증 및 설사병으로 구분할 수 있다.
② 스트레스 및 위산분비기능의 발달미숙 등에 의해 전염되기 쉽다.
③ 폐사율이 높으며 환경의 불량, 관리상태의 소홀에 의해 악화될 수 있다.
④ 백신으로는 순화생독백신, 불활화백신 등이 있다.

20 돼지의 분만 전 준비과정에서 분만틀을 준비하는 이유로 옳은 것은?

① 모돈으로부터 새끼들의 압사를 방지할 수 있다.
② 모돈에게 새끼가 잡아먹히는 것을 방지할 수 있다.
③ 모돈의 비유능력을 향상시킬 수 있다.
④ 산자수를 증가시킬 수 있다.

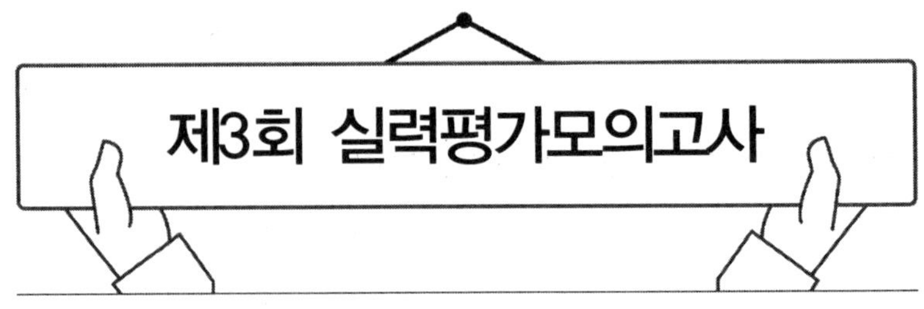

정답 및 해설 P. 346

1 다음 중 가축영양학의 분류로 볼 수 없는 것은?

① 단위가축영양학　　　　　　　② 반추가축영양학

③ 가금영양학　　　　　　　　　④ 척추가축영양학

2 다음 중 조사료의 특성에 대한 설명으로 옳지 않은 것은?

① 영양소의 함량이 낮고 조섬유 함량이 높으며, 가소화성분이 낮고 부피가 커 초식가축에 만복감을 주는 유지사료로 사용된다.

② 조사료는 농후사료와 1：1의 비율로 혼합할 경우 소화율이 가장 높아진다.

③ 조사료의 급여량을 줄이면 대사성 질병이 발생하고 과다 급여시에는 필요한 에너지의 섭취가 억제된다.

④ 단백질 함량이 낮고 아미노산 조성이 좋지 못하며, 소화율이 높고 기호성은 우수하다.

3 췌장 아밀라아제에 대한 설명으로 옳지 않은 것은?

① 타액에서 분비되는 아밀라아제와 유사하나 활력은 약하다.

② 전분 글리코겐을 덱스트린, 말토오스로 분해시킨다.

③ 담즙산에 의해 효소작용이 촉진된다.

④ Cl^- 이온은 췌장 아밀라아제의 작용에 필수적이다.

4 탄수화물 대사과정에 대한 설명으로 옳지 않은 것은?

① 큰 분자의 글루코오스가 작은 입자로 가수분해된다.

② 포도당이 피루브산이나 acetyl CoA로 분해되는 것을 당분해라 한다.

③ 탄수화물이 함유한 총 화학에너지의 70%가 해당과정을 통해 ATP 형태로 축적된다.

④ 탄수화물의 대사과정은 총 3단계를 거쳐 진행된다.

5 지방에 존재하고 있는 휘발성 저급지방산을 측정하는 방법으로 지방 5g을 가수분해하여 발생하는 수용성 지방산을 중화시키는 데 필요한 0.1N의 KOH용액을 ml수로 나타내는 것은?

① 산가   ② 아이오딘가

③ RM가   ④ 검화가

6 동물의 지방조직에 대한 설명으로 옳지 않은 것은?

① 동물의 체내지방은 조직지방과 저장지방으로 분류할 수 있다.

② 지방조직에서는 여러가지 대사작용이 일어난다.

③ 인지질과 콜레스테롤로 구성되어 있는 것을 조직지방이라 한다.

④ 90%가 중성지방이며 피하, 복강, 골수 등에 저장되는 지방을 체지방이라 한다.

7 뇌하수체 전엽에서 생성되는 호르몬으로 결핍시 왜소증, 과다시 거대증을 유발시키는 것은?

① 티록신   ② 인슐린

③ 성장호르몬   ④ 웅성호르몬

8 다음 중 열, 광선, 알칼리, 공기에 매우 강하며 결핍시 피부병, 식욕감퇴를 유발시키는 수용성 비타민은?

① Niacin   ② Vit B_1

③ Vit B_2 ④ Pantothenic acid

9 다음 중 무기질의 종류와 특징의 연결이 잘못 짝지어진 것은?

① Cr – 조직 내에 분포하며 인슐린 작용을 활성화시켜 글루코오스의 이용효율을 증가시킨다.

② Al – 동식물에 널리 분포되어 있으며 장내 흡수율이 낮아 다량섭취하여도 하루에 $100\mu g$만 흡수되고 나머지는 배설된다.

③ As – 동물체 내 혈액, 피부에 극미량 분포하며 다량공급시 중독증을 유발하며 심하면 폐사한다.

④ Br – 필수무기물로 14ppm 이하의 함유사료 공급시 장애현상을 유발하며 반추위 미생물의 Urease작용에 필수적이다.

10 다음에서 설명하고 있는 성장촉진제는?

> • 장내 미생물과 관련이 있으며 독소를 생성하는 세균의 증식을 억제시킨다.
> • 과량 투여시 Cu 축적으로 인한 중독증을 유발시킬 수 있다.
> • 닭, 돼지의 사료에 첨가할 경우 성장촉진 및 사료효율의 향상이 나타난다.

① 황산동　　　　　　　　　　② 효소제
③ 유기비소제　　　　　　　　④ 생균제

11 식물성 단백질사료에 대한 설명으로 옳지 않은 것은?

① 유박류와 제조박류로 분류할 수 있다.

② 박류는 단백질 함량이 높은 사료로 단백질 공급원으로서의 중요한 위치를 차지하고 있다.

③ 제조공정에 따라 지방의 함량이 달라지며 압착법과 추출법이 있다.

④ 가열처리할 경우 사료의 가치가 높아진다.

12 CP 14%를 함유하는 100kg의 양돈사료를 배합하려고 할 때 옥수수의 양은 얼마인가? (단, 옥수수 CP = 8.9%, 농축사료 CP = 36%)

① 18.8kg　　　　　　　　　　② 36kg
③ 81.2kg　　　　　　　　　　④ 100kg

13 기호성 증진을 위해 사용하는 감미제인 당밀을 사료로 이용함으로써 나타나는 이점이 아닌 것은?

① 다량 급여시 기호성이 뛰어나다.

② 사료 제조시 먼지의 확산을 방지할 수 있다.

③ 저질사료에 첨가할 경우 사료이용률을 개선시킬 수 있다.

④ 펠릿사료 제조시 첨가하면 기호성을 향상시킬 수 있다.

14 체중 80kg, 체단백질 18%, 재순환 단백질 13%, 재순환 중 파괴되는 단백질이 5%인 돼지의 최종 단백질 손실량은?

① 80.5g
② 90.2g
③ 82.4g
④ 93.6g

15 닭의 산란능력을 개량시키기 위한 방법으로 옳지 않은 것은?

① 능력이 뛰어난 기초계군을 확보한다.

② 단기검정법을 사용하여 세대간격을 단축시킨다.

③ 선발집단의 사육규모를 크게 하여 선발강도를 높인다.

④ 개체선발에 의한 선별방법을 적용시킨다.

16 12~18주령된 난용종 병아리의 광물질 요구량 중 그 양이 가장 작은 영양소는?

① 셀레늄
② 철분
③ 망간
④ 구리

17 계두에 대한 설명으로 옳지 않은 것은?

① 아비포바이러스에 속하는 계두바이러스가 원인균이다.

② 모기, 닭겨모기 등의 흡혈 곤충에 의해 전파된다.

③ 백신접종을 통하여 예방할 수 있으며 호흡곤란을 야기시킨다.

④ 직접 또는 간접 접촉에 의해 감염되며 3~6주령 병아리에서 발병률이 높다.

18 다음에서 나타내고 있는 교배방법은?

대요크셔종(♀) × 랜드레이스종(♂)
↓
제1대 잡종(♀) × 두록종(♂)
↓
잡종자손(♀) × 대요크셔종(♂)
↓
잡종자손(♀) × 랜드레이스종(♂)
↓
잡종자손(♀) × 두록종(♂)

① 종료윤환교배 ② 근친교배
③ 3품종 윤환교배 ④ 순종교배

19 다음 중 인수공통전염병에 해당하는 것은?

① 구제역 ② 오제스키병
③ 습진 ④ 톡소플라즈마병

20 다음 중 인수공통전염병으로 경구 및 접촉에 의해 감염되며 브루셀라균에 의해 발병되는 것은?

① 창상성 위염 ② 케토시스
③ 유열 ④ 브루셀라병

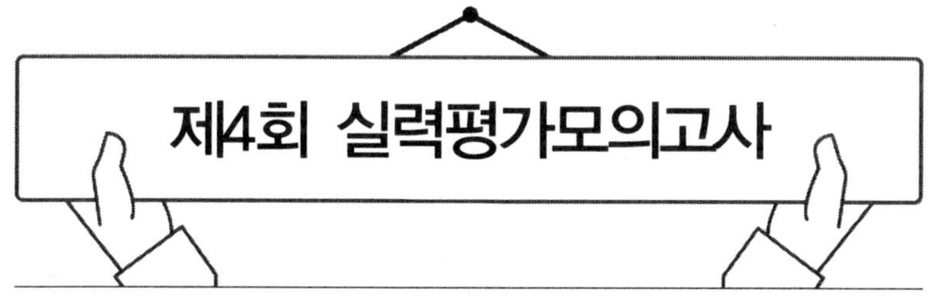

정답 및 해설 P. 348

1 비타민 B$_2$에 대한 설명으로 옳지 않은 것은?

① FMN, FAD의 구성성분으로 물에 용해되지 않는 황색 결정이다.

② 알칼리 용액이나 자외선에 쉽게 파괴되며 산이나 중성 용액에는 강하다.

③ 결핍시 성장지연, 피부염 등을 유발하며, 효모, 탈지분유, 계란 등으로 공급할 수 있다.

④ 무리하게 도정한 밀가루, 쌀 등에는 결핍되어 있다.

2 다음 중 반추위 과정순서로 옳은 것은?

① 섭취한 사료의 역출 → 타액 재분비 → 재저작 → 재섭취

② 타액 재분비 → 섭취한 사료의 역출 → 재섭취 → 재저작

③ 섭취한 사료의 역출 → 재저작 → 타액 재분비 → 재섭취

④ 재섭취 → 타액 재분비 → 섭취한 사료의 역출 → 재저작

3 동물체 내에서 일어나는 물의 기능에 대한 설명으로 옳지 않은 것은?

① 영양소의 수송 및 배설에 이용된다.

② 체세포의 형태를 유지시켜 준다.

③ 체강에서 연결부위와 기관의 윤활제 역할을 한다.

④ 사료의 섭취량을 감소시키는 기능을 한다.

4 지질의 중요성에 대한 설명으로 옳지 않은 것은?

① 지질은 많은 에너지를 공급할 수 있는 에너지원으로 고열량 영양소이다.

② 동물의 체내에서 에너지로 저장되어 있다.

③ 체온의 손실을 방지하는 피하지방의 역할을 한다.

④ 비타민 섭취량은 지질의 섭취량과 무관하다.

5 포스파틴산과 콜린의 에스테르 결합으로 구성되어 있으며 난황에 많이 분포하고 자연유화제로 사용되는 인지질은?

① Cephaline

② Sphingomyelin

③ Glycolipid

④ Lecithin

6 산형 육추기의 장점에 대한 설명으로 옳지 않은 것은?

① 육추사의 면적에 따른 규모조절이 가능하다.

② 호흡기병 발생률이 적고, 제작비가 저렴하다.

③ 병아리의 행동이 자유로워 개인별 요구온도에 따른 생활이 가능하다.

④ 자리깃이 많이 들며, 먼지 등이 많이 일어난다.

7 반추동물의 단백질대사에 대한 설명으로 옳지 않은 것은?

① 단백질 및 비단백태 질소화합물은 제1위의 미생물에 의해 NH_3로 분해된다.

② 제4위까지 분해되지 않고 이행된 단백질은 제4위와 소장의 소화작용을 거쳐 흡수되는 대사작용이 일어난다.

③ 제1위에서 제4위 이하의 장관으로 이동되는 질소화합물은 우회단백질, 점막단백질, 내생성 단백질로 구성되어 있다.

④ 반추동물의 주요 단백질 공급원은 비단백태 질소화합물이다.

8 다음 중 가축의 비타민 공급량을 증가시켜야 할 요인에 해당하지 않는 것은?

① 질병 및 기생충에 감염되었을 경우

② 혹서, 혹한, 환기불량, 밀집사양 등 스트레스가 증가할 경우

③ 사료 내 지방 함량이 높거나 불포화지방산을 많이 함유한 지방이 에너지원으로 첨가되었을 경우

④ 가축의 생산능력이 낮을 경우

9 성장촉진제를 사용하여 얻을 수 있는 효과로 옳지 않은 것은?

① 축산물의 생산비를 절감시키고 생산물의 품질을 향상시킨다.

② 성장을 촉진하고 사료의 효율을 향상시킨다.

③ 가축의 질병을 예방하고 폐사율을 감소시킨다.

④ 성장촉진, 사료효율개선, 생산성 향상을 목적으로 사용하는 영양성 물질을 말한다.

10 다음 중 사료의 영양가에 의한 분류가 아닌 것은?

① 조사료 ② 단백질사료

③ 보충사료 ④ 농후사료

11 다음에서 설명하고 있는 동물성 단백질사료의 명칭은?

> • 생선통조림, 어박 제조시 나오는 물, 어간 제조시 생성되는 즙액 등을 농축한 것이다.
> • 단백질 함량이 높으며 비타민 B_{12}의 함량이 풍부하다.
> • 미지성장인자가 함유되어 우수한 동물성 단백질사료이다.
> • 소급성, 흡습성이 높으므로 부패에 주의해야 한다.

① 육분 ② 모발분

③ 새우박 ④ 어즙

12 다음 중 사료의 형태에 해당하지 않는 것은?

① 가루사료 ② 알곡사료

③ 펠릿사료 ④ 액상사료

13 가장 흔한 돼지의 기생충병으로 회충의 충란을 섭식하여 유발되며 체중감소, 빈혈 등이 나타나고 심하면 폐렴증상을 보이는 질병은?

① 폐충증 ② 편충증

③ 톡소플라즈마병 ④ 회충증

14 수탉에서 나타나는 호르몬에 대한 설명으로 옳지 않은 것은?

① 정소에서는 정자형성 외에 안드로겐을 생산한다.
② 안드로겐은 세정관 사이의 간세포에서 분비되며 수탉의 볏의 성장 및 유지에 관여한다.
③ 정소의 발육은 뇌하수체 전엽의 여포자극호르몬과 황체형성호르몬에 의해 지배를 받는다.
④ 여포자극호르몬은 정소의 간세포를 자극하여 안드로겐의 생산에 관여한다.

15 다음 중 종계 선발방법에 해당하지 않는 것은?

① 개체선발　　　　　　　　　② 가계선발
③ 자매검정　　　　　　　　　④ 근친교배

16 다음 중 계사의 종류에 해당하지 않는 것은?

① 무창계사　　　　　　　　　② 조립식 계사
③ 고상식 계사　　　　　　　　④ 모니터식 계사

17 다음 중 영국종에 속하지 않는 것은?

① 요크셔종　　　　　　　　　② 버크셔종
③ 탬워스종　　　　　　　　　④ 햄프셔종

18 돼지의 발정주기에 대한 설명으로 옳지 않은 것은?

① 발정주기는 품종에 따라 차이가 나타난다.

② 경산돈은 평균적으로 22.2일 정도의 주기를 갖는다.

③ 미경산돈은 경산돈에 비하여 주기가 길다.

④ 미경산돈은 평균적으로 20.4일 정도의 주기를 갖는다.

19 다음 중 젖소의 최고비유기에 해당하는 시기는?

① 분만 후 4~6주 　　　　　　② 분만 후 6~8주

③ 분만 후 8~10주 　　　　　④ 분만 후 10~12주

20 다음 중 최초로 유전자 지도 작성이 시도된 가축은?

① 돼지 　　　　　　　　　② 젖소

③ 닭 　　　　　　　　　　④ 산양

제5회 실력평가모의고사

정답 및 해설 P. 351

1 다음 중 소화에 대한 용어의 설명이 잘못 짝지어진 것은?

① 연하 – 삼키는 동작
② 역류 – 소화되지 못한 물질의 되올림
③ 저작 – 흡수에 적합한 상태로 분해하는 과정
④ 포착 – 사료를 고정시켜 입안으로 넣는 동작

2 다음 중 위액에서 분비되는 소화효소가 아닌 것은?

① 펩신   ② 레닌
③ 리파아제   ④ 트립신

3 단당류에 대한 설명으로 옳지 않은 것은?

① 분해될 수 없는 가장 단순한 무색결정의 고체이다.
② 글리칸이라고도 한다.
③ 비극성 용매에 녹지 않으며 수용성이다.
④ 단맛을 나타낸다.

4 지방산에 대한 설명으로 옳지 않은 것은?

① 유지의 구성성분으로 한쪽 끝에 카르복실기를 가진 탄소화합물을 말한다.
② 탄소와 탄소 사이에 이중결합이 존재하는 것을 불포화지방산, 이중결합이 없는 것을 포화지방산이라 한다.
③ 구성분자의 탄소수에 따라 저급과 고급으로 분류할 수 있다.
④ 탄소수가 2~4개인 지방산을 장쇄지방산이라 한다.

5 다음 중 간에서 이루어지는 지방대사의 작용이 아닌 것은?

① 지방의 상호전환

② 지방산과 인지질의 분해

③ 인지질과 케톤체의 합성

④ 아미노기 전이반응

6 아미노산에 대한 설명으로 옳지 않은 것은?

① 단백질의 기본구성단위이다.

② α 위치의 탄소에 $-NH_2$와 $-COOH$, R$-$group이 연결되어 있는 구조이다.

③ 단백질은 한 아미노산의 아미노기와 다른 아미노산의 카르복실기가 H_2O분자를 버리고 펩티드 결합을 이룬 것이다.

④ 아미노산의 종류는 30종으로 영양상 모두 중요하다.

7 다음 중 비타민의 중요성에 대한 설명으로 옳지 않은 것은?

① 시각, 골격형성, 생식 등 생리현상을 조절한다.

② 세균의 감염에 의한 스트레스를 예방한다.

③ 성장률, 사료효율, 번식 등 생산능력을 향상한다.

④ 유전자의 구성분으로 유전현상 및 생명현상에 관여한다.

8 다음 중 가축의 비타민 공급량을 줄여야 할 요인에 해당하는 것은?

① 질병 및 기생충에 감염되었을 경우

② 가축의 생산능력이 낮은 경우

③ 사료의 에너지 및 단백질 함량이 급격히 높은 경우

④ 스트레스가 증가할 경우

9 다음 중 항생제의 효과가 다르게 나타나는 원인으로 볼 수 없는 것은?

① 가축의 연령

② 가축의 사양관리

③ 가축의 영양수준

④ 가축의 크기

10 다음 중 구리의 과다섭취로 인해 나타나는 중독증상이 아닌 것은?

① 용혈현상에 의한 빈혈
② 치사
③ 사료섭취량 증가
④ 성장률 저하

11 다음 중 유지사료의 종류와 그 특징의 연결이 잘못 짝지어진 것은?

① 옥수수유 – 식용으로 사용되고 사료로는 거의 이용되지 않으며 지방산 흡수율은 97% 정도로 우수하고 불포화지방산의 흡수율도 높다.
② 대두유 – 국내에서 최대로 생산되는 기름으로 다른 식물성 기름과 마찬가지로 착유방법, 과정에 따라 성분과 흡수율이 달라지며 거의 식용으로 사용한다.
③ 채종유 – 유채씨 기름을 말하며 양계사료로 사용되고 흡수속도는 다른 기름보다 느리다.
④ 면실유 – 목화씨에서 추출한 기름으로 식용으로 사용되며 양계사료로 제일 적합하다.

12 농후사료의 가공 시 펠리팅의 효과에 대한 설명으로 옳지 않은 것은?

① 펠리팅 전 분쇄가 이루어지므로 소화율이 증진된다.
② 사료의 취급 및 수송이 용이해지며, 사료의 허실을 감소시킨다.
③ 사료의 밀도가 증가하므로 사료섭취량이 적어지고 섭취시간은 길어진다.
④ 증기 및 가압처리에 의해 병원성 세균 및 독성물질이 파괴된다.

13 계사의 벽에 대한 설명으로 옳지 않은 것은?

① 벽은 계사의 보온과 외부동물의 침입을 방지하기 위한 안정성을 고려하여야 한다.
② 부화사 및 육추사 등 보온을 필요로 하는 건물은 벽돌, 흙벽돌, 콘크리트를 사용한다.
③ 여름철의 환기 및 관리를 위하여 조립식으로 하는 것이 좋다.
④ 벽은 재료에 따라 흙, 벽돌, 콘크리트로 구분한다.

14 인공수정의 목적으로 볼 수 없는 것은?

① 동물분류학상 다른 목간의 잡종을 만들 수 있다.

② 동일 종간 체격의 현격한 차이로 자연교배가 불가능할 경우 양품종간 잡종을 만들 수 있다.

③ 종계 선별시 후대검정을 하는 데 적합하다.

④ 케이지 사육을 하는 암탉은 수시로 수정란을 산란시킬 수 있다.

15 검란에 대한 설명으로 옳지 않은 것은?

① 부화 중 무정란 및 발육중지란을 그대로 두면 부패 및 유해가스의 발산으로 정상 발육배자
에 악영향을 미치기 때문에 실시하는 작업이다.

② 검란은 일반적으로 3회 실시한다.

③ 1회 검란시 무정란 및 발육중지란을 선별하는 작업을 한다.

④ 부화 12~14일째 2회 검란, 18일째 3회 검란을 실시하며 3회 검란은 생략할 수 있다.

16 산란계의 체중이 5lb이고 연간 산란수가 210개라면 산란계 1수의 연간 사료급여량은?

① 25kg　　　　　　　　　　② 30kg

③ 46.8kg　　　　　　　　　④ 48kg

17 랜드레이스종에 대한 설명으로 옳지 않은 것은?

① 원산지는 덴마크이고 지방층이 얇은 베이컨형으로 개량되었다.

② 번식능력과 비유능력이 우수하고 사료효율, 성장률, 도체 품질이 뛰어나다.

③ 몸은 백색이며 머리는 작고 귀는 크며 전방으로 늘어져 있다.

④ 붉은 고기의 비율이 높아 독일 및 프랑스에서 사육두수가 증가하고 있다.

18 체중이 50kg인 육성돈이 단백질 15%가 함유된 사료를 하루에 2kg씩 섭취할 경우에 대한 설명으로 옳지 않은 것은? (단, 사료단백질의 생물가＝65%, 소화율＝80%, 살코기 중 단백질 ＝25%)

① 체유지를 위한 단백질의 양은 54g이다.

② 살코기 형성에 사용이 가능한 유용 단백질량은 102g이다.

③ 총 유용 단백질의 양은 100g이다.

④ 102g의 단백질로 생산이 가능한 살코기의 양은 408g이다.

19 겨울철 암송아지의 사료급여시 주의해야 할 사항으로 옳은 것은?

① 저질 조사료를 급여했을 경우 비타민 D를 공급해야 한다.

② 기온이 1℃씩 하강할 때마다 사료급여량은 1kg씩 감소시켜야 한다.

③ 기온이 1℃씩 하강할 때마다 사료급여량은 1kg씩 증가시켜야 한다.

④ 하한 임계온도 이하로 기온이 하강할 경우에도 사료급여량은 동일해야 한다.

20 다음 중 질병치료 및 유전질환의 모델로 사용하는 동물은?

① 돼지   ② 닭

③ 소   ④ 개

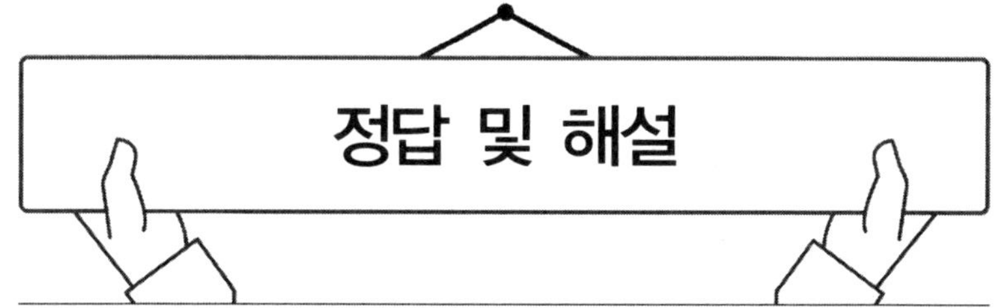

1. ③	2. ④	3. ③	4. ④	5. ③	6. ④	7. ④	8. ③	9. ③	10. ④
11. ④	12. ③	13. ④	14. ④	15. ④	16. ④	17. ④	18. ③	19. ④	20. ③

1　① 췌장액에 의해 분해되며 단백질을 펩티드와 아미노산으로 분해한다.
　② 위에서 소화되지 못한 탄수화물을 당류로 분해한다.
　④ 말토오스를 글루코오스로 분해한다.

2　선위 … 위액의 생성장소이며 섭취한 물질을 통과시키는 기능을 한다.

3　타액선에 의해 분비되는 타액은 99%의 수분과 1%의 무기염류, 효소, 뮤신 등으로 구성되어 있다.

4　④ 다당류는 글리칸이라고 한다.

5　포화지방산은 탄소수가 증가할수록 융점이 높아져 상온에서는 고체로 존재한다.

6　인지질의 분해로 형성된 지방산은 TCA회로를 통해 중성지방의 합성 및 인지질의 조합에 이용된다.

7　④ 지방에 대한 설명이다.

8 ③ 비타민 D의 산화가 비타민 A보다 강하며 쉽게 파괴될 수 있다.

9 4각형법을 이용하여 계산하면

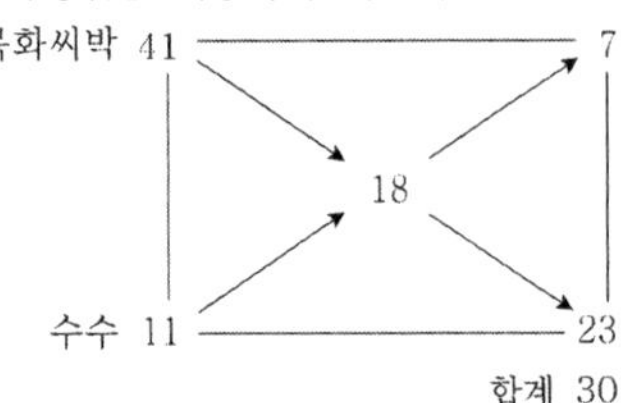

목화씨박 배합률$=\dfrac{7}{30}\times100=23.3\%$, 수수 배합율$=\dfrac{23}{30}\times100=76.6\%$

CP 18%가 되는지 검산하면

목화씨박 CP율$=23.3\times\dfrac{41}{100}=9.553\%$, 수수 CP율$=76.6\times\dfrac{11}{100}=8.426\%$

$9.553+8.426=17.979≒18\%$

목화씨박은 233kg, 수수는 766kg이 필요하다.

10 ④ 호르몬의 사용효과는 종류와 가축에 따라 다르다.

11 ① 가루사료 ② 큐브사료 ③ 반죽사료

12 ③ 켄터키 블루그라스 청초에 대한 설명이다.

13 ④ 건초의 단점에 대한 설명이다.

　※ **건초의 장점**
　　㉠ 특수한 기계 및 시설 없이도 제조가 가능하다.
　　㉡ 특별한 기술을 요하지 않는다.
　　㉢ 수분함량이 적어 운반과 취급이 용이하다.
　　㉣ 사일리지 제조에 부적당한 재료로도 건초를 생성할 수 있다.
　　㉤ 햇볕에 말린 건초는 비타민 D 함량이 높다.
　　㉥ 정장제의 효과가 있어 청초급여 및 방목시 소량급여하면 좋다.

14 장미계 … 닭 가운데 세계에서 가장 긴 꼬리를 가지며 수컷은 꼬리 일부가 환부되지 않을 경우 12cm까지 가질 수 있다.

15 ①②③ 2n = 80   ④ 2n = 78

16 대요크셔종의 외모심사기준시 실격조건
　ㄱ 피부에 반점이 나타나 있는 것
　ㄴ 귀가 전방으로 심하게 늘여져 있는 것
　ㄷ 수컷의 생식기가 정상이 아니거나 형질이 불량한 것
　ㄹ 정상적인 유두의 개수가 12개 미만이거나 형질이 불량한 것

17 점등관리 … 닭은 일조시간에 따라 성 성숙 및 산란에 영향을 받는 장일성 번식동물이므로 일조시간을 인위적으로 조절하여 양계경영에 유리하게 하려는 목적으로 실시하는 것이다.

18 ① 양질의 베이컨을 다량생산할 수 있도록 개량된 체형으로 동체가 길고 체폭은 중등 정도이다. 피하 지방층이 얇아 지방생산량이 적으며 지금은 육용형으로 개량된 랜드레이스종, 대요크셔종 등이 속한다.
　② 조숙성과 비만성에 부응하던 체형으로 체장이 짧고 체폭이 넓으며 체심이 깊다. 체내 지방 축적이 많고 육량은 적으며 산자수도 적다. 과거 소요크셔종과 버크셔종이 해당되었으나 최근에는 육용형으로 개량되었다.

19 ④ 가금류에서 나타나는 전염병에 해당된다.

20 ①②④ 영국   ③ 네덜란드

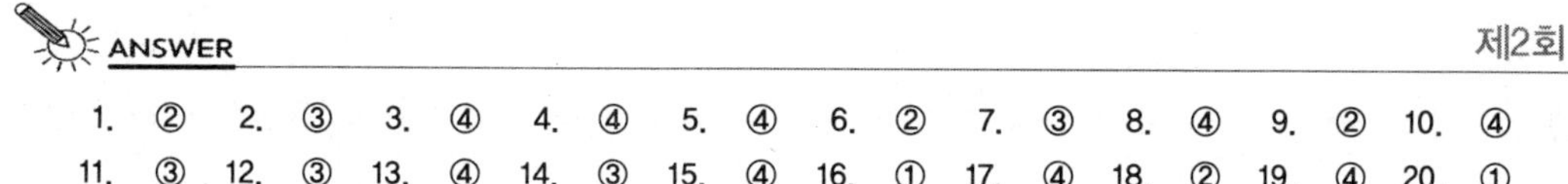

ANSWER　　　　　　　　　　　　　　　　　　　　　　제2회

1. ②	2. ③	3. ④	4. ④	5. ④	6. ②	7. ③	8. ④	9. ②	10. ④
11. ③	12. ③	13. ④	14. ③	15. ④	16. ①	17. ④	18. ②	19. ④	20. ①

1 탄수화물은 식물체에서는 주성분으로 저장되어 있지만 동물체에서는 에너지로 소모되어 체지방의 형태로 축적된다.

2 반추동물의 위는 혹위(제1위), 벌집위(제2위), 겹주름위(제3위), 선위(제4위)로 구분할 수 있다.

3 소장 ··· 본격적인 소화작용이 이루어지는 장소로 분해와 흡수작용이 나타난다. 소장 상부 십이지장에 위치한 췌장과 담관이 열리면서 췌장액, 담즙산이 분비되며 장벽에서 장액이 분비된다.

4 탄수화물의 동물체 내의 기능
　㉠ 에너지 공급
　㉡ 열 발생
　㉢ 지방으로 축적
　㉣ 타영양소와의 합성

5 동물성 지방 중 탄소수가 많고 포화지방산 비율이 높은 팔미틴산은 상온에서 고체상태로 존재한다.

6 6탄당 ··· 단당류 중 가장 중요한 물질이며 가축의 체내 대사물질로는 글루코오스, 프록토오스, 갈락토오스, 만노오스 등이 있다.

7 ③ 체내 단백질은 합성과 분해가 반복되어 일정한 평형상태인 동적평형을 유지하게 된다.

8 자연계에 널리 존재하는 비타민 B는 동물에서 거의 한 가지의 결핍증상을 찾아볼 수 없으며, 반추동물은 장내 미생물에 의해 자체적으로 합성할 수 있다.

9 ① 주로 적혈구 내에 존재하며 Vit D, Ca, Mg 등의 흡수율을 증가시킨다.
③ 소장에서 흡수되며 장의 상태에 따라 흡수율이 변화한다.
④ 뼈 간질의 발육에 중요한 기능을 담당하며 효소의 활성제로 작용한다.

10 ④ 유산생성균에 의해 생성되는 항생제와 일부 Lactobacilli에 의해 생성되는 과산화수소는 세균의 증식을 억제한다.

11 ③ 에너지 함량은 높고 조섬유 함량은 낮다.

12 사료급여량 계산순서
　㉠ 영양소의 요구량을 결정한다.
　㉡ 조사료 공급량에 의한 영양소 섭취량을 계산한다.
　㉢ 농후사료의 적절한 급여량을 결정한다.
　㉣ FCM(fat corrected milk)을 이용하여 유량에 맞는 영양소 요구량을 산출한다.

13 ④ 알팔파는 식물 전체 중량의 50%가 잎이며 영양적으로 단백질의 70%, 카로틴의 90%를 잎이 함유하고 있으므로 잎의 손실방지는 대단히 중요하다.

14 ① 원반형태로 두텁고 강한 근육으로 되어 있으며 위는 선위, 아래는 소장으로 연결된다.
② 간장의 우엽 아래에 위치하는 깔때기 모양의 주머니로 담즙을 분비하여 탄수화물과 지방의 분해를 돕는다.
④ 먹이를 임시 저장하여 조사료, 알곡 등의 딱딱한 사료를 불려 연하게 발효시키는 기능을 한다.

15 장미볏 유전 … 홑볏에 대한 단순우성에 해당한다.

16 ① 242 ② 160 ③ 200 ④ 161

17 닭병의 종류
　㉠ 전염성 질병
　　• 세균성 질병 : 추백리, 파라티푸스 감염증, 전염성 코라이자, 클로스트리듐 장염, 괴저성 피부염, 가금 티푸스 등
　　• 바이러스성 질병 : 닭 백혈병, 전염성 빈혈, 산란저하증후군 '76, 계두, 뉴캐슬병, 가금 인플루엔자, 전염성 기관지염, 세망내피증, 마렉병, 전염성 후두기관지염 등
　　• 원충성 질병 : 콕시듐증, 류코사이토준병
　　• 곰팡이성 질병 : 곰팡이성 폐렴
　　• 기생충병 : 내부 및 외부 기생충병
　㉡ 비전염성 질병 : 중독증, 환경성 질병, 영양성 질병

18 ① 특정 개체의 종돈으로서의 가치를 그 개체의 형제 및 자매의 능력에 기초하여 판정하는 것이다.
③④ 종돈으로 사용할 돼지 자체의 능력을 균일 사양하에서 비교 후 선발하는 것이다.

19 ④ 구제역에 대한 설명이다.

20 ① 분만틀은 관리의 소홀시 발생하는 새끼들의 압사를 방지하기 위해 사용한다.

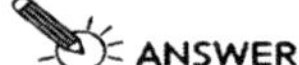 **ANSWER**

| 1. ④ | 2. ④ | 3. ① | 4. ③ | 5. ③ | 6. ④ | 7. ③ | 8. ① | 9. ④ | 10. ① |
| 11. ④ | 12. ③ | 13. ① | 14. ④ | 15. ④ | 16. ① | 17. ④ | 18. ③ | 19. ④ | 20. ④ |

1 가축영양학의 분류
  ㉠ 단위가축영양학
  ㉡ 가금영양학
  ㉢ 반추가축영양학

2 ④ 곡류사료에 대한 설명이다.

3 ① 타액에서 분비되는 아밀라아제와 유사하나 활력은 췌장 아밀라아제가 훨씬 강력하다.

4 ③ 탄수화물이 함유한 총 화학에너지의 70%는 TCA회로와 싸이토크롬 체인에 의해 탄소, 수소가 CO_2와 H_2O로 분해된 후 ATP 형태로 축적된다.

5 ① 지방 내의 유리지방산을 중화시키는 데 필요한 KOH의 mg수
  ② 지방 100g이 흡수할 수 있는 아이오딘의 g수
  ④ 지방 1g을 검화하는 데 필요한 KOH의 mg수

6 ④ 저장지방에 대한 설명이다.

7 ① 갑상선에서 생성되는 호르몬으로 탄수화물, 단백질 및 지방대사에 관여한다.
  ② 췌장에서 분비되는 호르몬으로 포도당의 이용률을 증가시키며 ATP 생성을 촉진시킨다.
  ④ 정소에서 분비되는 스테로이드 화합물질로 단백질 합성을 촉진시킨다.

8 ② 물, 알코올에 용해되며 산성에는 안전하나 pH가 증가하면 파괴되기 쉽다. 결핍시 식욕감퇴, 피로, 각기병 등을 유발시킨다.

③ 산, 중성용액에는 안전하며 알칼리용액이나 자외선에 잘 파괴된다. 결핍시 성장지연, 피부염, 회지증 등을 유발시킨다.

④ 알코올, 빙초산에 용해되며 신장과 간에 고농도로 존재한다. 결핍시 체중 및 성장저하, 피부와 털의 이상, 우모착색불량 등을 유발시킨다.

9 ④ Ni에 대한 설명이다.

※ Br(브롬) … 생물계에 다량 존재하며 어린 병아리에게 공급 시 성장촉진효과가 있으며 결핍증은 나타나지 않는다.

10 ② 생물체의 세포 내에서 생산되는 고단백성 유기촉매물질로 소화율 향상, 사료이용률 증가에 효과가 있다.

③ As를 함유한 비소화합물로 성장률, 사료효율을 증진시키며 설사를 예방하는 데 효과가 있다.

④ 미생물 자체를 가지고 만든 살아있는 미생물로 소화관 내 흡수가 없으며 체내 잔류의 위험도 없다. 성장촉진효과를 나타낸다.

11 가열처리할 경우 유해물질의 비활성화를 초래하나 아미노산을 파괴하기 때문에 사료적 가치는 저하된다.

12 x를 옥수수, y를 농축사료로 놓고 대수방정식을 이용하여 계산하면

$x + y = 100\text{kg}$ ························ ㉠

$0.089x + 0.36y = 14\text{kg}$ ·········· ㉡

㉠에 0.089를 곱하면

$0.089x + 0.089y = 0.89$ ·········· ㉢

㉡ − ㉢

$$
\begin{array}{r}
0.089x + 0.36y = 14 \\
-\ )\ 0.089x + 0.089y = 8.9 \\
\hline
0.271y = 5.1
\end{array}
$$

농축사료 $y = 18.8\text{kg}$, 옥수수 $x = 100 - 18.8 = 81.2\text{kg}$

13 ① 당밀은 연변성, 설사성 사료이므로 다량 급여해서는 안 된다.

14 돼지의 단백질 손실량 = 체중 × 체단백질 × 재순환 단백질 × 재순환 중 파괴되는 단백질

$$= 80 \times 0.18 \times 0.13 \times 0.05 = 93.6\text{g}$$

15 산란성 향상을 위해서는 유전력이 낮은 개체선발보다는 가계선발 및 자매검정에 의한 선별방법을 적용시켜야 한다.

16 ① 0.1mg ② 60mg ③ 30mg ④ 4mg

17 ④ 전염성 낭병에 대한 설명이다.

18 3품종 윤환교배 … 서로 다른 3품종의 순종 수퇘지를 이용하여 매 세대에 교대로 이용하는 교배방법이다.

19 톡소플라즈마병 … 돼지, 개, 고양이, 소, 사람에게까지 감염되는 인수공통전염병으로 세계적으로 발병되며 자돈의 경우 호흡곤란 및 설사, 체온상승 등을 일으키며, 임신돈은 유산 및 사산, 허약자돈분만 등을 나타낸다. 설파메타진, 설파디미딘 등의 치료제가 있다.

20 브루셀라병 … 브루셀라균에 의해 발병되는 인수공통전염병으로 가축의 생식기관 및 태막에 염증을 수반하여 유산과 불임을 나타내게 된다. 사람에게는 주로 경구 및 접촉으로 인하여 감염된다. 효과적인 치료법은 없으며 감염된 가축은 법에 의거하여 도살처리해야 한다.

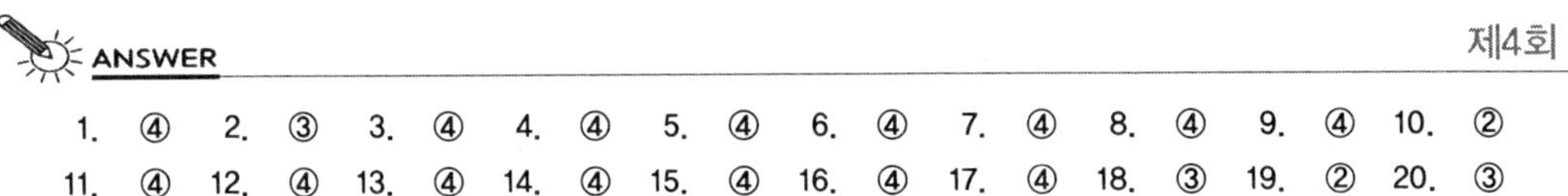

ANSWER　　　　　　　　　　　　　　　　　　　　　　　　　　　　　　제4회

| 1. ④ | 2. ③ | 3. ④ | 4. ④ | 5. ④ | 6. ④ | 7. ④ | 8. ④ | 9. ④ | 10. ② |
| 11. ④ | 12. ④ | 13. ④ | 14. ④ | 15. ④ | 16. ④ | 17. ④ | 18. ③ | 19. ② | 20. ③ |

1 ④ 비타민 B_1에 대한 설명이다.

2 반추의 과정 … 섭취한 사료의 역출 → 재저작 → 타액의 재분비 → 재섭취

3 ④ 물의 결핍 시 나타나는 현상에 대한 설명이다.

4 지질은 지용성 비타민의 공급원이므로 유지섭취량의 크기에 따라 영향력이 달라진다.

5 ① 콜린 대신 에타놀라민이 함유되어 있는 구조로 레시틴과 유사하며 뇌, 신경조직에 많이 함유되어 있다.

② 동물체 내 신경조직에 많이 분포되어 있는 인지질이다.

③ 탄수화물, 지방이 함유되어 있는 화합물로 6탄당을 함유하고 있으며 뇌세포 형성에 중요한 역할을 한다.

6 산형 육추기의 특징

㉠ 장점

- 제작비가 저렴하며, 호흡기병의 발병률이 적다.
- 육추사의 면적에 따라 규모조절이 가능하다.
- 병아리의 행동이 자유로워 개인별 요구온도에 맞게 생활할 수 있다.

㉡ 단점

- 육추사의 면적이 넓어야 하며, 연료비가 많이 든다.
- 실내가 건조해지기 쉬우며, 먼지가 많이 일어난다.
- 자리깃이 많이 든다.

7 ④ 반추동물의 주요 단백질 공급원은 미생물체단백질이며 제1위 미생물의 발육 및 증식이 중요하다.

8 가축의 비타민 공급량을 증가시켜야 할 요인

㉠ 가축의 능력이 높을 경우

㉡ 질병 및 기생충에 감염되었거나 사료가 오염되었을 경우

㉢ 자기분식성이 억제되었을 경우

㉣ 스트레스가 증가할 경우

㉤ 사료의 성상이 소화되기 힘든 상태일 경우

㉥ 사료의 에너지와 단백질 함량이 높을 경우

㉦ 사료의 지방 함량, 불포화지방산의 함량이 높은 지방이 에너지원으로 첨가될 경우

9 성장촉진제 … 성장은 촉진시키고 사료의 효율을 개선시키며 생산성을 향상시킬 목적으로 사용하는 비영양성 물질을 말한다.

10 영양가에 의한 사료의 분류 … 조사료, 농후사료, 보충사료

11 ① 고기찌꺼기를 충분히 가열하여 농축한 후 지방을 분리하고 말린 것이다.

② 머리털, 돈모, 우모 등을 가공처리한 것으로 조단백질 함량이 85% 이상이다.

③ 새우 가공시 생기는 부산물을 건조, 분쇄하여 만든 사료로 조단백질 함량이 46% 이상이다.

12 사료의 형태로는 가루, 펠릿, 크럼블, 후레이크, 익스트루전, 알곡 등이 있다.

13 ① 지렁이를 섭식하여 발병되는 기생충병으로 발육불량 및 폐렴을 유발한다. 분과 같이 배설되며 옥내 사육시 발병하지 않으며 레바미솔, 프루벤다졸의 구충제로 치료할 수 있다.
② 대장에 기생하는 편충에 의해 발병되며 돈사의 건조 및 청결로 예방이 가능하다. 티아벤다졸, 이버멕틴 등의 구충제가 있다.
③ 인수공통전염병으로 돈사의 고양이 및 쥐의 접근금지, 음식물을 끓여주므로 예방이 가능하며 설파메타진, 설파디미딘 등의 치료제가 있다.

14 여포자극호르몬은 세정관의 발육, 활동성을 자극한다.

15 종계선발의 방법
ㄱ 개체선발
ㄴ 가계선발
ㄷ 개체와 가계의 결합선발
ㄹ 후대검정
ㅁ 선발지수법

16 계사의 종류 … 평면식 계사, 평상식 계사, 케이지사, 배터리사, 조립식 계사, 고상식 계사, 무창계사

17 ④ 북미대륙종에 해당한다.

18 ③ 경산돈은 미경산돈보다 주기가 더 길다.

19 젖소의 최고비유기는 분만 후 6~8주에 해당되며 이 시기가 지나면 점점 감소하여 분만 후 10개월이 지나면 건유를 하게 된다.

20 가축 중 최초로 유전자 지도의 작성이 시도된 동물은 닭이다.

 **ANSWER**

| 1. ③ | 2. ④ | 3. ② | 4. ④ | 5. ④ | 6. ④ | 7. ④ | 8. ② | 9. ④ | 10. ③ |
| 11. ④ | 12. ③ | 13. ③ | 14. ① | 15. ④ | 16. ③ | 17. ④ | 18. ③ | 19. ③ | 20. ① |

1 저작…입 안에 넣은 음식을 침과 혼합하여 이로 씹어 소화가 용이하도록 잘게 자르는 과정을 말한다.

2 ④ 췌장액에서 분비되는 효소이다.

3 ② 다당류에 대한 설명이다.

4 ④ 탄소수가 2~4개인 지방산은 단쇄지방산이다.

5 아미노산의 분해반응으로 탈아미노반응, 아미노화반응을 합친 반응을 아미노기 전이반응이라 하며 심장, 신장, 간장에서 작용한다.

6 아미노산의 종류는 모두 30종으로 영양상 중요한 기능을 하는 것은 20종이다.

7 ④ 단백질의 중요성에 대한 설명이다.

8 비타민 공급량을 줄여야 할 요인
ㄱ 가축의 생산능력이 저하된 경우
ㄴ 효모, 비타민제조 부산물이 사료에 첨가된 경우
ㄷ 양질의 녹사료가 공급된 경우
ㄹ 저에너지, 저단백질의 사료가 첨가된 경우

9 항생제의 효과가 다르게 나타나는 원인
  ㉠ 가축의 영양수준
  ㉡ 가축의 연령
  ㉢ 가축의 사양관리
  ㉣ 축사의 환경조건

10 구리의 섭취량이 과잉되면 사료섭취량은 감소하게 된다.

11 면실유 … 목화씨에서 추출한 기름으로 비누, 양초 제조에 쓰이며 사료로는 부적합하여 거의 사용하지 않는다. 사료로 이용할 경우 Gossypol 함량을 0.1% 이하로 줄여야 한다.

12 ③ 사료의 밀도는 펠리팅시 증가하므로 사료섭취량이 증가하며 섭취시간은 단축된다.

13 ③ 칸막이에 대한 설명이다.

14 ① 동물분류학상 다른 종간 잡종을 만들 수 있다. ㉰ 닭과 꿩, 닭과 칠면조 등

15 검란 … 부화 중 무정란 및 발육중지란을 방치하면 부패하면서 유독가스를 발생시켜 정상적인 발육배자에 악영향을 미치므로 3회에 걸쳐 실시한다.
  ㉠ 1회 검란 : 부화 5~7일째 무정란 및 발육중지란 선별
  ㉡ 2회 검란 : 부화 12~14일째 생략할 수 있음
  ㉢ 3회 검란(최종검란) : 부화 18일째 발육란 선별 후 발생좌로 옮김

16 연간 사료급여량 $\cdots FY=25+8W+\dfrac{E}{7}=25+8\times6+\dfrac{210}{7}=25+48+30=103\text{Ib}=46.8\text{kg}$

17 ④ 벨기에가 원산지인 피어트레인종에 대한 설명이다.

18 ③ 총 유용 단백질의 양은 156g이다.
　※ 총 유용 단백질량 = 사료 내 단백질 함유량 × 일일 사료 섭취량 × 사료단백질의 생물가 × 소화율

19 암송아지는 겨울철 체온유지를 위해 많은 사료에너지를 요구하므로 사료급여량은 기온이 1℃씩 하강할 때마다 1kg씩 증가시켜야 한다.

20 돼지는 대체장기의 부족으로 인한 인간의 장기생성 및 질병치료, 유전질환의 연구를 위한 모델로 이용되고 있다.

Best

최근기출문제분석

2016. 6. 25 서울특별시 시행

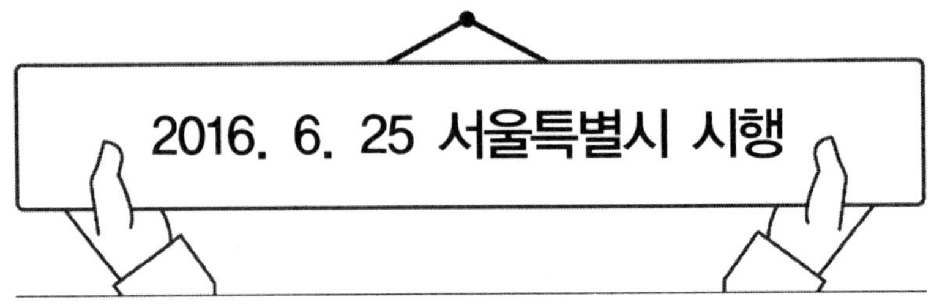

1 다음 중 인공수정(artificial insemination, AI)을 설명한 내용으로 옳지 않은 것은?

① 인공수정을 통해 작업효율의 개선과 우수 종돈의 유전자원을 효율적으로 이용할 수 있다.

② 정액주입기가 나선형인 경우 시계방향으로 돌리면서 조심스럽게 주입한다.

③ 질 안으로 주입기의 약 1/3을 15~30° 정도 윗 방향으로 삽입하다가 수평으로 밀어 넣는다.

④ 고능력 종모돈의 유전자를 효율적으로 이용할 수 있다.

> ▶▷**TIP**‖ ② 정액주입기가 나선형인 경우 시계반대방향으로 돌리면서 조심스럽게 주입한 뒤, 주입 완료 후 제거할 때 시계방향으로 돌리면서 제거한다.

2 고능력의 젖소가 분만 시 스트레스로 인해 탄수화물 대사작용이 부진해졌다면 발생확률이 높은 대사성 질환은 무엇인가?

① 유열 ② 산중독

③ 케톤증 ④ 테타니

> ▶▷**TIP**‖ ③ 케토시스(Ketosis, 저혈당증) 또는 케톤증은 에너지 부족시, 당질 및 지질대사 이상에 의해 케톤체가 생체 내에 이상적으로 증가하여 동물에 임상증상이 나타나는 질병을 말한다. 케톤체가 증가해도 다른 임상증상을 나타내지 않는 것은 케톤증이라고 말하지 않으며, 케톤체가 혈중에 증가한 상태를 케톤혈증, 뇨 및 우유중에 증가한 상태를 케톤뇨증 및 케톤유증으로 각각의 호칭으로 구별한다.
> ※ 케톤증 발현

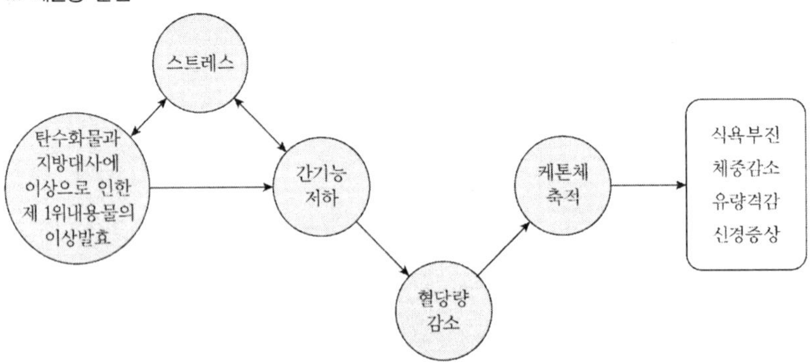

3 다음 단미사료 중 단백질 함량이 가장 높은 사료는?

① 채종박

② 대두박

③ 보리

④ 옥수수

> ▶▷**TIP**‖ ② 단미사료 중 식물성 단백질사료에는 대두박·채종박 등이 포함된다. 대두박은 대두에서 기름을 추출하고 남은 찌꺼기이며, 단백질 함량이 40~50%이기 때문에 사료 내 주요 단백질원으로 이용 가능하다. 채종박의 단백질 함량은 35~40%이다.

4 다음 닭의 사료용 효소제 중 외인성 효소가 아닌 것은?

① 셀룰라아제(Cellulase)

② 피타아제(Phytase)

③ 만나나아제(Mannanase)

④ 아밀라아제(Amylase)

> ▶▷**TIP**‖ ④ 아밀라아제는 내인성 효소이다.

5 다음 반추위 미생물에 의해 생성된 휘발성지방산 중 유당의 합성에 이용되는 것은?

① 발러르산(Valeric acid)

② 부티르산(Butyric acid)

③ 아세트산(Acetic acid)

④ 프로피온산(Propionic acid)

> ▶▷**TIP**‖ 반추위 미생물에 의해 생성된 주요 휘발성지방산
> ㉠ 아세트산 : 지방산, 유지방 합성
> ㉡ 부티르산 : 지방산 합성
> ㉢ 프로피온산 : 유당(락토스) 합성

✧ANSWER 〉1.② 2.③ 3.② 4.④ 5.④

6 다음 중 영양소의 흡수 및 체내 대사작용에 대한 설명으로 옳지 않은 것은?

① 중간 사슬지방산(탄소길이 10~12개)은 모세혈관으로 들어가 문맥을 통해 바로 간으로 전달된다.

② 반추동물의 제1위 내 탄수화물의 발효산물인 휘발성지방산은 제1, 2 및 3위를 거치는 동안 대부분 흡수된다.

③ 소장에서 소화 흡수된 단당류는 소장벽의 점막세포와 간에서 대부분 포도당으로 전환된다.

④ 포유동물의 생육기간 동안 완전한 단백질은 장 상피조직을 통해 흡수되지 못한다.

> ▶▷**TIP**‖ ④ 장 상피조직의 주된 기능은 흡수작용으로 포유동물의 생육기간 동안 완전한 단백질은 장 상피조직을 통해 흡수된다.

7 다음 중 결핍 시 조류에서 다발성 신경염(Polyneuritis)을 일으키는 비타민은?

① 티아민(Thiamin) ② 리보플라빈(Riboflavin)
③ 피리독신(Pyridoxine) ④ 비오틴(Biotin)

> ▶▷**TIP**‖ ① 티아민(비타민B1)은 TPP의 구성성분으로 산화적 탈탄산작용의 조효소로서의 역할을 한다. 티아민의 결핍은 사람에게는 각기병, 조류에게는 다발성 신경염을 일으킨다.

8 다음 닭의 품종 중 대표적인 육용종으로만 묶인 것은?

① 레그혼종, 코니시종, 플리머스록종
② 뉴햄프셔종, 미노르카종, 플리머스록종
③ 로드아일랜드종, 코친종, 미노르카종
④ 코니시종, 브라마종, 코친종

> ▶▷**TIP**‖ 닭의 품종
> ㉠ 육용종 : 코니시종, 브라마종, 코친종 등
> ㉡ 난용종 : 레그혼종, 미노르카종 등
> ㉢ 난육겸용종 : 플리머스록종, 뉴햄프셔종, 로드아일랜드종 등

9 우리나라에서는 주로 청예(靑제, Fresh cut)로 이용되나 계통에 따라 건초 또는 사일리지도 가능한 조사료이며, 가끔 청산(Hydrocyanic acid)이 미량 함유되어 있어 독성을 일으킬 수 있기에 생육초기에는 약간 말려서 급여하면 안전한 조사료는?

① 수수-수단 교잡종(Sorghum-sudangrass hybrid)

② 진주조(Pearl millet)

③ 이탈리안라이그라스(Italian ryegrass)

④ 톨페스큐(Tall fescue)

> ▶▷**TIP**‖ ① 수수-수단 교잡종과 다른 수수들은 가축에게 독성이 있는 프루식 산(청산)을 생산할 수 있기 때문에 주의해야 한다. 식물체가 어릴 때(키가 24cm 이하), 가뭄으로 스트레스를 받았거나 서리에 의해 죽었을 때 방목하는 것은 가장 큰 위험을 안고 있다.

10 다음 중 젖소의 일반 사양관리에 대한 설명으로 옳지 않은 것은?

① 비유 초기에는 체중감소가 최소화되도록 고에너지, 고단백질 사료를 급여한다.

② 비유 중기에는 에너지 균형상태의 시기로 우유생산량에 따라 사료의 양과 질을 조절하여 급여한다.

③ 비유 후기에는 섭취한 영양소의 일부가 체지방 축적에 이용되기 때문에 체중이 증가하므로 과비가 되는 것을 피해야 한다.

④ 건유기에는 비유기 우유생산으로 부족해진 에너지 보충을 위해 농후사료 위주로 사료를 급여한다.

> ▶▷**TIP**‖ ④ 건유기에는 과비하지 않도록 조사료와 농후사료 비율을 80:20으로 급여하고 적당한 운동을 시키도록 한다.

11 다음 중 소에서 임신을 조기에 진단할 수 있는 방법으로 적절하지 않은 것은?

① 자궁경관점액 검사법　　　　　　　② 직장검사법

③ 외음부 확진법　　　　　　　　　　④ 에스트로겐 주사법

▶▷**TIP**∥ 소 임신 조기진단 방법
　　㉠ 직장검사 : 가장 널리 이용되는 방법으로, 숙련된 사람은 임신 30~40일까지 진단이 가능하다.
　　㉡ 에스트로겐 주사 : 발정 예정일 3~4일 전에 stilbestrol 혹은 estrogen을 피하주사하여 3~5일간 발
　　　정유무를 관찰하는 방법이다. 영구황체 등 자궁 내 이상이 있으면 발정증세가 나타나지 않는다.
　　㉢ 경관점액 검사법 : 자궁경관 점액을 채취하여 슬라이드 글라스에 바르고 그 위에 또 한 장의 슬라
　　　이드 글라스를 포개 2~3회 회전하면서 비벼 질산은액으로 고정한 후에 김자염색하여 현미경으로
　　　관찰하는 방법이다. 임신시에는 실이 꼬부라진 것 같은 점액상을 보이고, 불임시에는 기포가 생
　　　기거나 흑갈색의 반점이 나타난다.

12 다음 중 동물 세포 내의 주요 양이온으로 세포의 삼투압 유지, 산염기의 균형을 유지하며, 결
핍 시 근육 약화, 설사, 성장 저하, 비정상 심근도 등을 일으키는 무기물은?

① K　　　　　　　　　　　　　　　② Na

③ Cl　　　　　　　　　　　　　　　④ Ca

▶▷**TIP**∥ ① K(칼륨)은 동물 세포 내에 존재하는 주요 양이온이며, 체액 및 전해질의 균형을 유지하는 데 중
　　요한 역할을 한다. 또한 동물이 근육을 수축하고 신경 자극을 전달하는 데 필수적인 역할을 한다.

13 모돈 두당 연간 출하되는 돼지의 수를 의미하며, 양돈장의 생산성지표가 되는 것은?

① WSY(Weaning pigs per Sow per Year)

② PSY(Piglets per Sow per Year)

③ MSY(Market pigs per Sow per Year)

④ LSY(Litters per Sow per Year)

▶▷**TIP**∥ ③ MSY : 모돈 1두 당 연간 출하두수를 의미한다.
　　① WSY : 모돈 1두 당 연간 이유시킨 새끼 돼지의 마리수를 의미한다.
　　② PSY : 모돈 1두가 연간 낳은 새끼 돼지의 마리수를 의미한다.
　　④ LSY : 모돈 1두가 연간 번식에 이용되는 횟수를 의미한다.

14 다음 소의 질병 중 바이러스성 질병이 아닌 것은?

① 아카바네(Akabane disease)

② 전염성 비기관염(Infectious bovin rhinotracheitis, IBR)

③ 브루셀라병(Brucellosis)

④ 우역(Rinderpest)

> ▶▷**TIP**‖ ③ 브루셀라병(Brucellosis)은 세균성 전염병이다.
> ※ 소의 주요 바이러스 전염병
> ㉠ 소화기 : 소설사병(BVD), 송아지설사병(Rota virus), 겨울철하리(Winter dysentry)
> ㉡ 호흡기 : 전염성 비기관지염(IBR), 소호흡기 합포체 바이러스(BRSV), 파라이늘루엔자(PI-3)
> ㉢ 번식장애 : 아카바네(Akabane), 츄잔(Chuzan), 아이노(Aino)
> ㉣ 전신대사성 : 유행열(Epimeral fever), 우역(Rinderpest)
> ㉤ 만성소모성질병 : 소백혈병(BLV)
> ㉥ 수포성 급성 질병 : 구제역(FMDV)
> ㉦ 신경장해 : 광견병(Rabies), 광우병(BSE)

15 다음 중 결핍되었을 경우 혈액응고의 지연 혹은 내출혈 등을 발생시키는 지용성 비타민은 무엇인가?

① 비타민 A ② 비타민 D

③ 비타민 E ④ 비타민 K

> ▶▷**TIP**‖ ① 비타민 A가 결핍되었을 때에는 야맹증 등이 발생한다.
> ② 비타민 D가 결핍되었을 때에는 구루병 등이 발생한다.
> ③ 비타민 D가 결핍되었을 때에는 생식장애 등이 발생한다.

16 산란계의 사육환경에 영향을 주는 주요 요인들에 대한 설명으로 옳지 않은 것은?

① 산란계의 생리적 적정온도는 13~24℃ 이다.

② 산란계 육성기 계사 내 습도는 80%를 유지한다.

③ 계사 내 암모니아가스가 50ppm 이상이면 성장과 산란에 커다란 손상을 끼친다.

④ 광선은 뇌하수체 전엽을 자극하여 생식선의 발달을 촉진시킨다.

> ▶▷**TIP**‖ ② 산란계에 적당한 습도는 50~60%이며, 이보다 습도가 높으면 각종 질병이 발생하기 쉽고 특히 온도가 낮을 때 습도가 높으면 열의 방산이 일어나므로 체온 유지가 어렵다. 반대로 습도가 낮아 계사내부가 건조하면 병아리의 깃털 발생이 지연되고 탈수작용으로 몸이 마르고 발육이 나빠진다.

17 레시틴이나 플라스마로겐 등의 복합지질 성분으로 돼지 신경의 흥분전달에 관여하고, 결핍이 될 경우 지제불량돈 분만, 지방간, 신장 괴사 등이 발생하며 임신돈 사료 내에 요구량을 충분히 충족시켜 줄 경우 산자수 및 이유두수를 증가시키는 비타민은 무엇인가?

① 콜린(Choline)
② 비타민 B_{12}(Cyanocobalamin)
③ 리보플라빈(Riboflavin)
④ 비타민 A(Vitamin A)

▶▷**TIP**‖ ① 콜린(choline) : lecithin의 구성성분으로 간단한 화합물이다. 결핍하면 돼지의 경우 성장부진, 사료효율저하, 불균형 된 동작, 지방간 등이 나타날 수 있다.
② 코발라민(vitamin B_{12}) : 결핍하면 돼지의 경우 기립불능, 번식장해가 나타날 수 있다.
③ 비타민 A(vitamin A) : 결핍하면 야맹증, 신경조직 이상, 골격형성 장애 등이 나타난다.
④ 리보플라빈(vitamin B_2) : 결핍하면 돼지의 경우 다리병 등이 나타난다.

18 다음 중 단위동물인 돼지 위의 구조와 기능에 대한 설명으로 옳은 것은?

① 위는 외관에 따라 분문부와 기저부로 나뉜다.
② 분문부에서는 위점액과 염산(HCl)이 분비된다.
③ 기저부의 주세포는 펩신노겐(pepsinogen)을 분비한다.
④ 위는 주로 전분 소화를 시작한다.

▶▷**TIP**‖ ① 돼지의 위는 외관에 따라 분문부, 기저부, 유문부로 나뉜다.
② 분문부에서는 위점액만이 분비된다.
④ 위는 다량의 사료를 저장하며, 소장으로 조금씩 방출하면서 단백질 소화를 시작한다.

19 사료의 일반성분 항목에는 6가지가 있다. 이 중 직접적인 분석에 의해 그 함량을 구하지 않고 5가지 성분을 분석한 후 이들 값으로부터 계산하여 구하는 성분은 무엇인가?

① 수분(Moisture)
② 가용무질소물(Nitrogen-free extract)
③ 조회분(Crude ash)
④ 조단백질(Crude protein)

▶▷**TIP**‖ ② 사료의 6가지 일반성분 항목은 수분, 조단백질, 조지방, 가용무질소물, 조섬유, 조회분이다. 이 중 가용무질소물은 나머지 다섯 성분의 수치를 구해서 모든 값을 합하여 100에서 차감하는 방식으로 구한다.

20 권장 환기율이 가장 낮은 돈사는 어느 시기의 돈사인가?

① 이유자돈

② 육성돈

③ 비육돈

④ 웅돈

▶▷**TIP**∥ 돈사의 권장 환기율은 이유자돈＜자돈＜육성돈＜비육돈＜임신돈＜웅돈＜분만모돈과 포유자돈 순으로 높아진다.